高等院校**计算机**
基础课程新形态系列

中国轻工业"十四五"规划立项教材

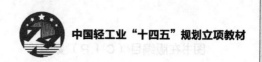

计算思维与计算机导论

第2版 | 微课版

宁爱军 王淑敬 / 主编

U0300277

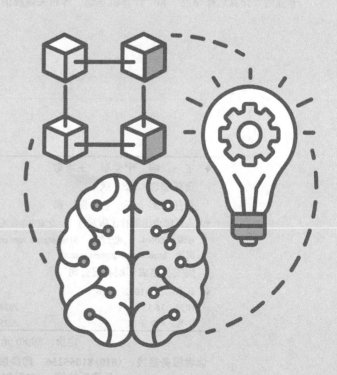

人民邮电出版社
· 北 京

图书在版编目（CIP）数据

计算思维与计算机导论：微课版 / 宁爱军，王淑敬
主编. -- 2版. -- 北京：人民邮电出版社，2024.8
高等院校计算机基础课程新形态系列
ISBN 978-7-115-62106-1

Ⅰ. ①计… Ⅱ. ①宁… ②王… Ⅲ. ①计算方法－思
维方法－高等学校－教材②电子计算机－高等学校－教材
Ⅳ. ①O241②TP3

中国国家版本馆CIP数据核字(2023)第119358号

内 容 提 要

本书以计算思维为主线，介绍计算思维的理论知识，兼顾计算机实际应用能力的培养。本书融入国产自主软件、硬件等新知识，融入物联网、云计算、大数据和人工智能等新一代信息技术知识，介绍了算法、SQLite 数据库和 WPS Office 的相关知识。

本书共 12 章，主要内容包括：计算思维与计算、计算机系统的基本思维、计算机硬件的基本思维、计算机软件的基本思维、问题求解、计算机网络技术、信息安全技术、新一代信息技术、数据库技术、WPS 文字处理、WPS 表格处理、WPS 演示文稿设计等。

本书内容安排合理，由浅入深，案例丰富，文字通俗易懂、可读性强，适合作为普通高等院校各专业的"计算思维导论"和"计算机基础"等相关课程的教材，也可以作为计算机爱好者的参考书。

◆ 主　编　宁爱军　王淑敬
责任编辑　张　斌
责任印制　王　郁　陈　犇

◆ 人民邮电出版社出版发行　北京市丰台区成寿寺路 11 号
邮编 100164　电子邮件 315@ptpress.com.cn
网址 https://www.ptpress.com.cn
固安县铭成印刷有限公司印刷

◆ 开本：787×1092　1/16
印张：16.5　　　　　　　2024 年 8 月第 2 版
字数：477 千字　　　　　 2025 年 2 月河北第 5 次印刷

定价：59.80 元

读者服务热线：(010)81055256　印装质量热线：(010)81055316
反盗版热线：(010)81055315

党的二十大报告指出，教育、科技、人才是全面建设社会主义现代化国家的基础性、战略性支撑。必须坚持科技是第一生产力、人才是第一资源、创新是第一动力，深入实施科教兴国战略、人才强国战略、创新驱动发展战略，开辟发展新领域新赛道，不断塑造发展新动能新优势。这为高校的教学、科研和人才培养指明了方向。计算思维作为人类的基础思维，对于人们解决实际问题进行创新创业活动具有重要作用，大学应该着力培养大学生的计算思维能力。

本书内容涉及计算思维与计算；计算机的体系结构、软件硬件、网络、信息安全等新技术；问题求解的基本思维；物联网、云计算、大数据和人工智能等新一代信息技术；数据库的基本原理、设计和操作，WPS 文字、表格和演示文稿的高级应用。本书注重培养学生的计算思维能力、自主学习能力、创新能力，使学生能够利用计算思维的方法解决实际问题，进行创新创业活动。

全书特点如下。

（1）融入国产自主软件、硬件等技术，支持自主创新和产业发展；融入物联网、云计算、大数据和人工智能等新一代信息技术。

（2）强调问题求解的基本思维，使用 Python 语言实现编程。

（3）使用 SQLite 数据库介绍数据库设计和操作；使用 WPS Office 介绍文字、表格和演示文稿的高级应用，培养学生解决实际问题的能力。

（4）部分章配有针对性的实验，可操作性强，培养学生解决实际问题的意识和能力。

（5）习题与教学内容结合紧密，有利于学生理解和巩固所学知识。

（6）内容安排合理，由浅入深、案例丰富，文字通俗易懂、可读性强。

（7）配有教学视频、实验视频和习题解析视频等资源，有利于读者自学，培养自主学习能力。

本书适合普通高等院校学生在第 1 学年的第 1 学期学习，建议教学人员合理选择讲授和自主学习的内容，并利用好所提供的教学资源。

　　本书的编者都是长期从事软件开发和计算机基础课程教学的一线教师，具有丰富的软件开发和教学经验。本书由宁爱军和王淑敬担任主编，负责全书的总体策划、统稿和定稿。第 1、2 章由满春雷编写，第 3~7 章由宁爱军编写，第 8 章由赵奇编写，第 9 章和第 12 章由张睿编写，第 10 章由王淑敬编写，第 11 章由胡香娟编写。本书的编写和出版还得到了其他老师的帮助以及各级领导的关怀和指导，在此一并表示感谢。

　　由于编者水平有限，书中难免会有疏漏之处，恳请专家和读者批评指正。编者的联系方式为：naj@tust.edu.cn。

编　者

2024 年 3 月

目录

第11章 WPS 表格处理 ·············204

第12章 WPS 演示文稿设计 ·············240

IV

第1章 计算思维与计算

计算思维（Computational Thinking）是一种思维方式，通过广义的计算来描述各类自然过程和社会过程，从而解决各学科的问题，是大学生必须掌握的思维方法。本章引入计算思维的定义，讨论计算思维与各学科的关系、计算与自动计算、计算工具的发展过程。

1.1 计算思维概述

1.1.1 计算思维

计算思维是指计算机、软件以及计算相关学科的科学家和工程技术人员的思维方法。其目的是希望人们能够像计算机科学家一样思考，将计算技术与各学科的理论、技术与艺术融合，实现创新。

计算思维包括多项基本内容。

1．二进制0和1的基础思维

计算机以0和1为基础，将客观世界的各种信息都转换为0和1存储和处理。

2．指令和程序的思维

指令是计算机的基本动作，计算机为了完成一个任务，可以将指令按照顺序组织为程序。计算机按照程序的控制顺序执行指令，从而完成任务。

3．计算机系统发展的思维

计算机系统的主要发展过程包括冯·诺依曼计算机、个人计算机、并行与分布式计算、云计算等，体现了计算手段的发展和变化，可以应用于各学科的研究。

计算机系统还包括计算机硬件系统、软件系统、网络等。

4．问题求解的思维

利用计算手段进行问题求解的思维主要包括两个方面：算法和系统。

算法是计算机系统的"灵魂"，它是有穷规则的集合，规定了任务执行或问题求解的一系列步骤。问题求解的关键是设计可以在有限时间和空间内执行的算法。

系统是解决社会/自然问题的综合解决方案，设计和开发计算机系统是一项复杂工程。采用系统化的科学思维，在系统开发时控制系统的复杂性，优化系统结构，提高系统的可靠性、安全性、实时性。

5．递归的思维

递归可以用有限的步骤实现近于无限的功能。递归使用类似递推的方法，如例1.1，求解自然数的阶乘问题，可以描述为函数$f(n)$，$f(n)$可以通过$f(n-1)$求得，以此类推，直到求得$f(1)$，然后倒推得$f(2)$、$f(3)$……直到$f(n)$。有一些问题求解必须使用递归的方法，如汉诺塔问题等。

【**例 1.1**】 计算自然数 n 的阶乘问题。

阶乘可以描述如下。

$$n! = \begin{cases} 1 & , \quad n \leqslant 1 \\ n \times (n-1) \times \cdots \times 1 & , \quad n > 1 \end{cases}$$

函数 $f(n)$ 的功能是计算 $n!$，其描述形式如下。

$$f(n) = \begin{cases} 1 & , \quad n \leqslant 1 \\ n \times f(n-1) & , \quad n > 1 \end{cases}$$

6．网络化的思维

由计算机技术发展起来的网络，将计算机和各种设备连接起来的局域网、互联网，逐步实现了物物、人人、物人连接的网络化环境。通过网络环境进行问题求解的网络化思维是计算思维的重要部分。使用网络化的思维丰富了社会和自然科学问题的求解手段。

1.1.2 计算思维与各学科的关系

众所周知，计算思维对计算机相关学科的影响不言而喻，它还与其他学科相结合，促进其他学科的研究和创新，同时为各学科专业人才提供了计算手段。

1．应用计算手段促进各学科的研究和创新

各学科应用计算手段进行研究和创新，将成为未来各学科创新的重要手段。

例如，3D 打印技术可以生产机械设计的模型；生物科学利用计算机技术进行各种计算、药物研制等；自行车行业利用计算机和互联网技术产生了众多共享单车品牌，极大地方便了人们的出行。

2．各学科创新自己的新型计算手段

各学科处理利用已有的计算手段，还可以研究支持本学科创新和研究的新计算手段。

例如，从事音乐创作的人可以研发创作音乐的计算机软件；从事建筑设计的人可以研发建筑设计的辅助软件；研究电影艺术的人可以研发视频编辑和动画设计的软件等。

3．计算思维可以帮助培养各专业的人才

各专业的学生可以学会很多计算手段的应用和技能，如 WPS Office、Photoshop 等软件工具，用于解决实际问题。如果学生掌握了计算思维能力，那么在未来就可以融会贯通、自主学习专业工具和软件，并创新本专业的计算手段。

1.2 计算与自动计算

计算是指数据在运算符的操作下，按照规则进行数据变换。例如，算术运算 a=3+2，计算 $\sum_{n=1}^{1000} n$，计算对数、指数、微分和积分等。

有时候虽然人们知道了计算的规则，但是因为计算过于复杂，超过了人的计算能力，所以无法计算得到结果。此时，有两种解决方法。

（1）通过数学上的规则推导，获得等效的计算方法，从而完成计算。

【**例 1.2**】 计算 $\sum_{i=1}^{n} i = 1+2+3+\cdots+n$ 。

反复计算 n 个数的加法，对于人力而言比较困难。

通过数学推导可得 $\sum_{i=1}^{n} i = \dfrac{n \times (1+n)}{2}$，人们可以轻松地完成计算。

（2）设计简单的规则，让机器重复执行，进行自动计算。

【例 1.3】 $\sum_{i=1}^{n} i$ 可以转化为由机器重复执行的自动计算的计算规则。

```
Step1: 输入整数 n
Step2: s=0
Step3: i=1
Step4: s=s+i
Step5: i=i+1
Step6: 如果 i<=n，那么转入 Step4 执行
Step7: 输出 s，算法结束
```

计算科学的基本问题是"什么能够被有效地自动计算，什么不能被有效地自动计算？"。哪些问题可以在有限时间和有限空间内自动计算，计算的时间和空间复杂度怎样？通过人类的各种思维模式，如何设计有效的计算方法，以减少计算的时间和空间复杂度？

此外，人们设计了高效的计算系统来实现自动计算，从而提高计算速度。

1.3 计算工具的发展史

人们在进行计算和自动计算时需要考虑以下 4 个问题。

（1）数据的表示。例如，整数、浮点数、字符等如何表示。

（2）数据的存储及自动存储。例如，计算的数据、中间结果、最终结果如何存储。

（3）计算规则的表示。例如，如何表示加、减、乘、除等算术运算规则。

（4）计算规则的执行与自动执行。例如，如何自动运行例 1.3 中的各个步骤。

▶提示

计算工具的发展过程就是人们不断追求计算的机械化、自动化和智能化，尝试各种计算工具，实现数据的表示、存储和自动存储数据、计算规则的表示、执行和自动执行计算规则的过程。

1.3.1 计算工具的发展

计算工具的发展包括手动计算器、机械式计算器和电子计算机 3 个阶段。

1．手动计算器

在有史料记载之前，人类就开始使用小石块和有刻痕的小棍作为计数工具。随着人类的生产和生活日益复杂，简单的计数已经不能满足需要，很多交易不仅需要计数还需要计算。

计算需要基于算法，算法是处理数字所依据的一步步操作过程，而手动计算器就是利用算法进行辅助数字计算过程的设备。

在西周时期出现的算珠和春秋早期出现的算筹是最早将算法和专用实物结合起来的运算工具。到了宋元年间，杨辉等著名数学家创建的珠算歌诀是将算法理论化、系统化的初步表现。到了明代，珠算取代了算筹，算盘（见图 1-1）的应用空前成熟和广泛。

算盘利用算珠表示和存储数字，计算规则是一套口诀，由人按照口诀手工拨动算珠完成四则运算。自动计算需要由机器自动存储数据执行规则，而算盘的计算过程由手工完成，所以算盘不是自

动计算工具。

　　纳皮尔筹，也称为纳皮尔计算尺，如图 1-2 所示，是 17 世纪由英国数学家约翰·纳皮尔（John Napier）发明的。它由 10 根木条组成，每根木条上都刻有数码，右边第一根木条是固定的，其余的木条都可以根据计算的需要进行拼合或调换位置。纳皮尔筹也曾传到过中国，北京故宫博物院里至今还保留有珍藏品。

图 1-1　算盘　　　　　　　　　　　　　　　图 1-2　纳皮尔计算尺

　　在 17 世纪中期，英国数学家威廉·奥特雷德（William Oughtred）在刻度尺的基础上发明了滑动刻度尺（见图 1-3），一直被学生、工程师和科学家所使用。

2. 计算机的雏形——机械式计算器

　　手动计算器需要操作者使用算法来进行计算，而机械式计算器可以自动完成计算，操作者不需要了解算法。使用机械式计算器时，操作者只需输入计算所需的数字，然后拉动控制杆或转动转轮来进行计算，操作者无须思考，且计算的速度更快。

　　1642 年，法国物理学家和思想家布莱士·帕斯卡（Blaise Pascal）发明了帕斯卡加法器，如图 1-4 所示，是人类历史上第一台机械式计算器，它自动存储计算过程中的数字、自动执行规则。机器通过齿轮表示和存储十进制的各个数位的数字。它通过齿轮比解决进位问题。在两数相加时，先在加法机的轮子上拨出一个数，再按照第二个数在相应的轮子上转动对应的数字，最后就会得到这两数的和。

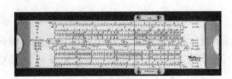

图 1-3　滑动刻度尺　　　　　　　　　　　　图 1-4　帕斯卡加法器

　　1673 年，戈特弗里德·威廉·莱布尼茨（Gottfried Wilhelm Leibniz）发明了乘法器。这是第一台可以运行完整的四则运算的计算器。他还在巴黎科学院表演了经他改进的采用十字轮结构的计算器（见图 1-5），完成了数字的不连续传输，奠定了早期机械式计算器的雏形。据记载，莱布尼茨曾把自己的乘法器复制品送给康熙皇帝。

　　1822 年，英国数学家查尔斯·巴贝奇（Charles Babbage）发明了差分机（见图 1-6）。它以蒸汽作为动力，可以快速而准确地计算天文学和大型工程中的数据表。差分机中使用了类似于存储器的设计方式，甚至蕴含了很多现代计算机的概念，体现了早期程序设计思想的萌芽。

　　库塔（Curta）计算器是能够用一只手拿着的机械式的精确计算器，如图 1-7 所示，可以进行加减乘除运算，而且能够帮助计算平方根，其计算结果至少可以精确到 11 位。发明者库特·赫兹斯塔克（Curt Herzstark）在第二次世界大战被关押在布痕瓦尔德集中营期间完成了该设计。在 20 世纪 50～60 年代，库塔计算器广泛应用于科学家、工程师、测量员和会计师等人群，在电子袖珍计算器于 20 世纪 70 年代进入市场后，库塔计算器才逐渐不再使用。

图 1-5　莱布尼茨改进的计算器　　　　　图 1-6　差分机　　　　图 1-7　库塔计算器

3. 电子计算机

在借鉴了手工计算器、机械式计算工具发展中的机械化、自动化的思想后，电子计算机实现了自动存储数据，能够理解和自动执行任意的复杂规则，能进行任意形式的计算，计算能力显著提高。

1937—1942 年，艾奥瓦州立大学的约翰·文森特·阿塔纳索夫（John Vincent Atanasoff）和他的研究生克利福特·贝瑞（Clifford Berry）共同设计了阿塔纳索夫-贝瑞计算机（Atanasoff-Berry Computer，ABC），如图 1-8 所示。它采用真空电子管代替机械式开关作为处理电路，结合了基于二进制数字系统的理念。ABC 本身不可编程，仅仅用于求解线性方程组。

ENIAC（Electronic Numerical Integrator And Computer，电子数字积分计算机）于 1946 年 2 月诞生在美国宾夕法尼亚大学，它是美国为计算弹道表而研制的电子计算机，如图 1-9 所示。它使用 18 000 个电子管，耗电量 150kW，总重量达 30t，每秒可以执行 5 000 次加法运算，是手工计算的 20 万倍，其当时的造价为 48 万美元。ENIAC 是世界公认的第一台通用电子计算机。

图 1-8　ABC　　　　　　　　　　　　　　图 1-9　ENIAC

1.3.2　元器件的发展

计算机发展的过程中，人们需要寻找和发明能够进行数据自动存储、自动执行规则的元器件，元器件的发展与演变是计算工具发展的重要基础。元器件的发展经历了电子管、晶体管、集成电路 3 个阶段。

1. 电子管

1895 年，英国工程师约翰·弗莱明（John Fleming）发明了第一只电子管（真空二极管），它是使电子单向流动的元器件。1907 年，美国人李·德福雷斯特（Lee de Forest）发明了真空三极管，这一发明使他赢得了"无线电之父"的称号。德福雷斯特在二极管的灯丝和板级间加了一块栅板，使得电子流动可以控制，从而使得电子管进入普及和应用阶段，并使电子管成为可以用于存储和控制二进制数的电子元器件。世界上公认的第一台电子计算机 ENIAC 使用的就是电子管。

电子管比机械式继电器反应快，计算速度快，但缺点是体积大、可靠性低、能耗大、易损坏，如图 1-10（a）所示。

2. 晶体管

1947 年，贝尔（Bell）实验室发明了晶体管，不仅可以控制电流和电压，还可以作为电子信号的开关，如图 1-10（b）所示。20 世纪 50 年代末，晶体管风靡世界。与电子管相比，晶体管的体积更小、价格更便宜，并且能耗低、可靠。以晶体管为主要器件的计算机体积更小，速度提升到百万次/秒。此时还出现了操作系统，并且开始采用高级语言进行程序设计。晶体管计算机需要使用电线将数万个晶体管连接起来，其电路结构复杂，使得计算机的可靠性变低。

3．集成电路

1958 年，德州仪器公司的杰克·基尔比（Jack Kilby）提出了集成电路的构想：通过在同一材料（硅）块上集成所有元件，并通过上方的金属化层连接各个部分，自动实现复杂的变换。这样，就不再需要分立的独立元件，避免了手工组装元件、导线，以及电路焊接等过程。

集成电路使得在单个小型芯片上集成数千个元件成为可能，大大减少了设备的体积、重量和能耗。由于集成的元件个数多，使得运算速度更快，如图 1-10（c）所示。

大规模集成电路可以在一个芯片上集成几百个元件，20 世纪 80 年代的超大规模集成电路（Very Large Scale Integrated Circuit，VLSI）可以在芯片上集成几十万个元件，90 年代的特大规模集成电路（Ultra Large Scale Integrated Circuit，ULSI）将数量扩充到百万级，如图 1-10（d）所示。到了 2012 年，一块采用超大规模集成电路技术的硅片可以集成 14 亿个元件。

（a）电子管　　　　　　（b）晶体管　　　　　　（c）集成电路　　　　　（d）超大规模集成电路

图 1-10　电子器件

关于集成电路的发展，Intel 公司创始人戈登·摩尔（Gordon Moore）提出了摩尔定律：当价格不变时，集成电路上可容纳的晶体管数目约每 18 个月就会增加 1 倍，其性能也提升 1 倍。

▶提示

元器件的发展规律是：元件的尺寸越来越小，芯片体积越来越小，芯片上集成的器件越来越多，可靠性越来越高，运行速度越来越快，价格却越来越便宜。计算机的计算速度越来越快，功能越来越强大，能够完成的任务也越来越复杂。

习题

一、单项选择题

1. （　　）是指数据在运算符的操作下，按照规则进行数据变换。

    A．计算　　　　　　B．算法　　　　　　C．问题求解　　　　D．递归

2. 计算工具的发展包括手动计算器、机械式计算器和（　　）3 个阶段。

    A．算盘　　　　　　B．帕斯卡加法器　　C．电子计算机　　　D．ENIAC

3. 以下选项中，（　　）是手动计算器。

    A．算盘　　　　　　B．帕斯卡加法器　　C．库塔计算器　　　D．ENIAC

4. 以下选项中，（　　）是机械计算器。

   A. 算盘　　　　　　　B. 帕斯卡加法器　　　　C. ABC　　　　　　　D. ENIAC

5. 以下选项中，（　　）是电子计算机。

   A. 算盘　　　　　　　B. 帕斯卡加法器　　　　C. 库塔计算器　　　　D. ENIAC

6. ENIAC 使用（　　）作为主要元器件。

   A. 电子管　　　　　　B. 晶体管　　　　　　C. 集成电路　　　　D. 超大规模集成电路

7. 元器件发展经历了（　　）、晶体管、集成电路 3 个阶段。

   A. 电子管　　　　　　B. 算盘　　　　　　　C. 库塔　　　　　　D. ENIAC

8. （　　）使得在单个小型芯片上集成数千个元件成为可能，大大减少了设备的体积、重量和能耗。

   A. 电子管　　　　　　B. 晶体管　　　　　　C. 集成电路　　　　D. 电子计算机

9. 摩尔定律是：当价格不变时，集成电路上可容纳的晶体管数目约每（　　）个月会增加 1 倍，其性能也提升 1 倍。

   A. 12　　　　　　　　B. 18　　　　　　　　C. 24　　　　　　　D. 36

二、简答题

1. 简述计算思维的定义、本质及其目的。
2. 简述解决复杂计算问题的两个方法。
3. 简述计算思维与各学科的关系。
4. 简述计算和自动计算需要考虑的 4 个问题。
5. 简述集成电路的基本思想。
6. 简述元器件的发展规律。

第**2**章　计算机系统的基本思维

　　计算机系统的基本思维包括如何进行信息的数字化编码，如何存储、自动执行运算规则等。本章将讲述 0 和 1 的思维、信息的数字化编码、图灵机的思想，以及冯·诺依曼计算机等计算机系统的基本思维。

2.1 0 和 1 的思维

　　计算机系统中将文字、声音、视频等数据转换为简单的电脉冲，并以 0 和 1 的形式存储。0 和 1 的思维是计算机体系工作的基础。

2.1.1 进位计数制

　　计数制是指用一组固定的数码和一套统一的规则表示数值的方法。按进位的原则进行计数称为进位计数制。

　　日常生活中常用的是十进制，而计算机中常用二进制、八进制、十六进制。表 2-1 所示为十进制、二进制、八进制、十六进制的数码表示方法。

表 2-1　十进制、二进制、八进制、十六进制的数码表示方法

十进制	二进制	八进制	十六进制
0	0	0	0
1	1	1	1
2	10	2	2
3	11	3	3
4	100	4	4
5	101	5	5
6	110	6	6
7	111	7	7
8	1000	10	8
9	1001	11	9
10	1010	12	A
11	1011	13	B
12	1100	14	C
13	1101	15	D
14	1110	16	E
15	1111	17	F
16	10000	20	10

　　进位计数制中，表示一位数所能使用的数码符号个数称为基数。例如，十进制数有 0~9 共 10 个数码，基数为 10，逢 10 进 1。

　　任何一个数，不同数位的数码表示的值的大小不同。例如，在十进制中，323.4 可以表示为：

$$323.4 = 3 \times (10)^2 + 2 \times (10)^1 + 3 \times (10)^0 + 4 \times (10)^{-1}$$

百位上的"3"表示300，个位上的"3"表示3。

每个数位的数码代表的数值，等于数码乘以一个固定数值，这个数值称为位权或权。各种进位制中位权均等于基数的若干次幂。因此，任何一种以进位计数制表示的数都可以拆分为多项式的和。

1．十进制

在十进制数中，K表示0～9的10个数码中的任意一个数码，则任何一个数（N）可以表示为：

$$N = \pm [K_{n-1} \times (10)^{n-1} + K_{n-2} \times (10)^{n-2} + \cdots + K_0 \times (10)^0 + K_{-1} \times (10)^{-1} + K_{-2} \times (10)^{-2} + \cdots]$$

为了便于区分，在十进制数后加"D"，表示数为十进制数，如323.4D。

2．二进制

二进制数只有0、1两个数码，基数为2，逢2进1。为了便于区分，在二进制数后加"B"，表示数为二进制数。例如：

$$1101.1B = 1 \times 2^3 + 1 \times 2^2 + 0 \times 2^1 + 1 \times 2^0 + 1 \times 2^{-1} = 13.5D$$

3．八进制

八进制数有0～7共8个数码，基数为8，逢8进1。为了便于区分，在八进制数后加"O"，表示数为八进制数。例如：

$$127.5O = 1 \times 8^2 + 2 \times 8^1 + 7 \times 8^0 + 5 \times 8^{-1} = 87.625D$$

4．十六进制

十六进制数有0～9、A、B、C、D、E、F共16个数码，基数为16，逢16进1。用A～F表示十进制中10～15的6种状态。为了便于区分，在十六进制数后加"H"，表示数为十六进制数。例如：

$$BE23.8H = 11 \times 16^3 + 14 \times 16^2 + 2 \times 16^1 + 3 \times 16^0 + 8 \times 16^{-1} = 48\ 675.5D$$

2.1.2　不同进制数的转换

计算机中使用二进制，而现实生活一般采用十进制，因此经常需要在不同进制间相互转换。

1．不同进制数转换为十进制数

将任何进制的数转换为十进制数时，用每个位置上的数码乘以相应的位权，然后求和，就能得到对应的十进制数值。

【例2.1】 将二进制数110010100111.1B、八进制数6 247.4O、十六进制数CA7.8H转换为对应的十进制数。

$$110010100111.1B = 1 \times 2^{11} + 1 \times 2^{10} + 0 \times 2^9 + 0 \times 2^8 + 1 \times 2^7 + 0 \times 2^6 + 1 \times 2^5 + 0 \times 2^4 + 0 \times 2^3 + 1$$
$$\times 2^2 + 1 \times 2^1 + 1 \times 2^0 + 1 \times 2^{-1} = 3\ 239.5D$$

$$6\ 247.4O = 6 \times 8^3 + 2 \times 8^2 + 4 \times 8^1 + 7 \times 8^0 + 4 \times 8^{-1} = 3\ 239.5D$$

$$CA7.8H = 12 \times 16^2 + 10 \times 16^1 + 7 \times 16^0 + 8 \times 16^{-1} = 3\ 239.5D$$

2．十进制数转换为二进制、八进制、十六进制数

将十进制数的整数部分转换为R进制数，通常采用"除R取余法"，即用十进制整数除以R取余数，将商反复除以R，直至商为零。

得到的第一个余数为最低位，最后一个余数为最高位，将所得余数从高位到低位依次排列，就是对应R进制数。

例如，把十进制数转换为二进制整数采用"除2取余法"，把十进制数转换为八进制或十六进制整数采用"除8取余法"或"除16取余法"。

　　　计算机系统的基本思维 | 第2章

【例2.2】 将十进制整数 167 转换为对应的二进制、八进制、十六进制数。

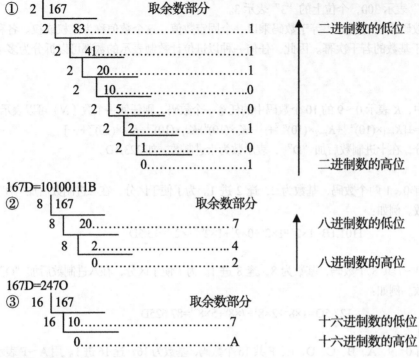

167D=10100111B

167D=247O

167D=A7H
167D=10100111B=247O=A7H

3．二进制、八进制、十六进制数的相互转换

二进制、八进制、十六进制数之间的转换可以借助十进制数完成，也可以通过简单的方法直接转换。

如表 2-1 所示，每 3 位二进制数对应一位八进制数，每 4 位二进制数对应一位十六进制数。因此，将二进制数转换为八进制数的方法是：从小数点开始向两边，每 3 位二进制数转换成一位八进制数，数的开始和结尾部分不足 3 位的均补零。将二进制数转换为十六进制数，则将每 4 位二进制数转换成一位十六进制数，其余同上。

【例2.3】 将二进制数 10100111.1011B 转换成八进制、十六进制数。

10100111.1011B=<u>010</u> <u>100</u> <u>111</u>.<u>101</u> <u>100</u>B=247.54O

 =<u>1010</u> <u>0111</u>.<u>1011</u>B=A7.BH

相应地，若想把八进制、十六进制数转换为二进制数，只需要把数值的每一位转换为对应的 3 位、4 位二进制数即可。形成的二进制数，可省略开头和结尾处的零。

【例2.4】 将 367.45O、E7B2.C8H 转换为二进制数。

367.45O=<u>011</u> <u>110</u> <u>111</u>.<u>100</u> <u>101</u>B = 11110111.100101B

    3   6   7   4   5
E7B2.C8H=<u>1110</u> <u>0111</u> <u>1011</u> <u>0010</u>.<u>1100</u> <u>1000</u>B=1110011110110010.11001B

        E   7   B   2   C   8

2.1.3 二进制与《易经》

《易经》是中国的一部古老的哲学著作，它通过阴阳的组合来进行现实世界的语义符号化。语义符号化是指将现实世界使用符号来表达，进而进行基于符号的计算的一种思维。阴用两个短线（或六）来表示；阳用一根长线（或九）来表示，如图 2-1 所示，阴对应二进制的 0，阳对应二进制的 1。符号的位置和组合及其演变关系，可以描述现实世界的事物和规律性的含义。

　　三画的组合形成一卦，共有 8 种组合，即八卦，如图 2-2 和图 2-3 所示。八卦可以表示自然空间中的 8 种现象：天（乾）、地（坤）、雷（震）、风（巽）、水或月（坎）、火或日（离）、山（艮）和泽（兑）。

　　六画的组合形成一卦，共有 64 种组合，即六十四卦。六画卦可以描述人从生到死的变化规律，或者描述一年二十四节气的演变规律。

　　三画卦和六画卦的每一个阴和阳称为爻，则三画卦包括 24 爻，六画卦包括 384 爻。

　　八卦和六十四卦从本质上来说是二进制数，八卦相当于三位二进制数的 8 个数；六十四卦相当于 6 位二进制数的 64 个数。

图 2-1　阴阳　　　　　图 2-2　三画卦　　　　　图 2-3　八卦图

2.1.4　二进制与逻辑运算

　　逻辑指的是事物之间遵循的规律，是现实生活中普适的思维方式。逻辑的基本表现形式是命题和推理。

　　（1）命题是由语句表达的内容为真或假的一个判断。推理就是依据简单命题的判断结论推导出复杂命题的判断结论的过程。命题和推理可以用二进制的 0 表示假，1 表示真。

　　【例 2.5】命题举例，假如小明是一个男的小学生。

　　命题 1：小明是男生，结果为真，值为 1。

　　命题 2：小明是小学生，结果为真，值为 1。

　　命题 3：小明是男生，并且是个小学生，结果为真，值为 1。

　　命题 4：小明是女生，结果为假，值为 0。

　　（2）命题和推理可以符号化，用符号来表示命题和推理。

　　【例 2.6】将例 2.5 的命题符号化。

　　命题 1 用 X 表示，值为 1。

　　命题 2 用 Y 表示，值为 1。

　　命题 3 用 Z 表示，则"Z=X AND Y"，则值为 1。

　　（3）复杂命题的推理可以通过逻辑运算完成。逻辑运算符如下。

　　① AND（与）：X AND Y，X 和 Y 都为真时，为真。

　　② OR（或）：X OR Y，X 和 Y 都为假，才为假。

　　③ NOT（非）：NOT X，X 为真时值为假，X 为假时值为真。

　　④ XOR（异或）：X XOR Y，X 和 Y 不同时为真。

　　逻辑运算的真值表，如表 2-2 所示。

表 2-2 逻辑运算真值表

X	Y	NOT X	X AND Y	X OR Y	X XOR Y
1	1	0	1	1	0
1	0	0	0	1	1
0	1	1	0	1	1
0	0	1	0	0	0

2.1.5 二进制与元器件

基本的逻辑运算可以由电子元器件及其电路实现。如低电平为 0，高电平为 1（见图 2-4）。

图 2-4 低电平和高电平

电子计算机中，使用电子管来表示十进制的十种状态过于复杂，而使用电子管的开和关两种状态来表示二进制的 0 和 1 则非常容易实现。

【例 2.7】 使用 8 个电子管的一组开关状态表示二进制数 10100110，如图 2-5 所示。

1 0 1 0 0 1 1 0

图 2-5 电子管描述二进制数

硬盘也称为磁存储设备，通过电磁学原理读写数据，存储介质为磁盘或磁带，通过读写磁头改变存储介质中每个磁性粒子的磁极为两个状态，分别表示 0 和 1，如图 2-6 所示。

光盘利用激光束在光盘表面存储信息，根据激光束和反射光的强弱不同，可以实现信息的读写。在写入光盘时激光束会在光盘表面形成小凹坑，有坑的地方记录"1"，反之为"0"，如图 2-7 所示。

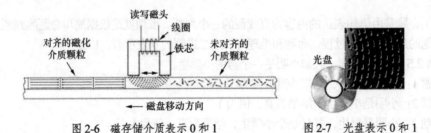

图 2-6 磁存储介质表示 0 和 1　　　图 2-7 光盘表示 0 和 1

计算机中采用二进制数有以下优点。

（1）可行性。计算机中采用二进制编码具有可行性。采用二进制编码，只需要 0、1 两种状态，因此采用二进制数在技术上容易实现。使用"有脉冲、无脉冲""高电位、低电位""电磁南极、电磁北极"这样可对比的状态描述数字而无须准确测量具体值，因此当元器件受到一定程度的干扰时，仍能可靠地分辨出它表述的是什么数值。

（2）简易性。采用二进制有利于各种算法、规则的实现。数值计算是计算机的重要应用领域之一。二进制的算术运算规则简单，如 A、B 两数相乘，只有 0×0=0、0×1=0、1×0=0、1×1=1 共 4 种组合，而相应的十进制却有 100 种组合。

（3）适合逻辑运算。逻辑代数是逻辑运算的理论依据，二进制的 1 和 0 正好与逻辑代数中的"真"和"假"相吻合。

（4）易于转换。二进制数与十进制数、八进制数、十六进制数易于互相转换。

2.1.6 存储单位关系

在计算机中，数据的存储单位有位和字节，具体如下。

（1）位（bit）。它是计算机中最小的信息单位。一"位"只能表示 0 和 1 中的一个，即一个二进制位，或存储一个二进制数位的单位。

（2）字节（Byte）。每 8 个位称为字节（简写为 B），字节是计算机中数据存储的最基本单位。计算机中存储单位一般有 B、KB、MB、GB、TB、PB、EB、ZB、YB、BB、NB、DB 等，换算率为 1024，各存储单位之间的关系如下。

1B=8bit。

1KB=1024B=2^{10}B。

1MB=1024KB=2^{20}B。

1GB=1024MB=2^{30}B。

1TB=1024GB=2^{40}B。

1PB=1024TB=2^{50}B。

1EB=1024PB=2^{60}B。

假如 1 张 JPG 格式图片的存储空间大约为 1MB，则使用传统电子管存储和表示 1MB 数据需要 $2^{20}\times8$（约 800 万）个电子管。

2.2 二进制与数据编码

在计算机中，数字、字符、图片、声音、视频等所有信息都要进行二进制编码才能存储和处理。

2.2.1 二进制与数字的表示

计算机最早发明时的主要用途就是数学计算，数字在计算机中以二进制数的形式存储和参与计算。

1. 机器数

在计算机中采用固定数目的二进制位数来表示数字，称为机器数。机器数的表示范围受计算机字长的限制，一般字长为 8 位、16 位、32 位或 64 位。如果数值超出机器数能表示的范围，就会出现"溢出"错误。本节假设计算机使用 8 位字长表示数字。

数值有正、负之分，通常把一个二进制数的最高位作为符号位。规定"0"表示正数，"1"表示负数，如图 2-8 所示。

符号位	有效数位

图 2-8　机器数

【例 2.8】 8 位计算机中整数+7 和-7 对应的机器数。

整数 7 对应的二进制数是 0111，因此+7 的机器数是 00000111；-7 的符号为负号，第 8 位为 1 表示负数，因此-7 对应的机器数是 10000111。

在计算机中，数字可以采用原码、反码、补码存储和处理，不同的编码有不同的计算规则。

2. 原码

原码是数字最简单的表示方法。用 0 表示正号、1 表示负号，数值部分为真值的绝对值（真值为机器数所代表的数）。0 的原码有两种表示方法。

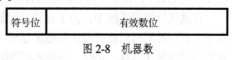

$$[X]_{原} = \begin{cases} 0X & X \geqslant 0 \\ 1|X| & X \leqslant 0 \end{cases}$$

+7: 00000111　　+0: 00000000

-7: 10000111　　-0: 10000000

3. 反码

正数的反码与原码相同，负数的反码由原码的数值部分按位取反得到（即 0 变为 1，1 变为 0）。0 的反码有两种表示方法。

$$[X]_{反}= \begin{cases} 0X & X \geqslant 0 \\ 1\overline{|X|} & X \leqslant 0 \end{cases}$$

+7: 00000111　　+0: 00000000

-7: 11111000　　-0: 11111111

4. 补码

正数的补码与原码、反码相同，负数的补码等于负数的反码加 1。

$$[X]_{补}= \begin{cases} 0X & X \geqslant 0 \\ 1\overline{|X|}+1 & X \leqslant 0 \end{cases}$$

+7: 00000111　　+0: 00000000

-7: 11111001　　-0: 00000000

0 有唯一的补码，$[+0]_{补}=[-0]_{补}=00000000$。-0 的补码为 100000000（8 个 0），受 8 位字长限制，最高位 1 在运算过程中，由于没有电子元器件表示而丢失，从而使保留下来的结果恰好与 +0 的补码一致。

5. 补码的算术运算

数字在计算机中采用补码存储和处理，主要原因是可以将计算中的减法运算转变为加法运算，而原码和反码则不行。

假设以 8 个二进制数表示一个数字，要计算数学表达式 10-7 的结果。首先，10-7 可以看作 10+（-7），则计算机需要计算 10 与 -7 的和。按照原码表示方法，10 的原码是 00001010，-7 的原码是 10000111，10+（-7）的原码计算表达式如下所示。

```
    00001010
+   10000111
-----------
    10010001
```

计算结果为 10010001，对应十进制数为 -17，结果显然不正确。

在进行含有负数的运算中，使用补码的形式可以避免符号位参与运算时造成的错误结果。按照补码表示方法，10 的补码是 00001010，-7 的补码是 11111001，10+（-7）的补码计算表达式如下所示。

```
    00001010
+   11111001
-----------
   100000011
```

计算结果为 9 位二进制数，超出 8 位。将最高位（即最左边的 1）舍去，得到结果为 00000011，就是十进制数 3，可见采用补码形式计算的结果正确。

在现代计算机系统中，为了有符号数值的存储和计算，数值一律采用补码来表示和存储。原因在于，使用补码可以将符号位和数值域统一处理；同时，加法和减法也可以统一处理，可以将减法运算转变为加法运算。此外，补码与原码相互转换，其运算过程是相同的，不需要额外的硬件电路。

2.2.2　计算机中的字符编码

在计算机中，各种字符、汉字等非数值型字符需要转换为二进制进行存储和处理。

常用的西文字符有 128 个，包括 10 个十进制的数码 0～9、52 个大小写英文字母 A～Z 及 a～z、32 个标点符号、运算符、专用符号和 34 个控制符。

大多数小型机和所有微型计算机都采用 ASCII（American Standard Code for Information Interchange，美国标准信息交换码）存储和处理西文字符，它是通用的国际标准编码。ASCII 于 1968 年被提出。

7 位 ASCII 采用 7 位二进制数表示一个字符，由于 7 位二进制数表示的范围为 0～127，共包含

128 个数字，用于表示常用的 128 个字符，如表 2-3 所示。每个字符占用 1Byte 的空间，即 8 位二进制数，最高位设置为 0，其余 7 位表示 ASCII 值。

表 2-3　ASCII 表

十进制数	十六进制数	字符	十进制数	十六进制数	字符	十进制数	十六进制数	字符	十进制数	十六进制数	字符
00	00	NUL	32	20	SP	64	40	@	96	60	`
01	01	SOH	33	21	!	65	41	A	97	61	a
02	02	STX	34	22	"	66	42	B	98	62	b
03	03	ETX	35	23	#	67	43	C	99	63	c
04	04	EOT	36	24	$	68	44	D	100	64	d
05	05	ENQ	37	25	%	69	45	E	101	65	e
06	06	ACK	38	26	&	70	46	F	102	66	f
07	07	BEL	39	27	'	71	47	G	103	67	g
08	08	BS	40	28	(	72	48	H	104	68	h
09	09	HT	41	29	)	73	49	I	105	69	i
10	0A	LF	42	2A	*	74	4A	J	106	6A	j
11	0B	VT	43	2B	+	75	4B	K	107	6B	k
12	0C	FF	44	2C	,	76	4C	L	108	6C	l
13	0D	CR	45	2D	–	77	4D	M	109	6D	m
14	0E	SO	46	2E	.	78	4E	N	110	6E	n
15	0F	SI	47	2F	/	79	4F	O	111	6F	o
16	10	DEL	48	30	0	80	50	P	112	70	p
17	11	DC1	49	31	1	81	51	Q	114	72	r
18	12	DC2	50	32	2	82	52	R	115	73	s
19	13	DC3	51	33	3	83	53	S	116	74	t
20	14	DC4	52	34	4	84	54	T	117	75	u
21	15	NAK	53	35	5	85	55	U	118	76	v
22	16	SYN	54	36	6	86	56	V	119	77	w
23	17	ETB	55	37	7	87	57	W	120	78	x
24	18	CAN	56	38	8	88	58	X	121	79	y
25	19	EM	57	39	9	89	59	Y	122	7A	z
26	1A	SUB	58	3A	:	90	5A	Z	123	7B	{
27	1B	ESC	59	3B	;	91	5B	[	124	7C	|
28	1C	FS	60	3C	<	92	5C	\	125	7D	}
29	1D	GS	61	3D	=	93	5D	]	126	7E	~
30	1E	RS	62	3E	>	94	5E	^	127	7F	DEL
31	1F	US	63	3F	?	95	5F	_			

　　在存储一个西文字符时，所存储的是 ASCII 对应的二进制编码，如图 2-9 所示，小写字母比对应的大写字母大 32。

97	65
a　0110 0001	A　0100 0001

图 2-9　大小写字母的 ASCII 关系

2.2.3　计算机中的汉字编码

　　我国于 1981 年颁布了国家标准《信息交换用汉字编码字符集——基本集》，即 GB 2312—1980，简称国标码。基本集共收集汉字 6 763 个，其中常用一级汉字 3 755 个，二级汉字 3 008 个。GB 2312—1980 编码用 2Byte（16bit）表示一个汉字，因此理论上最多可以表示 256×256=65 536 个汉字。例如，汉字"大"字的国标码为 3473H。

　　由于汉字数量庞大、编码复杂，所以计算机输入、存储、显示汉字时需要使用不同编码。

1．机内码

　　在计算机内部，为了区分汉字编码和 ASCII 字符，将国标码每个字节的最高位由 0 改为 1，构成汉字的机内码，也称内码。汉字在计算机内部存储、处理和传输时使用机内码。

　　汉字内码=汉字国标码+8080H，例如：

汉字	国标码	汉字内码
大	3473H	B4F3H
	00110100 01110011B	10110100 11110011B

2. 输入码

通过键盘向计算机中输入汉字所使用的编码为输入码，也称外码。

例如，以拼音为基础的拼音类输入法，包括搜狗输入法、智能 ABC、微软全拼等；以字形为基础的字形类输入法，如五笔字型；以拼音、字形混合为基础的混合类输入码，如自然码。随着拼音类输入法的识别率不断提高，拼音类输入法被广泛使用。

3. 输出码

输出码也称汉字字型码，指汉字字库中存储的汉字字型的数字化信息，用于汉字的显示或打印输出。不同的汉字字库存放不同形状的汉字字型（即字体），如宋体、楷体、隶书等，分为点阵和矢量两种表示方法。

（1）点阵字库

用点阵表示字型时，将一个汉字放在一个多行多列的网格中，有笔画通过的网格用二进制位 1 表示，没有笔画通过的网格用二进制位 0 表示，这样就构成汉字的点阵，如图 2-10 所示。一般有 16×16、24×24、48×48、64×64 点阵，行列数越大，字型质量越高，所占空间也越大。

汉字字型码以二进制数形式保存在存储器中，构成汉字字库。每个汉字在字库中都占有一个固定大小的连续存储空间，如 48×48 点阵，需要 288（48×48/8）Byte 空间存放一个汉字的字型码。

（2）矢量字库

矢量汉字字库存储的是描述汉字字型的轮廓特征，当要输出汉字时，通过计算机的计算由汉字字型描述生成所需大小和形状的汉字点阵。矢量表示方式与分辨率无关，因此可以产生高质量的汉字输出，且放大以后不影响输出效果。楷体的 TrueType 字库如图 2-11 所示。

图 2-10　点阵字库

图 2-11　矢量字库

2.2.4　图像的数字化编码

在计算机中，图像是指由输入设备捕捉的实际场景画面或以数字化形式存储的画面。

图像由许多像素组合而成，每个像素用若干二进制位来表示其颜色。每个像素所占二进制位数越多，则色彩越丰富，效果越逼真。位图图像的色彩在计算机中采用 RGB 模式，即红、绿、蓝 3 种基本颜色各占若干二进制位，通过 3 种基本颜色的组合来产生其他颜色。

例如，24 位颜色中从低位到高位分别用 1Byte 表示蓝色、绿色和红色。红色为#FF0000，绿色为#00FF00，蓝色为#0000FF，白色为#FFFFFF，黑色为#000000。

对位图进行缩放时图像会失真，如图 2-12 所示。位图主要用于表现人物、动植物等真实存在的自然景物。

现实中的图像都是模拟图像，要在计算机中存储、显示和处理，必须转换为数字形式，即数字化。图像的采集和数字化主要通过数

图 2-12　图像

码相机、摄像头、扫描仪等多媒体输入设备完成。

图像的数字化过程主要包括采样、量化与编码 3 个步骤。

（1）采样是对二维空间上的模拟图像在水平和垂直方向上等间距地分割成矩形网状结构，每个微小方格称为一个像素。例如，一幅分辨率为 640×480 像素的图像由 640×480=307 200 个像素组成。分辨率是指图像在横纵方向上像素的个数，分辨率越高，图像质量越好，文件也越大。

（2）量化是将采样的每个像素的颜色用相同位数的二进制数表示。采用的二进制数的位数称为量化字长，如量化字长为 16 位，表示每个像素长 16 位，可以描述 2^{16}=65 536 种颜色。量化字长一般有 8 位、16 位、24 位或 32 位等。

计算机中的图像分为 X 行 Y 列的点阵，每个点用二进制数的编码表示其颜色，将所有点的二进制编码保存在一起成为一个图片文件。

例如，一张 24 位色、640×480 像素的照片，表示宽为 640 列、高为 480 行的点阵，每个点用 24 位二进制编码表示其颜色，可以有 2^{24}=16 777 216 种颜色。存储该照片大约需要 640×480×24/8B=921 600B=900KB 的存储空间。

一张 24 位色、4 288×2 848 像素的照片，需要大约 4 288×2 848×24bit=35 778KB=34.94MB 存储空间。

（3）由于采样、量化后得到的图像数据量巨大，必须采用编码技术来压缩其信息量。

彩色照片占用的存储空间可能很大，不利于保存和网络传输，可以采用压缩的方法减少其占用的空间。例如，采用 JPEG 压缩方法，在不影响效果的情况下可以将一张 24 位色、4 288×2 848 像素的照片压缩为约 3.2MB 的 JPG 文件。

2.2.5　声音的数字化编码

声音又称音频，除语音、音乐外，还包括各种音响效果等，是重要的信息载体。自然界的声音是模拟音频，是随时间连续变化的模拟量，信号体现为波形，具有振幅、周期、频率 3 个重要指标。振幅越大，音量越大；频率越高，音调越高。

计算机中存储的音频为数字音频，它是随时间不连续或离散变化的数字量。图 2-13（a）和（b）所示为模拟音频转化为数字音频后的不同效果。

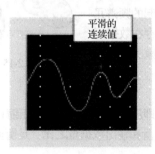

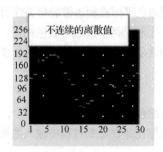

（a）模拟音频　　　　　　（b）数字音频

图 2-13　模拟音频和数字音频

模拟音频进入计算机时需要进行数字化处理，使其转换为数字音频，这一过程称为音频的数字化，通常包括采样、量化和编码 3 个过程。音频采集和数字化所需的硬件设备主要有声卡、话筒等。

（1）采样过程是指每隔一定时间 T 对模拟音频信号的振幅取值，其中 T 称为采样周期，得到的振幅值称为采样值，采样后的数据仍为模拟量。将每 1s 的采样次数称为采样频率，如 22.05kHz、44.1kHz、48kHz，如图 2-14 所示。

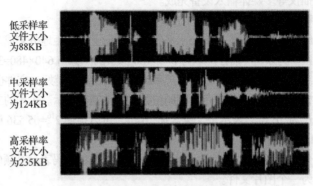

低采样率
文件大小
为88KB

中采样率
文件大小
为124KB

高采样率
文件大小
为235KB

图 2-14　不同采样率的音频

（2）量化过程是把每一个采样从模拟量转换为二进制的数字量。

（3）编码过程是将量化后的数字声音信号以二进制形式表示，编码可以用 8bit、16bit、24bit 表示，称为采样位数。采样的频率越高、采样的位数越高，声音越真实。

例如，44.1kHz 的 32 位音频，每秒可以有 44.1×1024=45 158.4 个采样，每个采样能描述 2^{32}=4294967296 种声音信号。

单声道 1 分钟的 44.1kHz 的 32 位音频，需要大约 44.1×1024×60×32bit=10584KB=10.34MB 存储空间。

如图 2-14 所示，高采样率的音频文件的大小要明显大于低采样率音频文件的大小，但其音频质量要好于低采样率。

2.2.6　数据压缩技术

数据压缩技术对数据重新编码，以减少所需的比特数，减少占用的存储空间，便于传输。数据压缩是可逆的，它的逆过程称为解压缩。数据之所以能被压缩，是因为数据中存在冗余。

例如，图像数据的冗余主要表现为：图像中相邻像素间的相关性引起的空间冗余；图像序列中不同帧之间存在相关性引起的时间冗余；不同彩色平面或频谱带的相关性引起的频谱冗余，如图 2-15 所示，①和②两个区域中颜色相同，存在数据冗余。数据压缩的目的就是通过去除这些数据冗余来减少表示数据所需的比特数。

图 2-15　图像的冗余

1．压缩的指标

评价一种数据压缩技术好坏的指标共有 3 个，即压缩比、压缩质量、压缩和解压缩速度。

（1）压缩比。压缩比是在压缩过程中输入数据量和输出数据量之比，是衡量压缩技术性能的重要指标。

（2）压缩质量。压缩质量是指压缩后的数据在解压缩后与原始数据相比的真实程度。

（3）压缩和解压缩速度。压缩和解压缩的速度越快越好。例如，为了保证视频的连贯性，对压缩和解压缩速度有严格要求。如果压缩和解压缩速度过低，视频会产生跳动感，用户难以接受。而对于静态图像，因为不需要保证连贯性，压缩和解压缩的速度要求并不高。

2．压缩的分类

根据压缩后数据与原始数据的一致性，将压缩方法分为有损压缩和无损压缩。

（1）有损压缩。有损压缩的解码后的数据和原始数据存在一定差别，允许有一定程度的失真。

在压缩过程中丢失一些不敏感的信息，这些损失的信息将不能恢复，这种压缩方法不可逆。

人们观看图像、视频，听声音时，经常无法感觉到细微差别。所以，图像、视频或者音频等经常使用有损压缩方法进行数据压缩，其压缩比可以从几倍到上百倍。

（2）无损压缩。无损压缩的解码数据和原始数据严格相同，没有失真。

无损压缩利用数据的统计特性进行数据压缩。它对数据进行概率统计，对出现概率大的数据采用相对较短的编码，而出现概率小的数据采用较长编码，从而减少数据冗余。

无损压缩的压缩比一般为 2∶1～5∶1，主要用于文本数据、程序代码和特殊应用场合的图像数据（如指纹图像、医学影像等）。

> ▶提示
>
> 　　将现实世界的各种信息进行二进制的数字化编码后存储、计算和处理，将具有冗余信息的数据压缩后存储、处理和传输，是计算机系统的基本思维。

2.3　图灵机与冯·诺依曼计算机

2.3.1　图灵与图灵机

1．图灵

阿兰·麦席森·图灵（Alan Mathison Turing）是英国著名数学家、逻辑学家、密码学家，被称为计算机科学之父、人工智能之父（见图 2-16）。1938 年他在美国普林斯顿大学取得博士学位，第二次世界大战爆发后回到剑桥，后曾协助军方破解德国的著名密码系统 Enigma，帮助盟军取得了第二次世界大战的胜利。图灵是计算机逻辑的奠基者，提出了"图灵机""图灵测试"等重要概念。人们为纪念他在计算机领域的卓越贡献而专门设立了"图灵奖"。

图 2-16　阿兰·麦席森·图灵

2．图灵机的基本思想

图灵认为，自动计算就是人或者机器对一条两端无限延长的纸带上的一串 0 和 1，执行指令，一步步地改变纸带上的 0 和 1，经过有限步骤得到结果的过程。机器按照指令的控制选择执行操作，指令由 0 和 1 表示，例如，00 表示停止，01 表示转 0 为 1，10 表示翻转 1 为 0，11 表示移位；计算的任务可以通过将指令编写程序来完成，如 00，01，11，010，10，00……。数据被制成一串 0 和 1 的纸带送入机器，机器读取程序，按照程序的指令顺序读取指令，读取一条指令执行一条指令，如图 2-17 所示。

图灵机（Turing Machine）是一个抽象的计算模型，如图 2-18 所示。它有一条无限长的纸带，纸带分成了一个一个的小方格，每个方格有不同的颜色，有一个机器头在纸带上移来移去；机器头有一组内部状态，还有一些固定的程序；在每个时刻，机器头都要从当前纸带上读入一个方格信息，然后结合自己的内部状态查找程序表，根据程序输出信息到纸带方格上，并转换自己的内部状态，然后进行移动。

图灵机模型被认为是计算机的基本理论模型，它是一种离散的、有穷的、构造性的问题求解思路，一个问题的求解可以通过构造器图灵机来解决。

著名的图灵可计算问题：凡是能用算法解决的问题，也一定能用图灵机解决；凡是图灵机解决不了的问题，任何算法也解决不了。

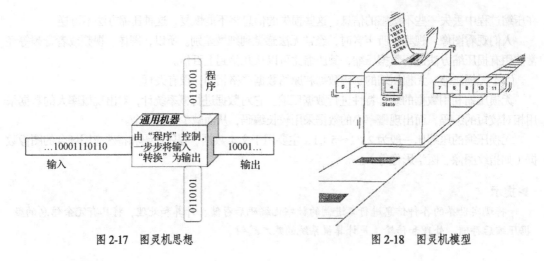

图 2-17　图灵机思想　　　　　　　　　　　　　图 2-18　图灵机模型

3．图灵测试

图灵测试，又称"图灵判断"，是图灵提出的一种测试机器是否具备人类智能的方法。如果计算机能在 5min 内回答由人类测试者提出的一系列问题，且其超过 30%的回答让测试者误认为是人类所答，则计算机通过测试。

如图 2-19（a）所示，图灵测试的方法是在测试人与被测试者（一个人和一台机器）隔开的情况下，通过一些装置（如键盘）向被测试者随意提问。问过一些问题后，如果测试人不能确认被测试者 30%的答复哪个是人、哪个是机器的回答，那么这台机器就通过了测试，并被认为具有人类智能。

2014 年，聊天程序"尤金·古斯特曼"（Eugene Goostman）首次通过了图灵测试，如图 2-19（b）所示。这一天恰好是计算机科学之父阿兰·麦席森·图灵逝世 60 周年纪念日。在活动中，"尤金·古斯特曼"成功伪装成一名 13 岁男孩，回答了测试者输入的所有问题，其中 33%的回答让测试者认为与他们对话的是人而非机器，这是人工智能乃至于计算机史上的一个里程碑事件。

（a）图灵测试示意图　　　　　　　　　　（b）尤金·古斯特曼程序

图 2-19　图灵测试

2.3.2　冯·诺依曼计算机

1946 年，美籍匈牙利科学家冯·诺依曼（Von Neumann）领导的研究小组发表了关于 EDVAC（Electronic Discrete Variable Automatic Computer，电子离散变量自动计算机）的论文，具体介绍了制造电子计算机和程序设计的新思想，宣告了电子计算机时代的到来。

EDVAC 是第一台具有现代意义的通用计算机，与 ENIAC 不同，EDVAC 首次使用二进制而不是十进制。整台计算机使用了大约 6 000 个电子管和 12 000 个二极管，功率为 56kW，占地面积 45.5m²，重量为 7 850kg，使用时需要 30 个技术人员同时操作，图 2-20 所示为冯·诺依曼和 EDVAC。

冯·诺依曼在 EDVAC 的研究中，提出了计算机的逻辑体系结构和存储程序的理论，主要包括以下内容。

（1）计算机由运算器、控制器、存储器、输入设备和输出设备 5 个部件构成。它以运算器和控制器为中心，这两部件构成了如今熟知的中央处理单元（Central Processing Unit，CPU），如图 2-21 所示。

图 2-20　冯·诺依曼和 EDVAC

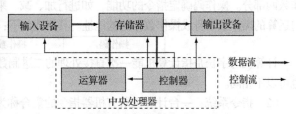

图 2-21　计算机硬件基本结构

（2）确定了计算机采用二进制，指令和数据均以二进制数形式存储在存储器中。

（3）计算机按照程序规定的顺序将指令从存储器中取出，并逐条执行。

计算机系统的 5 个部件的主要功能如下所述。

1．运算器

运算器（Arithmetic Logic Unit，ALU）也称算术逻辑运算单元，它主要完成数据的加、减、乘、除等算术运算和与、或、非等逻辑运算。

2．控制器

控制器（Control Unit）也称控制单元，负责读取指令、分析指令和执行指令，调度运算器完成计算。

3．存储器

存储器负责存储数据和指令。存储器是存储信息的部件，其结构如图 2-22 所示，按照地址划分为若干存储单元，每个存储单元由若干存储位组成，一个存储位可以存储一个 0 或 1。每个存储单元由一条地址线 W_i 控制其读写，当 W_i 有效时读写对应的存储单元。每个存储单元有一个对应的地址编码，由 $A_{n-1} \cdots A_1 A_0$ 进行编码，译码器取得每个地址编码 $A_{n-1} \cdots A_1 A_0$ 对应的地址线 W_i，通过 W_i 控制读写

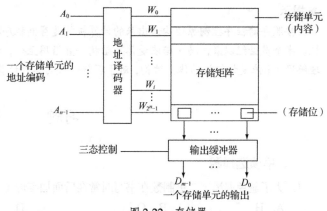

图 2-22　存储器

对应的存储单元。因此，n 位地址线可以控制读写 2^n 个存储单元，即存储容量为 2^nB。

输出缓冲器，控制从存储器中读取或者写入数据，存储单元的数据通过 $D_{m-1} \cdots D_1 D_0$ 数据线读写。

4．输入设备

输入设备负责将数据和指令从外部输入计算机中。

5．输出设备

输出设备将计算机中的二进制信息以用户能接受的形式呈现。

2.3.3 存储程序控制原理

1. 指令、指令系统和程序

为了能够让计算机完成任务，需要为计算机提供一系列命令。

（1）指令：也称机器指令，是指计算机完成某个基本操作的命令，是计算机可以识别的二进制编码。指令能被计算机硬件理解并执行，是程序设计的最小语言单位。

一条计算机指令使用一串二进制代码表示，代码的位数称为指令长度。它通常包括操作码和操作数两部分。操作码确定指令的功能，如进行加、减、乘、除等运算。操作数也称地址码，指明参与运算的操作数本身或操作数存储的地址。其格式如下：

操作码	操作数（地址码）

计算机的字长是指计算机能一次直接处理的二进制数据的位数。指令长度可以和机器字长相同，也可以不相同。

（2）指令系统：一台计算机所有机器指令的集合称为计算机的指令系统。不同种类计算机的指令系统的指令数目与格式也不同。指令系统越丰富完备，编制程序就越方便灵活。

（3）程序：由指令组成，是为解决某一特定问题而设计的有序指令的集合，是为了得到某种结果而由计算机等具有信息处理能力的装置执行的指令序列。

2. 指令执行过程

计算机按照程序的执行顺序逐条取出存储器中的指令，传输到 CPU 后执行。指令的执行过程如下所述。

（1）取指令阶段。在控制器的控制下，将存储器中的指令读入 CPU 的指令寄存器中。

（2）分析指令阶段。此阶段也称为译码阶段。在此阶段，由指令译码器将指令代码转换为电子器件操作。如果指令中包含操作数，还要从寄存器中读取操作数。

（3）执行指令阶段。在控制器的控制下，执行指令的具体操作。

（4）写回结果阶段。将最终结果写入相关寄存器或存储器。

▶提示

按照存储程序控制原理构造出来的计算机就是存储程序控制计算机，也称为冯·诺依曼计算机。半个多世纪以来，冯·诺依曼体系结构一直沿用至今，计算机一直遵循存储程序控制原理。理解冯·诺依曼计算机的体系结构，对于理解现代的各种计算机系统的设计和实现有着重要意义。

习题

一、单项选择题

1. 为了避免混淆，二进制数在书写时常在后面加字母（　　）。
   A. H　　　　　　　B. O　　　　　　　C. D　　　　　　　D. B
2. 为了避免混淆，十六进制数在书写时常在后面加字母（　　）。
   A. H　　　　　　　B. O　　　　　　　C. D　　　　　　　D. B
3. 以下 4 个数字中最大的是（　　）。
   A. 101110B　　　　B. 52D　　　　　　C. 57O　　　　　　D. 32H
4. 十进制数 178 转换为二进制数是（　　）。
   A. 10110010　　　B. 10111100　　　C. 11000010　　　D. 11001011

5. 十进制数 178 转换为八进制数是（　　　）。

    A. 260　　　　　　　B. 178　　　　　　　C. 262　　　　　　　D. 524

6. 十进制数 178 转换为十六进制数是（　　　）。

    A. B0　　　　　　　B. B2　　　　　　　C. C1　　　　　　　D. A9

7. 二进制数 111010110111 转为八进制数是（　　　）。

    A. 3767　　　　　　B. 4839　　　　　　C. 7267　　　　　　D. 7320

8. 二进制数 111010110111 转为和十六进制数是（　　　）。

    A. 376　　　　　　　B. 726　　　　　　　C. EB7　　　　　　　D. FC6

9. 与十六进制数 BC 等值的二进制数是（　　　）。

    A. 10111011　　　B. 10101100　　　C. 11001100　　　D. 11001011

10. 以下关于二进制的叙述中，错误的是（　　　）。

    A. 二进制数只有 0 和 1 两个数码

    B. 二进制计数逢二进一

    C. 二进制数各位上的权分别为 1，2，4，······

    D. 二进制数由数字 1 和 2 组成

11. 在《易经》中，三画卦共有（　　　）种组合。

    A. 3　　　　　　　　B. 8　　　　　　　　C. 16　　　　　　　　D. 64

12. 在逻辑运算中，经常用 0 表示假，1 表示真。假设 x 为 5，则逻辑表达式 x>1 AND x<10 的值是（　　　）。

    A. Y　　　　　　　　B. N　　　　　　　　C. 1　　　　　　　　D. 0

13. 以下关于计算机中单位换算关系的描述中，正确的是（　　　）。

    A. 1KB=1 024×1 024 Byte　　　　　　B. 1MB=1 024×1 024 Byte

    C. 1KB=1 000 Byte　　　　　　　　　D. 1MB=1 000 000 Byte

14. 在计算机的存储中，100Mbit=（　　　）。

    A. 10MB　　　　　　B. 12.5MB　　　　　C. 100MB　　　　　D. 800MB

15. 在计算机中，100KB=（　　　）。

    A. 1000kbit　　　　B. 800kbit　　　　　C. 125kbit　　　　　D. 12.5kbit

16. 以下关于补码的叙述中，错误的是（　　　）。

    A. 负数的补码是该数的反码加 1　　　　B. 负数的补码是该数的原码最右加 1

    C. 正数的补码与其原码相同　　　　　　D. 正数的补码与其反码相同

17. 假定一个数在计算机中占用 8 位，整数−15 的反码为（　　　）。

    A. 10001111　　　B. 11110000　　　C. 01110000　　　D. 00001111

18. 假定一个数在计算机中占用 8 位，整数−15 的补码为（　　　）。

    A. 11110001　　　B. 00001111　　　C. 11110000　　　D. 10001111

19. 字母 "a" 的 ASCII 值为十进制数 97，那么字母 "C" 的 ASCII 值为十进制数（　　　）。

    A. 66　　　　　　　B. 67　　　　　　　C. 68　　　　　　　D. 99

20. 在计算机的磁盘中存储汉字时，存储的是汉字的（　　　）。

    A. 机内码　　　　　B. 输入码　　　　　C. 字形码　　　　　D. 国标码

21. 在计算机中，采用机内码存储汉字，每个汉字占（　　　）字节。

    A. 1　　　　　　　　B. 2　　　　　　　　C. 8　　　　　　　　D. 16

22. 汉字系统中的汉字字库里存放的是汉字的（　　　）。

    A. 机内码　　　　　B. 输入码　　　　　C. 字形码　　　　　D. 国标码

23. 64×64 点阵字库，需要（　　　）Byte 空间存放一个汉字的字型码。
    A. 128　　　　　　　B. 288　　　　　　　C. 512　　　　　　　D. 1024
24. 一张 24 位色、480 像素×320 像素的照片，需要大约（　　　）存储空间。
    A. 300KB　　　　　B. 400KB　　　　　C. 450KB　　　　　D. 500KB
25. 单声道 1 分钟的 44.1kHz 的 16 位音频，需要大约（　　　）存储空间。
    A. 450KB　　　　　B. 2 646KB　　　　C. 5 292KB　　　　D. 10 584KB
26. 图像数据压缩的目的是（　　　）。
    A. 符合 ISO 标准　　　　　　　　　　　B. 减少数据存储量并便于传输
    C. 图像编辑的方便　　　　　　　　　　D. 符合各国的电视制式
27. 以下选项中，（　　　）不是衡量数据压缩性能的指标。
    A. 压缩比　　　　　　　　　　　　　　B. 图像质量
    C. 压缩和解压缩速度　　　　　　　　　D. 数据传输率
28. 一部电影经过压缩比为 150∶1 的压缩技术压缩后的大小是 150MB，那么该部电影压缩前的大小约为（　　　）。
    A. 10 000MB　　　　B. 15 000MB　　　C. 30 000MB　　　D. 22 500MB
29. 以下选项中，（　　　）一般可以使用有损压缩的方法进行压缩。
    A. 文本数据　　　　B. 程序代码　　　　C. 电子邮件　　　　D. 视频
30. 图灵机是（　　　）。
    A. 一款新型计算机　　　　　　　　　　B. 一个抽象的计算模型
    C. 一种单片机　　　　　　　　　　　　D. 一款电器
31. 图灵测试（　　　）。
    A. 是一种关于人类智商的测试方法　　　B. 是一种新型的考试方式
    C. 是一种计算机辅助测试软件　　　　　D. 用于测试机器是否具备人类的智能
32. 冯·诺依曼计算机中的运算器的功能是（　　　）。
    A. 只能进行加法运算　　　　　　　　　B. 进行算术运算和逻辑运算
    C. 进行四则混合运算　　　　　　　　　D. 进行字符处理运算和图像处理运算
33. 以下关于冯·诺依曼计算机的说法中，错误的是（　　　）。
    A. 计算机由控制器、运算器、存储器、输入设备和输出设备 5 个部件构成
    B. 确定了计算机采用二进制
    C. 计算机按照程序规定的顺序将指令从存储器中取出，并逐条执行
    D. 以输入设备和输出设备为中心
34. 为解决某一特定问题而设计的有序指令的集合称作（　　　）。
    A. 指令集　　　　　B. 算法　　　　　　C. 程序　　　　　　D. 集合
35. 一条计算机指令包括（　　　）和操作数两部分信息。
    A. 操作码　　　　　B. 程序　　　　　　C. 算法　　　　　　D. 命令

二、简答题

1. 简述计算机中采用二进制数的优点。
2. 假定一个数在机器中占 8 位，分别计算+33 和-33 的原码、反码和补码。
3. 简述数据压缩的定义及其性能指标。
4. 简述图灵机的基本思想。
5. 简述冯·诺依曼体系结构的主要内容。
6. 简述计算机指令的执行过程。

第 3 章　计算机硬件的基本思维

现代计算机系统由硬件、软件、网络和数据组成。

（1）硬件：构成计算机系统的物理的看得见的实体，是看得见摸得着的实物。

（2）软件：控制硬件按照指定要求进行工作的由有序命令构成的程序的集合，看不见摸不着，但是连接和控制着一切，是系统的灵魂。

（3）网络：将个人与世界互连互通，连接无尽的开发资源。

（4）数据：软件和硬件处理的对象，是信息社会关注的核心。

本章讲述现代计算机结构及其硬件组成、单片机，以及高性能计算等计算机硬件的基本思维。

3.1　现代计算机的结构

现代计算机一直沿用冯·诺依曼体系结构，以中央处理单元（CPU，也称微处理器）为核心，配以内存（主存储器）、输入/输出（Input/Output，I/O）接口和输入/输出设备等，其典型结构如图 3-1 所示。总线是连接 CPU、内存和各个 I/O 接口模块的数据通路，是各模块之间传递数据的通道。总线分为以下 3 类。

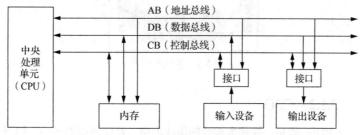

图 3-1　现代计算机的结构

（1）地址总线（Address Bus，AB）：用于传送程序或数据在内存中的地址或外设的地址编码。

（2）数据总线（Data Bus，DB）：用于传送数据或程序。

（3）控制总线（Control Bus，CB）：用于传输指令的操作码。

CPU 和内存之间通过总线频繁地进行取指令、取数据、存结果的操作，内存和外设之间也通过总线进行数据传输。CPU、内存和输入/输出设备被称为计算机的三大核心部件。

3.1.1　主板

主板（Mainboard）是一块电路板，如图 3-2 所示，一般包括 BIOS（Basic Input/Output System，基本输入/输出系统）芯片、I/O 控制芯片、键和面板控制开关接口、指示灯插接件、扩充插槽、主板及插卡的直流电源供电接插件等。计算机通过主板上的地址总线、数据总线、控制总线传递地址流、数据流、控制流信息。

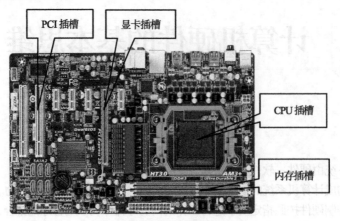

图 3-2　主板示例

主板采用开放式结构。主板上可以插入 CPU 和内存。主板上还有多个扩展插槽，可以插接计算机外设的控制卡（适配器）。通过更换这些插卡，可以局部升级计算机的子系统，使厂家和用户在配置机型方面有更大的灵活性。

▶提示

通过在主板上设计电路和接口，连接各种设备的思维方法，目前广泛应用在计算机、手机以及家电等各种设备的设计中，图 3-3 所示为手机的主板。

图 3-3　手机主板

3.1.2　CPU

CPU 一般是一块超大规模的集成电路，是计算机的核心，如图 3-4 所示。CPU 主要包括控制器、运算器、寄存器及高速缓冲存储器（Cache）。它们相互配合、协调工作，其中寄存器是存放临时数据的空间。

图 3-4　CPU

1. CPU 的主要性能指标

评价 CPU 的主要性能指标有主频、字长、内核数、高速缓存等。

（1）主频。主频就是 CPU 时钟频率，也是 CPU 内核的工作频率。它标识 CPU 的运算速度，一般以 MHz 和 GHz 为单位。GHz 表示 1s 内有 10 亿个周期。周期是 CPU 最小的时间单位，CPU 进行的每一项活动都是以周期来度量的。主频越高，运算速度越快。目前的 CPU 主频已经达到 4GHz 或更高。龙芯 3 号系列的龙芯 3A5000 的主频为 2.5GHz。

（2）字长。字长是指计算机能直接处理的二进制位数，它决定计算机的运算能力，字长越长，运算精度越高。字长还决定计算机的寻址能力，字长越长，寻址能力越强，计算机能存储的数据也越多。

字长为 32 位的处理器，能同时处理 32 位的数据，称为"32 位处理器"。目前，64 位字长的 CPU 已经非常普及。龙芯 1 号 CPU 字长是 32 位，龙芯 3 号 CPU 字长是 64 位。

（3）内核数。因为 CPU 的主频提高到一定程度后就很难继续提高，CPU 的运算速度将遇到瓶颈。在一个多核处理器中集成多个内核，通过并行处理来提高计算能力。内核数是评价 CPU 性能的另一个重要指标，如龙芯 3A5000 集成 4 个内核，龙芯 3C5000 集成 16 个内核。

（4）高速缓存（Cache）。CPU 中高速缓存一般与处理器同频运作，速率远远高于内存。在实际工作时，CPU 通过提前将可能使用的数据块读入高速缓存中，显著提高 CPU 的运行效率。CPU 的高速缓存大小是 CPU 的重要指标之一。由于 CPU 面积和成本等因素，CPU 中的高速缓存一般都很小。目前，龙芯 3A5000 有 16MB 三级缓存，龙芯 3C5000 有 32MB 三级缓存。

（5）芯片制程。芯片制程指芯片中单个晶体管栅极的最小宽度。其从最初的 0.35μm、0.25μm、0.18μm 到 0.13μm，后来从 90nm、65nm、45nm、32nm、14nm、7nm 和 5nm。更小的芯片制程意味着每平方毫米有更多的晶体管、更低的功耗以及更高的性能。

如表 3-1 所示，对三款 CPU 的参数进行比较，以便读者进一步了解 CPU 的性能指标。

表 3-1　CPU 参数比较

参数	Intel 酷睿 i7 13700K	AMD Ryzen 5 5600X	龙芯 3A5000
主频	3.4GHz	3.7GHz	2.5GHz
字长	64 位	64 位	64 位
内核数	16 核	6 核	4 核
三级缓存	30MB	32MB	16MB
芯片制程	10nm	7nm	14nm

2．国外 CPU 的发展

1971 年，Intel 公司的工程师霍夫发明了第一个商用的 4 位 CPU 4004，如图 3-5（a）所示，集成 2 300 多个晶体管，运行速度为 108kHz。该芯片配上存储器、寄存器，再配上键盘和数码管等，就可以构成一台完整的计算机了。

1972 年，Intel 发布 8 位 CPU 8008，如图 3-5（b）所示，集成晶体管总数为 3 500 个，主频为 200kHz。之后 Intel 陆续发展了 16 位、32 位和 64 位 CPU，集成几千万到几亿个晶体管，主频达到 4GHz。图 3-5（c）所示为 Intel 酷睿 i7 CPU。

此外，面向计算机的 CPU 还有 AMD 公司的系列 CPU，也占有一定的市场份额。

（a）Intel 4004 CPU　　　　（b）Intel 8008 CPU　　　　（c）Intel 酷睿 i7 CPU

图 3-5　Intel CPU

3.国产CPU的发展

2002年8月诞生的龙芯1号是我国首枚拥有自主知识产权的通用高性能CPU。自2001年以来共开发了龙芯1号、龙芯2号、龙芯3号三个处理器和龙芯桥片系列,在政企、安全、金融、能源等应用场景得到了广泛的应用。

图3-6(a)所示的龙芯1号系列为32位低功耗、低成本CPU,主要面向低端嵌入式和专用应用领域;图3-6(b)所示的龙芯2号系列为64位低功耗单核或双核系列CPU,主要面向工控和终端等应用领域;图3-6(c)所示的龙芯3号系列为64位多核系列CPU,主要面向桌面和服务器等应用领域。

（a）龙芯1号　　　　　（b）龙芯2号　　　　　（c）龙芯3号

图3-6　龙芯系列CPU

在移动终端CPU领域,海思半导体公司从2013年开始推出麒麟系列CPU。

2019年发布的麒麟990系列CPU,如图3-7(a)所示,采用7nm工艺制程,采用2个2.86GHz A76超大核、2个2.09GHz A76大核、4个1.86GHz A55小核的八核设计,最高主频可达2.86GHz。

2020年10月发布的麒麟9000 CPU,如图3-7(b)所示,采用5nm工艺制程,采用1个A77大核、3个2.54GHz A77中核、4个2.04GHz A55小核的八核设计,最高主频可达3.13GHz。

（a）麒麟990 CPU　　　　　（b）麒麟9000 CPU

图3-7　麒麟CPU

> ▶提示
>
> 　　除了龙芯和麒麟系列之外,我国自主研发和生产的CPU还有飞腾、申威、兆芯、海光、鲲鹏等。
>
> 　　我国在半导体领域起步较晚,因此整个集成电路行业的发展与国际先进水平仍有较大差距。但是我国整个集成电路行业的市场规模十分庞大。基于产业发展的需要,我国需要在自主可控下进口的同时,加强芯片的自主研发和芯片生产设备的研发,提升芯片设计和生产制造能力。

3.1.3　计算机的存储体系

随着CPU的运算速度不断加快,计算机需要存储和处理的数据量越来越大,对存取速度的要求也越来越高。计算机对存储的要求是容量足够大,越大越好;读取速度足够快,越快越好,以满足CPU运算速度的需要;价格足够低,越便宜越好;存储的时间足够长,越久越好。

因为制造工艺、精度、价格等因素影响,计算机的存储体系采用"速度、容量、价格的存储资源优化组合"的思维模式,包括寄存器、内存、高速缓存、外存。外存用来永久存储程序和数据,断电时数据也不会丢失,包括硬盘、光盘、U盘和存储卡等。

1. 寄存器

寄存器是 CPU 中的高速存储器，如图 3-8 所示，包括通用寄存器、专用寄存器和控制寄存器，可以用来暂存指令、数据和地址，其容量是有限的。寄存器与 CPU 采用相同制造工艺，速度可以与 CPU 完全匹配。

CPU 在处理内存中的数据时，往往先把数据取到寄存器中，而后再作处理。

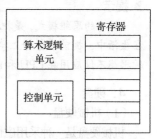

图 3-8　CPU 中的寄存器

2. 内存

内存是可按地址访问的存储器，又称为主存储器，它是一种半导体芯片，如图 3-9 所示。CPU 可以直接读写内存，内存的速度和容量直接影响计算机的整体性能。内存分为 RAM（Random Access Memory，随机存储器）和 ROM（Read-Only Memory，只读存储器）。

（1）RAM 可以按照地址访问，既可以读也可以写，断电后数据会丢失。

计算机中的程序和数据必须先读入 RAM 后，才可以被 CPU 读写和处理。RAM 容量反映了计算机运算和处理能力，RAM 容量越大，计算机性能越好。

图 3-9　内存

目前计算机中的 RAM 常见的容量有 4GB、8GB、16GB 等。

目前典型的 RAM 有 SRAM（Static Random Access Memory，静态随机存储器）、DRAM（Dynamic Random Access Memory，动态随机存储器）、SDRAM（Synchronous Dynamic Random Access Memory，同步动态随机存储器）。

（2）ROM 可按地址访问，只能读不能写，断电后数据不丢失。

ROM 具有永久存储的特点，其中的信息必须事先写入，之后只能读不能写，其容量非常小。

ROM 分为掩膜 ROM（Mask ROM，MROM）、可编程 ROM（Programmable ROM，PROM）、可擦可编程 ROM（Erasable PROM，EPROM）和电擦除可编程 ROM（Electrically-Erasable PROM，EEPROM）。主板上的 BIOS 芯片使用的是 EEPROM，如图 3-10 所示，通常用于存放启动计算机所需的少量程序和数据。

图 3-10　主板 BIOS

3. 高速缓存

由于 CPU 的处理速度远超过内存，使得 CPU 经常处于等待状态，影响系统的整体处理能力。

据统计，CPU 经常会读取同一块或者相邻的数据块，如果将这些数据块提前读入高速缓冲存储器（Cache，简称高速缓存）中，在需要时 CPU 可以直接读写高速缓存，从而提高数据的存取速度，如图 3-11 所示。

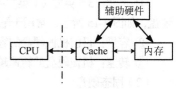

图 3-11　高速缓存

在实际工作时，缓存容量的增大，可以大幅度提升缓存读取数据的命中率，而不用再到内存或者硬盘上寻找和读取，从而提高系统的整体性能。

高速缓存可以制作在主板上、CPU 上或者 CPU 的内核上，一般可分为一级、二级、三级缓存。

① 一级缓存一般都集成在 CPU 内部。在多核处理器时代，高速缓存直接制作在处理器内核上，速度最快。

② 二级缓存一般也集成在 CPU 内部。根据 CPU 型号不同，有的是和一级缓存一样的片上缓存，有的是多核共享二级缓存。

③ 三级缓存可以制作在主板上，或者集成于 CPU 内部，一般都是共享的。

4. 硬盘

（1）机械硬盘

机械硬盘是一种采用磁性材料制作的大容量存储器,可以永久保存数据,结构如图 3-12 所示。机械硬盘由若干个盘片和读写臂组成,读写臂上有读写磁头。一个盘片被划分为若干个同心圆,每个同心圆称为磁道,不同盘片的相同磁道构成一个柱面,每个磁道又被分为若干个扇形区域,称为扇区。一个扇区可以存储 512 Byte 数据。

在读写数据时,读写臂沿着盘片径向移动,将读写头定位在所要读写的磁道上,称为寻道。盘片沿着主轴高速旋转,当磁头找到所要读写的扇区时,开始读写和传输数据。

机械硬盘的读写时间包括寻道时间、旋转时间和传输时间。因为是机械操作,所以其读写速度较慢。在硬盘中,一个大文件最好存储在连续的扇区中。在读写时可以连续读写,减少寻道时间和旋转时间,从而提高读写的速度。如果一个文件碎片较多,那么读写速度会显著减慢。

1956 年出现的 IBM 350 硬盘,高 173cm、宽 152cm,被那时的人们称为"神奇的机柜",如图 3-13 所示。尽管它的尺寸很大,但只有 5MB 的存储空间。

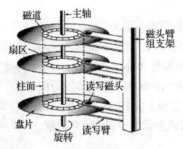
图 3-12　机械硬盘结构图

图 3-13　IBM 350 硬盘

机械硬盘的性能指标如下。

① 尺寸:3.5 英寸(1 英寸=2.54cm)的硬盘,如图 3-14 所示,常用于台式计算机;2.5 英寸的硬盘,如图 3-15 所示,常用于笔记本电脑。

② 容量:目前机械硬盘的容量一般为几百 GB 到几 TB。

③ 转速:机械硬盘的转速越快,读写速度也越快。常见的硬盘转速有 5400r/min 和 7200r/min。

（2）固态硬盘

固态硬盘(Solid State Drives, SSD)如图 3-16 所示,是用固态电子存储芯片阵列而制成的硬盘,由控制单元和存储单元(Flash 芯片、DRAM 芯片)组成。固态硬盘的读写速度可以达到 500MB/s,而机械硬盘的速度最多为 100MB/s。

图 3-14　3.5 英寸机械硬盘

图 3-15　2.5 英寸机械硬盘

图 3-16　固态硬盘

5. 移动存储设备

在外存中，除了固定在计算机中的硬盘外，可以移动的设备包括移动硬盘、光盘、软盘、U 盘和存储卡等。

（1）移动硬盘

移动硬盘（Mobile Hard Disk）顾名思义是以硬盘为存储介质，用于在计算机之间交换大容量数据，强调便携性的存储产品，如图 3-17 所示。移动硬盘多采用 USB 接口，可以用较高的速度与系统进行数据传输。移动硬盘具有体积小、容量大、速度高、使用方便和可靠性高的特点。目前，市场中的移动硬盘有几十 GB 到几 TB 的容量。

（2）光盘

光盘是利用激光原理进行读、写的设备。光盘需要通过光驱来进行读写，如图 3-18 所示。

光盘的特点是容量大、成本低、稳定性好、使用寿命长、便于携带。光盘有不可擦写光盘，如 CD-ROM（容量 700MB）、DVD-ROM（容量 4.7GB）、Blue-ray Disc（容量 25GB）等；还有可擦写光盘，如 CD-RW、DVD-RAM 等。

（3）软盘

软盘（Floppy Disk）是个人计算机中最早使用的可移动外存，包括 3.5 英寸的 1.44MB 软盘和 5.25 英寸的 1.2MB 软盘，如图 3-19 所示。软盘的读写通过软盘驱动器完成。目前，软盘已经基本不再使用。

图 3-17　移动硬盘　　　　图 3-18　光盘与光驱　　　　图 3-19　软盘

（4）U 盘和存储卡

U 盘，全称 USB 闪存盘，如图 3-20 所示，是一种使用 USB 接口且无须物理驱动器的微型高容量移动存储产品，通过 USB 接口与计算机连接，可以即插即用。U 盘的优点是小巧、便于携带、存储容量大、价格便宜、性能可靠。U 盘一般可以提供几 GB 到几 TB 的容量。

存储卡是用于手机、数码相机、便携式计算机和其他数码产品上的独立存储介质，一般呈现为卡片的形态。图 3-21 所示为 SD 存储卡和 MMC 存储卡。

图 3-20　U 盘　　　　　　　图 3-21　存储卡

写保护口用于控制软盘、U 盘、存储卡等可移动设备的"只读/可改写"状态，当其处于写保护状态时，只能读取不能写入。写保护口可以防止误删除、误格式化及病毒感染等。

6. 计算机的存储体系

CPU 中寄存器的数量少，存取速度最快；内存的存储容量小，存取速度快，只能临时保存数据；

硬盘的存储容量大，存取速度慢，可以永久保存数据。CPU 可以直接存取内存中的数据，而不能读取硬盘数据；CPU 通过高速缓存，提高内存与 CPU 的数据传输速度，从而显著提高系统的整体性能；硬盘中的数据必须先读入内存中，才能被 CPU 读取和处理。各种移动存储设备提供了转移数据的可能。

计算机通过不同性能的存储资源的优化组合，解决存储设备之间工作效率匹配和协同问题，从而提高系统的工作效率。存储设备一直朝着容量越来越大、速度越来越快、价格越来越便宜、可靠性越来越高的方向发展。

3.1.4　输入设备和输出设备

输入设备用于使计算机感知外部世界的信息；输出设备用于将计算机的处理结果呈现给外部世界。输入/输出设备是计算机和外界交换信息的工具，也是人和计算机进行交互的工具。

1. 输入设备——穿孔纸带

穿孔纸带是早期计算机的输入和输出设备，如图 3-22 和图 3-23 所示，它将程序和数据转换为二进制数码，带孔为 1，无孔为 0，经过光电扫描输入计算机。

图 3-22　穿孔纸带　　　　　　图 3-23　穿孔纸带的使用

1725 年，法国机械师布乔（Bouchon）提出"穿孔纸带"构想。1805 年，法国机械师杰卡德（Jacquard）完成了"自动提花编织机"设计，实现了 0 和 1 编码的信息输入。

纸带作为输入设备，直观性差，操作难度大，对使用者的要求较高。

2. 输入设备——键盘

键盘是最主要的输入设备，通过键盘可以将英文字母、数字、标点符号等输入计算机中，从而向计算机发出命令、输入数据等。

1868 年，美国人肖尔斯（Sholes）发明了沿用至今的 QWERTY 键盘，也称全键盘，其第一行开头 6 个字母是 Q、W、E、R、T、Y 的键盘布局，也就是现在计算机和手机等普遍使用的计算机键盘布局，如图 3-24 所示。

图 3-24　QWERTY 键盘

3. 输入设备——鼠标

鼠标是一种常用的计算机输入设备，它可以对当前屏幕上的游标进行定位，并通过按键和滚轮装置对游标所经过位置的屏幕元素进行操作。

1964 年，美国人道格拉斯·恩格尔巴特（Douglas Engelbart）发明了鼠标，如图 3-25 所示，实现了图形点输入，促进了图形化计算机的发展，使得计算机的操作更加简便。

按照结构可将鼠标分为机械鼠标和光电鼠标。机械鼠标（滚球鼠标）如图 3-26 所示，主要由滚球、辊柱和光栅信号传感器组成。光电鼠标如图 3-27 所示，通过红外线或激光检测鼠标的位移，将位移信号转换为电脉冲信号，再通过程序的处理和转换来控制屏幕。

图 3-25　原始鼠标

图 3-26　机械鼠标

图 3-27　光电鼠标

4．输入设备——扫描仪

扫描仪是利用光电技术和数字处理技术，以扫描方式将纸质文档、图形或图像转换为数字信息的装置。从最原始的图片、照片、胶片到各类文稿资料，都可以用扫描仪输入计算机中，进而实现对这些图像形式的信息的处理、管理、使用、存储、输出等，配合光学字符识别（Optic Character Recognize，OCR）软件，还能将扫描的文稿转换成计算机的文本形式。

按照扫描方式，扫描仪分为滚筒式扫描仪（见图 3-28）、平面扫描仪（见图 3-29）和笔式扫描仪等。

5．输入设备——手写笔

手写笔可以在手写识别软件的配合下输入中文和西文，使用者不需要再学习其他的输入法就可以轻松地输入中文。手写笔还具有鼠标的作用，可以代替鼠标操作，并可以作画。

如图 3-30 所示，手写笔一般包括两部分：与计算机相连的写字板、在写字板上写字的笔。

图 3-28　滚筒式扫描仪

图 3-29　平面扫描仪

图 3-30　手写笔

6．输出设备——显示器

显示器（Display）也称为监视器，是一种将信息通过特定传输设备显示到屏幕上再反射到人眼的显示工具，它是最基本的输出设备。

根据制造材料的不同，显示器可分为：CRT（Cathode-Ray Tube，阴极射线管）显示器（见图 3-31）、LCD（Liquid Crystal Display，液晶显示器）（见图 3-32）、LED（Light Emitting Diode，发光二极管）显示器（见图 3-33）。其中，LED 显示器色彩鲜艳、动态范围广、亮度高、寿命长、工作稳定可靠，目前是主流显示器。

图 3-31　CRT 显示器

图 3-32　LCD

图 3-33　LED 显示器

显卡（Video Card，Graphics Card）又称显示适配器，如图3-34所示，插在计算机主板的插槽上，将计算机的信息输出到显示器上显示。显卡还具有图像处理能力，可协助CPU工作，提高整体的运行速度。

图3-34　显卡

显卡的主要性能指标如下。

① GPU（Graphics Processing Unit，图形处理单元）的核心频率，频率越高性能越强。

② 显存的容量：显存是显卡上用来存储图形图像的内存，越大越好。

③ 显存的位宽：显存的一个时钟周期传送的数据的位数（如128位、192位、256位），越高越好。

显卡可分为集成显卡和独立显卡。

① 集成显卡是将显示芯片、显存及其相关电路都集成在主板上的显卡，一般集成显卡的显示效果与处理性能相对较弱。

② 独立显卡是指将显示芯片、显存及其相关电路单独做在一块电路板上，自成一体而作为一块独立的板卡存在，它通过主板的扩展插槽连接主板。独立显卡不占用系统内存，一般性能较高。

7. 输出设备——打印机

打印机（Printer）是输出设备，将计算机的运算结果以人能识别的数字、字母、符号、图形等，按照规定的格式印在纸上。

目前常用的打印机包括针式打印机、喷墨打印机、激光打印机等。

（1）针式打印机，通过打印头的针击打色带，在纸上打印文字和图形等，如图3-35所示。针式打印机打印质量差、噪声高、成本低，目前经常用于票单打印。

（2）喷墨打印机，将彩色液体油墨经喷嘴变成细小微粒喷到纸上，如图3-36所示。喷墨打印机经常用于打印照片、文本等。

（3）激光打印机，是将激光扫描技术和电子照相技术相结合的打印输出设备，如图3-37所示。激光打印机有打印速度快、成像质量高等优点，经常用于打印各类文档。

图3-35　针式打印机　　　　图3-36　喷墨打印机　　　　图3-37　激光打印机

8. 输出设备——3D打印机

3D打印机又称三维打印机，以数字模型文件为基础，运用特殊蜡材、粉末状金属或塑料等可黏合材料，通过打印一层层的黏合材料来制造三维物体，如图3-38所示。

3D打印机经常用于机械制造、工业设计、建筑、工程和施工等许多领域。

9. 输入和输出设备——声卡

声卡是实现声波/数字信号相互转换的一种硬件，如图3-39所示。声卡的基本功能是把来自话筒等设备的原始声音信号转换成数字音频，保存在计算机中；将计算机中的各种数字声音转换为模拟声波输出到音箱、耳机等设备上，或通过乐器数字接口（Music Instrument Digital Interface，MIDI）使乐器发出MIDI声音。

10. 输入和输出设备——触摸屏

触摸屏（Touch Screen）是一种可接收手指等输入信号的感应式显示装置。触摸屏作为一种计算机输入设备，体现着一种简单、方便、自然的人机交互方式。它赋予了多媒体崭新的面貌，是极富吸引力的多媒体交互设备。

触摸屏经常用于公共信息查询、多媒体教学等场所（见图 3-40），也用于手机屏幕等。

话筒

音箱

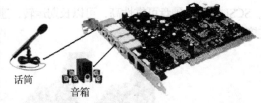

图 3-38　3D 打印机　　　　　　　　　　　图 3-39　声卡　　　　　　　　　图 3-40　触摸屏

> **▶提示**
>
> 　　输入设备类型不断丰富，使用越来越简单。人们可以通过键盘输入文字，通过鼠标进行定位，通过扫描仪、手写笔、触摸屏等输入图形，通过声卡输入声音。输出设备的发展针对人类的感觉器官，如视觉、听觉、触觉等，输出文字、图形、声音和 3D 实体等。使得计算机与人的交互越来越简单，操作越来越方便，输出效果越来越好。

3.1.5　接口

在计算机中，接口是计算机系统中两个独立的部件进行信息交换的共享边界。这种交换可以发生在计算机软件、硬件、外部设备或进行操作的人之间，也可以是这些设备或人之间的结合。

在现代计算机中，有很多种标准化的硬件接口，接口一般包括插槽和插头两部分，每一种接口标准都规定了相关参数，如尺寸规格、引脚数、电压、电流等，使得一种接口标准的插头不能插入另一种接口的插槽，从而避免出错和电器故障。

图 3-41 所示为主板的电源接口和插头，内存、CPU、显卡、声卡等也都有各自的专用接口。图 3-42 所示为计算机主板上的各种输入/输出设备的接口，用于连接键盘、鼠标、显示器、音箱和话筒等外部设备。

目前，常见的接口还有 IDE、SATA、SCSI、USB、PCI、PCI-E、VGA、DVI、HDMI 等。

图 3-41　主板电源接口　　　　图 3-42　主板输入/输出设备接口

1. 硬盘接口

硬盘接口是硬盘与主机系统间的连接部件，在硬盘和主机内存之间传输数据。不同的硬盘接口决定着硬盘与计算机之间的传输速度，在整个系统中，硬盘接口的优劣直接影响系统性能。

硬盘接口分为 IDE 接口、SATA 接口、SCSI 接口、光纤通道等。

（1）IDE 接口（Integrated Drive Electronics Interface，集成驱动电接口）也称为 ATA 接口，如图 3-43 所示，它使用一个 40 芯电缆与主板进行连接，多用于台式计算机连接硬盘，也可用于连接光驱,现已逐渐被淘汰。

（2）SATA 接口（Serial Advanced Technology Attachment Interface，串行先进技术总线附属接口）的特点是结构简单、支持热插拔、传输速度快、执行效率高，如图 3-44 所示。与 IDE 接口相比，SATA 线缆更细、传输距离更远、传输速率也更高。

（3）SCSI 接口（Small Computer System Interface，小型计算机系统接口）是一种用于计算机和设备之间（硬盘、光驱、打印机、扫描仪等）的系统级接口的独立标准，能与多种类型的外设进行通信，如图 3-45 所示。SCSI 接口的硬盘可靠性高，可以长期运转，速度快，支持多设备，支持热拔插，常用于服务器连接硬盘。

图 3-43　IDE 接口

图 3-44　SATA 接口

图 3-45　SCSI 接口

（4）光纤通道（Fiber Channel），利用光纤形成高速通道，能提高多硬盘存储系统的速度和灵活性。光纤通道的主要特性有可热插拔、高速带宽、远程连接、连接设备数量多等。光纤通道价格昂贵，一般只用在高性能服务器。

2. USB 接口

USB（Universal Serial Bus，通用串行总线）接口，连接计算机系统与外部设备的一种串口总线标准，支持即插即用，被广泛地应用于个人计算机、移动设备及通信产品。USB 的优点是支持热插拔、携带方便、标准统一、可以连接多个设备。

如图 3-46 所示，常用的 USB 接口包括 Type-A、Type-B、Type-C、mini USB、micro USB 等。

3. PCI 和 PCI-E 接口

PCI（Peripheral Component Interconnect，外设部件互连）接口是个人计算机中广泛使用的接口，几乎所有的主板产品上都带有这种插槽，如图 3-47 所示。PCI 的特点是结构简单、成本低，但由于 PCI 总线只有 132MB/s 的带宽，对处理声卡、网卡、视频卡等绝大多数输入/输出设备绰绰有余，但无法满足性能日益强大的显卡的需要。

PCI-E（PCI Express）接口是 Intel 公司推出的用于取代 PCI 接口的技术，称为第三代 I/O 总线技术，如图 3-47 所示。PCI-E 接口根据总线位宽不同而有所差异，包括 X1、X4、X8 及 X16，从 1 条通道连接到 32 条通道连接，伸缩性强，可以满足不同设备对数据传输带宽的需求。PCI-E X1 主要用于主流声效芯片、网卡芯片和存储设备。由于图形芯片对数据传输带宽要求较高，因此图形芯片必须采用 PCI-E X16。

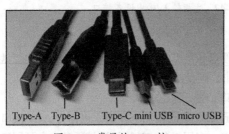
Type-A　Type-B　Type-C mini USB micro USB
图 3-46　常见的 USB 接口

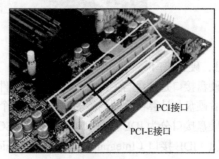
PCI接口
PCI-E接口
图 3-47　PCI 接口和 PCI-E 接口

4．图形显示接口

常用的图形显示接口有 VGA、DVI 和 HDMI，如图 3-48 所示。

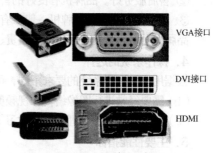

VGA接口

DVI接口

HDMI

（1）VGA（Video Graphic Array，视频图形阵列）接口是一种使用模拟信号的计算机输出数据的专用接口。VGA 接口共有 15 针，分成 3 排，每排 5 个孔，是显卡上较常见的接口。

（2）DVI（Digital Video Interactive，数字视频交互）是一种高速传输数字信号的技术，有 DVI-A、DVI-D 和 DVI-I 三种不同的接口形式。DVI-D 只有数字接口，DVI-I 有数字和模拟接口，目前计算机的显示接口主要以 DVI-I 为主。

图 3-48　图形显示接口

（3）HDMI（High Definition Multimedia Interface，高清多媒体接口）是一种传输高清晰数字视频和数字音频的接口。传统接口无法满足 1080P 高清视频的传输速度，而 HDMI 的最高数据传输速度为 2.25Gbit/s，完全可以满足高清视频的需求，同时还可以传输 3D 数据格式。

3.1.6　选购计算机的策略

在掌握了计算机硬件的相关常识后，用户可以根据自己的需求和预算，选购适合的计算机，主要包括以下步骤。

1．准备工作

在选购计算机之前，要做好以下几项准备。

（1）确定自己的预算。

（2）明确计算机的主要用途和相关需求。

（3）选择所需要的外设。

用户根据本人对计算机的需求和预算，选择最适合自己需要的计算机。切忌盲目追求高配置，高配置虽然可以带来高性能，但是往往会超出预算，造成浪费。

2．选择机型

根据用户使用计算机的环境不同，可以分为以下 3 种情况，选择机型。

（1）计算机摆放位置基本固定且空间充裕，可以选择台式计算机。

（2）经常携带计算机异地办公和学习，要求体积小巧、便于携带，并且具有一定处理能力，可以选择购买笔记本电脑。

（3）对计算机的性能和存储空间要求不高，主要用于娱乐和上网等，可以选择购买平板电脑。

3．兼容机还是品牌机

根据用户对计算机了解程度的不同，可以分为以下两种情况。

（1）具备一定计算机硬件基础知识，可以在日常使用中自行维护且预算有限，这种情况可以选择购买或者自行组装兼容机。兼容机的优点如下。

① 灵活性好。可以根据需要自行选择配件，非常灵活。

② 价格优势。没有品牌经营费用，因此价格比品牌机低。

③ 易于升级。可以自行选择配件，因此升级较为方便。

兼容机的缺点是无售后服务、需自行组装、自行安装操作系统，后期需要自行维护和修理等。

（2）对计算机维修和保养知识了解较少，需要售后服务和保障，可以承担一定的售后服务费用，这种情况可以选择购买品牌机。品牌机的优点如下。

① 稳定性好。品牌机采用批量采购的方式，其配件有保障、测试充分，有独立的组装车间。

② 售后服务好。品牌机有良好的售后服务。

③ 配套软件丰富。品牌机一般带有正版操作系统和其他正版软件。

品牌机的缺点是比兼容机的价格贵、配置无法根据需要自行选择、很多具体配件的型号未知等。

4．操作系统的选择

根据用户对操作系统的要求不同，可以分为以下两种情况。

（1）需要经常进行图像编辑、视频剪辑和文字排版等工作，可以选择购买 Mac 系统。

（2）主要进行办公处理、编程学习等，可以选择银河麒麟操作系统、Windows 系统等。

5．主要性能指标

购买计算机时，主要考虑以下性能指标。

（1）CPU：品牌、主频、内核数、高速缓存。

（2）内存：容量。

（3）硬盘：容量、机械硬盘还是固态硬盘，机械硬盘要考虑转速。

（4）显示器及显卡：显示器尺寸、集成显卡还是独立显卡、显存大小等。

（5）保修：保修年限、送修方式等。

【例 3.1】 某同学刚刚入学，想要购买一台计算机，便于在大学四年的学习中使用。预算有限，4 000 元左右；主要在宿舍使用，放置位置固定；学习的专业是财务管理，主要进行日常办公处理；大学四年的学习、查阅资料等较多，硬盘容量要足够大。

根据该同学的需求和预算，可选择某品牌台式机和组装兼容机，其配置如表 3-2 所示。

表 3-2 台式机配置

部件	某品牌台式机 （国产 CPU 和操作系统）	某品牌台式机	组装兼容机
CPU	龙芯 3A5000，四核，2.3～2.5GHz，16MB 缓存	Intel 酷睿 i5-7400，四核，3GHz，6MB 缓存	Intel 酷睿 i7-7700，四核，3.6GHz，8MB 缓存
内存	8GB	4GB	8GB
显卡	独立显卡 2GB	独立显卡 2GB	独立显卡 4GB
硬盘	256GB SSD	1TB 7200 r/m	1TB 7200 r/m+128GB SSD
显示器	23.8 英寸 LED	21.5 英寸 LED	21.5 英寸 LED
操作系统	银河麒麟桌面操作系统 V10	Windows 10 家庭版	银河麒麟桌面操作系统 V10
质保	全国联保，享受三包服务，质保期为：三年有限保修及三年上门服务	全国联保，享受三包服务，质保期为：三年有限保修及三年上门服务	整机无保修，各部件独立保修

3.2 单片机

单片机（Single Chip Microcomputer，SCM）又称为单片微控制器或单片微型计算机，是一种集成电路芯片，是采用超大规模集成电路技术把具有数据处理能力的中央处理单元（CPU）、随机存储器（RAM）、只读存储器（ROM）、多种 I/O 接口和中断系统、定时器/计时器等功能集成到一块硅片上构成的一个小而完善的微型计算机系统。图 3-49 所示为一款单片机产品。

单片机从 20 世纪 80 年代的 4 位、8 位单片机，逐步发展到了现在的 32 位 300MB 的高速单片机。

Intel 的 8080 是最早按照这种思想设计出的单片机，当时的单片机都是 4 位或 8 位的。其中最成功的是 Intel 的 8031，此后在 8031 的基础上发展出了 MCS51 系列单片机，因为其简单可靠且性能好备受好评。尽管 2000 年以后已经发展出了 32 位 300MB 的高速单片机，但是直到现在基于 8031 的单片机还在广泛的使用。

由于单片机体积小、功能强，可以将控制电路和控制芯片集成在一块芯片中，便于缩小体积。在设计时只需要对单片机进行简单编程即可实现对设备的控制。图3-50和图3-51所示的是遥控小车和遥控飞机。这两个设备的结构简单，除了必需的机械设备外，控制电路板很小，具有非常高的集成度，设备整体的体积也大大缩小了。

图3-49　单片机

图3-50　遥控小车

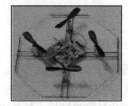

图3-51　遥控飞机

单片机已经渗透到人们生活中的各个领域，例如，导弹的导航装置电路板、飞机上各种仪表的控制、计算机的网络通信与数据传输、工业自动化过程的实时控制和数据处理、民用豪华轿车的安全保障系统，以及录像机、摄像机、全自动洗衣机的控制和程控玩具、电子宠物等都离不开单片机。此外，单片机在工商、金融、科研、教育、电力、通信、物流、国防、航空航天等领域都有着十分广泛的用途。

▶提示
　　一块芯片就构成一台计算机，单片机和计算机相比只缺少I/O设备，它具有体积小、质量轻、价格便宜等优势，为学习、应用和开发提供了便利条件。

3.3　高性能计算

发展高速度、大容量、功能强大的高性能计算，对科学研究、国家安全、提高经济竞争力具有重要意义。

高性能计算（High Performance Computing，HPC）是指使用很多处理器（作为单个机器的一部分）或者某一集群中组织的几台计算机（作为单个计算资源操作）组成的计算系统和环境。有许多类型的HPC系统，其范围从标准计算机的大型集群，到高度专用的硬件。

如图3-52所示，一个控制节点作为HPC系统和客户机之间的接口，它管理计算节点的工作分配。整个HPC单元的操作和行为像是单个计算资源，它将实际请求加载到各个计算节点。HPC解决方案被专门设计和部署为能够充当大型计算资源。

2010年投入使用的"天河一号"是我国首台千兆次超级计算机。

"天河二号"计算机是由国防科技大学研制的超级计算机系统，是2013年全球最快超级计算机，其峰值计算速度为每秒5.49亿亿次。"天河二号"由16 000个节点组成，每个节点有2颗基于Ivy Bridge-E Xeon E5 2692处理器和3个Xeon Phi，累计共有32 000颗Ivy Bridge处理器和48 000个Xeon Phi，总计有312万个计算核心，如图3-53所示。

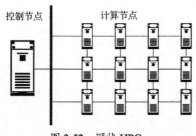

图3-52　网状HPC

图3-53　"天河二号"计算机

2016 年使用我国自主芯片制造的"神威·太湖之光"取代"天河二号"登上全球超级计算机 500 强的榜首。2018 年部署的"天河三号"超级计算机，使用自主研发的飞腾 CPU，搭载麒麟操作系统，浮点计算处理能力达到 10^{18}，是"天河一号"的 200 倍，存储规模是"天河一号"的 100 倍。

习题

一、单项选择题

1. 现代计算机系统由（　　）、网络和数据组成。
   A. 硬件、软件　　　B. 硬件、程序　　　C. CPU 和内存　　　D. CPU 和软件
2. 现代计算机结构中的总线不包括（　　）。
   A. 地址总线　　　B. 数据总线　　　C. 控制总线　　　D. 网络总线
3. （　　）和输入/输出设备被称为计算机的三大核心部件。
   A. CPU 和硬盘　　　B. 内存和外存　　　C. CPU 和内存　　　D. 硬件和软件
4. （　　）是一块电路板，一般有 BIOS 芯片、I/O 控制芯片、键和面板控制开关接口、指示灯插接件、扩充插槽、主板及插卡的直流电源供电接插件等元件。
   A. 显卡　　　B. 声卡　　　C. 主存　　　D. 主板
5. "32 位计算机"中的 32 指的是（　　）。
   A. 计算机型号　　　B. 字长　　　C. 内存容量　　　D. 存储单位
6. 为了突破 CPU 的主频提高到一定程度遇到的瓶颈，可以采用（　　）。
   A. 多内核　　　B. 高速缓存　　　C. 容量　　　D. 内存
7. 计算机存储体系中，存取速度最快的是（　　）。
   A. 内存　　　B. 光盘　　　C. 寄存器　　　D. 硬盘
8. 以下关于存储体系的描述中，正确的是（　　）。
   A. 内存存取速度比外存慢　　　B. 寄存器数量一般较大
   C. 内存中的数据可以永久保存　　　D. 外存中的数据可以永久保存
9. （　　）只能读不能写，断电后数据不丢失。
   A. ROM　　　B. RAM　　　C. 硬盘　　　D. U 盘
10. 计算机由于某种原因突然"死机"，重新启动后（　　）将全部消失。
    A. ROM 和 RAM 中的信息　　　B. ROM 中的信息
    C. 硬盘中的信息　　　D. RAM 中的信息
11. 为了避免由于 CPU 的处理速度远超过内存而使得 CPU 经常处于等待状态，可以采用（　　）。
    A. 高速缓存　　　B. 多核　　　C. 内存　　　D. 硬盘
12. 以下关于硬盘的描述中，正确的是（　　）。
    A. 7200 r/min 的硬盘比 5400 r/min 的硬盘存取速度快
    B. 硬盘一般比 U 盘的存取速度慢
    C. 硬盘一般比内存速度快
    D. 硬盘通过激光保存数据
13. 以下关于硬盘的描述中，正确的是（　　）。
    A. 固态硬盘一般比机械硬盘的存取速度快
    B. 固态硬盘一般比机械硬盘存储数据的时间更长久
    C. 固态硬盘一般比机械硬盘的价格便宜
    D. 固态硬盘存储容量比机械硬盘大

14. 光盘驱动器通过（　　）来读写光盘上的数据。

    A. 磁力线方向　　　B. 激光　　　　　　C. 微波　　　　　　D. 声波

15. 处于写保护状态的 U 盘（　　）。

    A. 只能读不能写　　B. 既可读又可写　　C. 只能写不能读　　D. 既不能读也不能写

16. 以下选项中，（　　）不是输入设备。

    A. 键盘　　　　　　B. 鼠标　　　　　　C. 扫描仪　　　　　D. 打印机

17. （　　）接在计算机的主板上，将计算机的信息输出到显示器上显示。

    A. 显卡　　　　　　B. 声卡　　　　　　C. USB　　　　　　D. 内存条

18. （　　）是利用光电技术和数字处理技术，以扫描方式将纸质文档、图形或图像转换为数字信号的装置。

    A. 扫描仪　　　　　B. 手写笔　　　　　C. 显示器　　　　　D. 鼠标

19. 在某些计算机中，（　　）使得用手触摸屏幕上的菜单或按钮，就能完成操作。

    A. 图像识别技术　　B. 指纹识别技术　　C. 触摸屏技术　　　D. 字符识别技术

20. （　　）是实现声波/数字信号相互转换的一种硬件。

    A. 显卡　　　　　　B. 声卡　　　　　　C. 音箱　　　　　　D. 麦克风

21. （　　）是计算机系统中两个独立的部件进行信息交换的共享边界。

    A. 显卡　　　　　　B. 声卡　　　　　　C. 接口　　　　　　D. 总线

22. 以下选项中，（　　）不是硬盘的接口。

    A. IDE　　　　　　B. SATA　　　　　C. SCSI　　　　　D. HDMI

23. （　　）接口连接计算机系统与外部设备的一种串口总线标准，支持即插即用。

    A. IDE　　　　　　B. VGA　　　　　　C. USB　　　　　　D. PCI

24. 以下选项中，（　　）不是常用的图形显示接口。

    A. VGA　　　　　　B. DVI　　　　　　C. HDMI　　　　　D. SATA

25. 单片机不具有的是（　　）。

    A. 运算器　　　　　B. 控制器　　　　　C. 外围设备　　　　D. 存储器

26. （　　）指使用很多处理器（作为单个机器的一部分）或者某一集群中组织的几台计算机（作为单个计算资源操作）组成的计算系统和环境。

    A. 单片机　　　　　B. 高性能计算　　　C. 网络　　　　　　D. 服务器

二、简答题

1. 简述 CPU 的组成及其主要性能指标。

2. 简述你对中国芯片产业发展的思考。

3. 简述计算机的存储体系。

4. 简述高速缓存的作用及其原理。

5. 简述计算机常用的输入和输出设备。

6. 简述接口的作用。

7. 简述高性能计算的主要工作原理。

三、论述题

1. 描述在购买计算机时，主要考虑的硬件及其性能指标。

2. 某同学考入大学，家里提供 5 000～5 500 元来为他购买计算机，请根据需要在进行市场调查后给出详细的配置、型号及配件报价，并给出做出此选择的理由。

第4章 计算机软件的基本思维

计算机除了硬件外，还必须与软件相结合才能工作。在计算机中，硬件是基础，软件是"灵魂"。本章讲述计算机软件及与操作系统有关的基本思维。

4.1 软件系统概述

4.1.1 软件与硬件

计算机系统包括硬件和软件两部分。

硬件通常由电子器件和机电装置组成，是看得见、摸得到的实体，是计算机系统中各种设备的总称。

软件是为计算机运行服务的全部技术和各种程序、数据的集合，是计算机的"灵魂"。软件分为系统软件和应用软件。

硬件和软件的关系如下所述。

（1）硬件和软件互相依存，缺一不可。硬件只有通过软件才能发挥作用，而软件的功能最终必须由硬件来实现。计算机硬件建立了计算机应用的物质基础，而软件提供了发挥硬件功能的方法和手段，扩大其应用范围，改善人机界面，方便用户使用。没有配备软件的计算机称为"裸机"，毫无实用价值。

（2）硬件和软件无严格界限，有时候功能是等效的。计算机的某些功能既可以由硬件实现，也可以由软件来实现。一般来说，用硬件实现的造价高，运算速度快；用软件实现的成本低，速度较慢，但比较灵活，更新与升级换代比较方便。

（3）硬件和软件协同发展。硬件的发展可以促进软件发展，软件的发展也可以拉动硬件发展。硬件性能的提高，可以为软件的发展创造条件。反之，软件的发展对硬件提出更高的要求，促使硬件性能的提高，甚至产生新的硬件。

4.1.2 系统软件

系统软件是管理、监控计算机软件和硬件资源，维护计算机运行，支持应用软件开发和运行的软件总和。系统软件使计算机用户和应用软件将计算机当作一个整体而不需要顾及底层硬件的细节。

系统软件包括操作系统、语言处理程序、数据库管理系统、诊断程序和服务性程序等。

1. 操作系统

操作系统（Operating System，OS）是管理和控制计算机所有软件、硬件资源的程序，是直接运行在"裸机"上的最基本的系统软件，任何其他软件都必须在操作系统的支持下才能运行。它是人和计算机之间的接口，是系统软件的核心和基础，如图 4-1 所示。

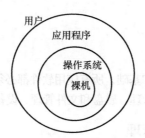

图 4-1　操作系统的地位

常用的计算机操作系统有 Windows、UNIX、Linux、银河麒麟、macOS 等。常用的移动终端操作系统有鸿蒙、Android、iOS 等。

▶提示

银河麒麟桌面操作系统 V10 是一款适配国产软硬件平台并深入优化和创新的简单易用、稳定高效、安全可靠的新一代图形化桌面操作系统产品；实现了同源支持飞腾、龙芯、申威、兆芯、海光、鲲鹏、Kirin 等国产处理器平台和 Intel、AMD 等国际主流处理器平台；采用全新的界面风格和交互设计，提供更好的硬件兼容性。图 4-2 所示是银河麒麟桌面操作系统 V10 的桌面。

图 4-2　银河麒麟操作系统的桌面

2．语言处理程序

语言处理程序用于处理各种编程语言，它将人们编写的高级语言程序通过解释或编译生成计算机可以直接执行的目标程序。常用的高级语言有 Python、C、Pascal、C++、Java、Delphi 等，这些语言的语法、命令格式都各不相同。

3．数据库管理系统

数据库管理系统（Database Management System，DBMS）是一种操纵和管理数据库的大型软件，用于建立、使用和维护数据库资源，它可以对数据库进行统一的管理和控制，以保证数据库的安全性和完整性。常用的数据库管理系统有 MySQL、Oracle、SQL Server、SQLite、Access 等。

4．诊断程序

诊断程序有时也称为查错程序，它的功能是诊断计算机各部件能否正常工作。有的诊断程序既可用于检测硬件故障，也可用于定位程序的错误。它是面向计算机维护的一种软件。例如，微型计算机加电后，一般先运行 ROM 中的一段自检程序，检查计算机系统是否正常，这段自检程序就是最简单的诊断程序。

5．服务性程序

服务性程序是一类辅助性程序，它提供各种运行所需的服务，如用于程序的装入、链接、编辑和调试的装入程序、链接程序、编辑程序和调试程序，以及故障诊断程序、纠错程序等。

4.1.3　应用软件

应用软件是为了利用计算机解决某类问题而设计的程序的集合，是为满足用户不同领域、不同问题的应用需求而提供的软件。有些软件是为个人用户设计的，有些软件则是为企业应用设计的。

应用软件种类繁多，包括办公软件、图形图像、系统管理、文件管理、邮件处理、学习娱乐、即时通信、音频视频工具、浏览器等。

4.2 操作系统

操作系统是计算机软件的核心和基础，所有应用软件都必须在操作系统的基础上工作。操作系统的主要功能包括进程管理、存储管理、磁盘和文件管理、设备管理。

4.2.1 进程管理

进程是正在运行的程序实体，包括这个运行的程序占用的所有系统资源，如CPU、输入/输出设备、内存和网络资源等。同一个程序两次运行，会产生两个独立进程，图4-3所示为银河麒麟系统的进程列表。进程管理的主要工作是进行处理器分配，避免某一进程长期独占处理器，经常采用分时调度策略和多处理机调度策略。

1．分时调度策略

处理器是计算机系统中最重要的资源。在现代计算机系统中，为了提高系统的资源利用率，CPU将被某一程序独占。通常采用多道程序设计技术，允许多个程序同时进入计算机系统的内存并运行。

由于CPU资源有限，为了避免同一进程长时间独占CPU，需要通过分配策略为每

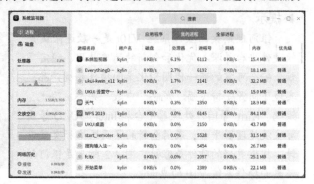

图4-3　银河麒麟系统的进程列表

个申请CPU的进程分配CPU，让每个进程都能执行。进程管理经常采用的分时调度策略如下所述。

系统将所有进程按先来先服务的原则排成一个队列。每个进程被分配一个时间段，称作它的时间片。如果在时间片结束时进程还在运行，则CPU将剥夺该进程的运行并分配给另一个进程。如果进程在时间片结束前阻塞或结束，则CPU立即切换到下一个进程。当进程用完它的时间片后，它被移到队列的末尾。这样可以保证就绪队列中的所有进程在一定时间内，都能获得一定的处理器执行时间。

如图4-4所示，进程队列p1、p2、p3、…、pn，每个时间片长度为t，队列中的每个进程依次执行时间片。因为时间片t足够小，每个进程都感觉自己在独占CPU。

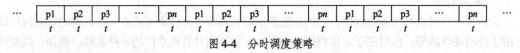

图4-4　分时调度策略

2．多处理机调度策略

当一个大任务的计算量很大，用单一CPU计算可能花费很长时间，此时可以采用多处理机协同工作缩短运算时间，如图4-5所示，多处理机调度策略如下所述。

将大计算量的任务划分成若干可由单一CPU计算的小任务，分配给相应CPU来执行。小任务被相应CPU执行完成后，再将结果合并处理，形成最

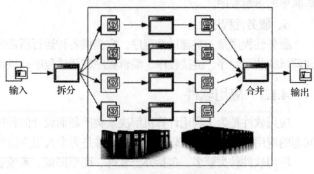

图4-5　多处理机调度策略

终结果，返回用户。

为了提高整体计算能力，一台计算机可以采用双 CPU、多 CPU，一个 CPU 采用双内核或者多内核，采用并行计算的方式解决大型计算任务相关的问题，可以提高整体计算能力。

4.2.2 存储管理

存储管理的主要任务是分配和回收主存空间、提高主存利用率、扩充主存、对主存信息实现有效保护，为系统进程和用户进程提供运行所需的内存空间，同时保证各用户进程之间互不干扰，保证用户进程不破坏系统进程。

虚拟内存技术，使用部分硬盘空间作为虚拟内存，与实际内存一起构成一个远远大于实际内存空间的虚拟存储空间。当系统的实际内存空间耗尽时，将正在使用的数据存放在实际内存中，暂时不用的数据存放在虚拟内存中。在需要时，将虚拟内存中的数据交换回实际内存中，不用的数据交换到虚拟内存。

如果没有虚拟内存，当系统实际内存耗尽时，将不能再运行新程序。当系统的内存较少时，经常使用虚拟内存，频繁地交换数据会使得系统的整体性能显著下降。

虚拟存储区的容量与物理主存大小无关，仅受限于计算机的地址结构和可用磁盘容量。在 Windows 的"系统"窗口选择"高级系统设置"命令，打开"系统属性"窗口的"高级"选项卡，单击"性能"选项中的"设置"按钮，在"性能选项"窗口的"高级"选项卡中单击"虚拟内存"选项中的"更改"按钮，在"虚拟内存"对话框中，使用硬盘的各个分区，设定虚拟内存的值，如图 4-6 所示，单击"确定"按钮，完成设置。

图 4-6 "虚拟内存"设定

4.2.3 磁盘和文件管理

磁盘和文件管理是操作系统的重要功能，是存储体系的重要组成部分。

文件是被赋予了名字的若干信息的集合，文件存储在外存的磁盘上，由操作系统负责管理。通过操作系统，用户可以依据文件名操作文件，而不需要关心文件的存取细节。

从第 3 章硬盘的结构可知，磁盘分为盘片、磁道和扇区，扇区是磁盘的一次读写的最小单位。

1. 分区与格式化

一个磁盘被划分成多个分区，如 C:、D:、E: 等，图 4-7 所示为 Windows 的磁盘管理。每个分区在使用之前都需要格式化，为分区划分存储区域，包括保留扇区区域、文件分配表区域、根目录区域和数据区域，建立文件分配表和根目录。

2. 文件夹

文件夹用来记录磁盘上文件的文件名、文件大小、更新时间等重要信息。对应每个文件名，文件中都会指出该文件的开始簇块号。

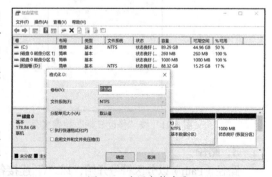

图 4-7 分区与格式化

完整的文件名包括文件名、文件扩展名和分隔点 3 部分。

（1）文件名：用来标识当前文件的名称，文件名中可以包括多个圆点分隔符。

（2）文件扩展名：经常用来标识文件格式，如文件名为"基础.docx"的文件扩展名是 docx，表示该文件是一个 Word 文档。

（3）分隔点：用于分隔文件名与文件扩展名。

在 Windows 中，磁盘的每个分区下文件夹中包含子文件夹及文件，形成树状结构，如图 4-8 所示。文件夹和文件的管理操作，主要包括新建、删除、重命名、移动、复制、搜索等。图 4-9 所示为银河麒麟的文件管理界面。

图 4-8　Windows 文件夹树状结构

图 4-9　银河麒麟的文件管理

当一个磁盘分区中的文件和文件夹很多时，可以使用搜索的方法，按照文件名、文件的修改日期、文件的大小等快速搜索文件。

【例 4.1】　搜索文件名为"notepad.exe"，指定修改时间或者指定文件大小的文件。

（1）直接在窗口的搜索框中输入文件名全称或部分，在指定范围内搜索文件。如图 4-10 所示，搜索文件名包括"notepad"的文件。

（2）在"搜索工具"工作区，在"修改日期"下拉列表中选择"本月"命令，设定搜索修改日期在本月以内的文件，如图 4-11 所示。

（3）在"大小"下拉列表中选择"中等(1-128MB)"命令，设定搜索文件大小范围在 1～128MB 的文件，如图 4-12 所示。

图 4-10　搜索文件

图 4-11　按"修改日期"搜索文件

图 4-12　按"大小"搜索文件

3. 路径

路径（Path）以分区符号开始，以"\"连接各级文件夹和文件名，可以指向一台计算机中的一个文件。

例如：路径"C:\WINDOWS\notepad.exe"，唯一指向 C 盘"WINDOWS"文件夹下的记事本程序"notepad.exe"。

4．文件分配表

为了提高磁盘的访问速度、便于管理，操作系统将磁盘组织成一个个的簇块，每个簇块为 2^n 个连续扇区，每个簇块可以一次连续读写，如图 4-13 所示。

文件的信息分割成若干个簇块，写入磁盘的一个个簇块上。由于文件的变化和写入的先后次序不同，一个文件可能存放在连续或者不连续的簇块上。操作系统通过文件分配表（File Allocation Table，FAT）管理和操作文件。

文件分配表是记录文件存储的簇块之间衔接关系的区域，如图 4-13 所示。磁盘的每个簇块对应 FAT 的一项，编号——对应。FAT表中的一项内容指出下一个簇块的编号。

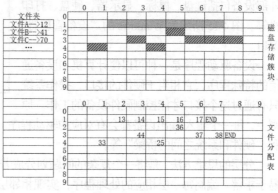

图 4-13　文件分配表

"文件 A"的开始簇块号为 12，12 号簇块的下一个簇块是 13，依次类推。"文件 A"的簇块顺序是"12→13→14→15→16→17"，可见"文件 A"是连续存放的，读写速度较高。

"文件 B"的簇块顺序是"41→33→44→25→36→37→38"。"文件 B"不连续存放，碎片较多，读写速度较慢。

5．磁盘清理、磁盘查错和磁盘碎片整理

在系统中，可以通过磁盘清理、磁盘查错和磁盘碎片整理等操作优化驱动器，以帮助计算机提高运行效率。

（1）在某个驱动器的"属性"窗口，单击"磁盘清理"按钮，可以选择清理驱动器中的垃圾文件，释放磁盘空间。

（2）在"工具"选项卡中，单击"检查"按钮，检查并修复驱动器中存在的文件系统错误。

（3）在"工具"选项卡中，单击"优化"按钮，弹出"优化驱动器"对话框，如图 4-14 所示，在对话框中对驱动器进行磁盘碎片整理操作，将文件中不连续簇块整理为连续簇块存放，以提高驱动器的读写效率。

图 4-14　"优化驱动器"对话框

▶提示

磁盘和文件的管理采用化整为零的基本思维，将磁盘划分为多个分区，每个分区划分为大量簇块，通过文件分配表保存文件的簇块顺序。每个簇块都很小，每个文件仅浪费最后一个簇块中剩余的空间，从而减少空间的浪费。

如果文件夹被破坏，则其中文件指向的簇块将被异常占用；如果文件分配表被破坏，则其中的文件将不能正常存取。

4.2.4　设备管理

设备管理是指计算机系统中除了 CPU 和内存以外的所有输入/输出设备的管理，处理内容包括为用户分配和回收外部设备，控制外部设备按用户程序的要求进行操

作等。设备管理的首要任务是为这些设备提供驱动程序或控制程序，以使用户不必详细了解设备及接口的技术细节，就可以方便地操作这些设备。外部设备包括键盘、鼠标、显示器、硬盘、打印机等。图4-15所示为Windows的"设备管理器"窗口。

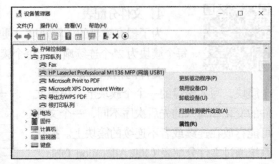

图4-15 "设备管理器"窗口

设备驱动程序是一种可以使计算机和设备通信的特殊程序，它相当于硬件的接口，操作系统只有通过这个接口才能控制硬件设备的工作。原则上，每一个输入/输出设备都会有对应的驱动程序。驱动程序被比作"硬件的灵魂""硬件的主宰"和"硬件和系统之间的桥梁"等。

分层的思维方法，是将一个复杂的问题划分成若干个抽象层次，每个抽象层次都相对比较简单，易于求解。编制每一层相应的处理程序，实现相邻层之间的转换。操作系统在进行设备管理时，通过分层思维使得下一层向上一层屏蔽实现细节，上一层的开发不需要关心下一层的实现细节。图4-16所示为操作系统设备分层管理的过程。

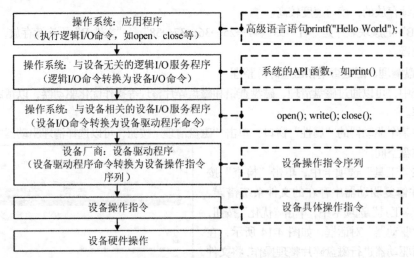

图4-16 分层的设备管理思维

（1）高级语言层

操作系统调用应用程序，应用程序执行调用设备的逻辑 I/O 命令，如高级语言的库函数语句printf("Hello World\n");。

（2）设备无关层

操作系统将语句 printf("Hello World\n");转换为与设备无关的 API（Application Program Interface，应用程序接口）函数，如 print()，API 函数用操作系统的抽象设备的操作指令来实现。

（3）设备相关层

操作系统将 API 函数转换为设备相关的标准操作指令。如显示器 open()、write()、close()命令。

```
print()
{    open();
        write();
        close();
}
```

（4）设备驱动程序

操作设备与设备相关的操作指令，转换为设备驱动程序的设备控制指令，如显示器打开、显示器写入等。设备控制指令控制设备的机电动作，完成输入/输出任务。

4.2.5　虚拟机

虚拟机（Virtual Machine）指通过软件模拟的具有完整硬件系统功能的、运行在一个完全隔离环境中的完整计算机系统。当用户只有一台计算机，而又经常需要使用不同操作系统时，可以使用虚拟机的方法在一台计算机中模拟出多个操作系统，如银河麒麟、Windows、Linux 等。

流行的虚拟机软件有 VMware、Virtual Box 和 Virtual PC 等，它们都能在 Windows 系统上虚拟出多个系统，图 4-17 所示为 VMware 虚拟的 Windows 8.1、Windows 7 和 Windows XP 操作系统虚拟机。

用户进入虚拟机系统后，可以在虚拟机中安装应用软件，进行各种操作，虚拟机系统与外部系统和其他虚拟机完全隔离，互不干扰。

图 4-17　虚拟机

4.2.6　虚拟主机

将一台物理服务器分割成多个逻辑主机，每一个逻辑主机都能像一台物理主机一样在网络上工作，各个逻辑主机之间完全独立，从外部看就是多个服务器，因此称为虚拟主机。各个用户拥有自己的系统资源（IP 地址、存储空间、内存、CPU 等），每一台虚拟主机和一台单独主机的表现完全相同，如图 4-18 所示。

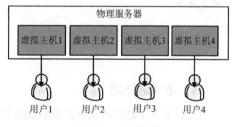

图 4-18　虚拟主机

▶提示

　　多个远程用户从一台服务器主机上获得各自独立的虚拟主机，每个虚拟主机拥有单独 IP 地址（或共享的 IP 地址）、独立域名以及完整的 Internet 服务器，支持 WWW、FTP、E-mail 等功能。虚拟主机技术能够节省服务器硬件成本，充分利用服务器硬件资源。

　　用户可以花费较少的费用，在阿里云、腾讯云等平台购买和使用虚拟主机。

4.2.7　备份和还原操作系统

Windows 等操作系统在初装时往往速度快、性能好，但是在使用一段时间后，由于系统资源不足、使用不当、感染计算机病毒等原因，运行速度会逐渐变慢，甚至无法使用。

备份和还原操作系统分区的方法，能够使得计算机回到表现最佳的状态。

1．备份

在操作系统初装时系统速度快、性能好，此时将系统分区备份为一个备份文件，将系统分区的所有状态和数据保存下来。备份的常用方法如下。

（1）使用 Windows 的备份和还原工具，如图 4-19 所示，将系统分区备份为系统映像。备份映像可以保存在硬盘、光盘或网络位置上。

（2）使用 Ghost 工具将系统分区备份为一个文件，保存在硬盘或者光盘等位置，如图 4-20 所示。

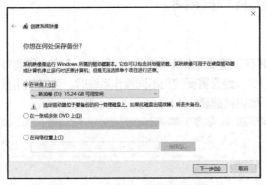

图 4-19　Windows 备份还原工具

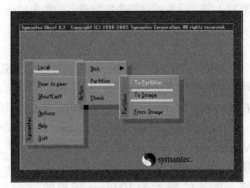

图 4-20　Ghost 工具

2．还原

当系统显著变慢时，使用 Windows 的备份和还原工具或者 Ghost 工具将以前所做的系统备份还原到系统分区中，使得系统分区还原到当时备份的状态，从而使得计算机回到最佳的运行状态。

▶提示

系统备份和还原，可以使得系统迅速地回到最佳运行状态，从而节省重新安装系统的时间，提高效率。

习题

一、单项选择题

1. 以下关于硬件和软件关系的说法中，错误的是（　　）。
  A. 硬件和软件互相依存　　　　　　B. 软件和硬件无严格界限
  C. 硬件和软件协同发展　　　　　　D. 没有硬件，软件也可以执行
2. （　　）为计算机运行服务的全部技术和各种程序、数据的集合。
  A. 软件　　　　　B. 硬件　　　　　C. 网络　　　　　D. 数字
3. （　　）是管理、监控计算机软件和硬件资源，维护计算机运行，支持应用软件开发和运行的软件总和。
  A. 系统软件　　　B. 应用软件　　　C. 网络软件　　　D. 后台软件
4. （　　）是管理和控制计算机所有软件、硬件资源的程序。
  A. 诊断程序　　　B. 数据库管理系统　C. 语言处理程序　D. 操作系统
5. 操作系统是（　　）。
  A. 应用软件　　　B. 系统软件　　　C. 办公软件　　　D. 操作软件
6. 要使一台计算机能完成最基本的工作，则（　　）是必需的。
  A. 诊断程序　　　B. 操作系统　　　C. 图像处理程序　D. 编译系统
7. 以下软件中，属于系统软件的是（　　）。
  A. Excel　　　　B. 财务软件　　　C. 银河麒麟　　　D. WPS

8. （　　）是正在运行的程序实体，并且包括这个运行的程序占用的所有系统资源。

    A. 进程   B. 文件   C. 程序   D. 文件分配表

9. 在存储管理中通过（　　）技术来提高可用的内存空间。

    A. 文件管理   B. 虚拟内存   C. 分页存储管理   D. 分段存储管理

10. （　　）是被赋予了名字的若干信息的集合。

    A. 分区   B. 文件   C. 文件夹   D. 文件分配表

11. 在 Windows 中，磁盘的每个分区下文件夹中包含子文件夹及文件，形成（　　）结构。

    A. 顺序   B. 树形   C. 上下   D. 左右

12. 在 Windows 中，为了准确地搜索文件名为"notepad.exe"的文件，最好输入（　　）。

    A. note   B. exe   C. notepad   D. n

13. （　　）是记录文件存储的簇块之间衔接关系的区域。

    A. 簇块   B. 扇区   C. 文件分配表   D. 文件夹

14. （　　）将文件的不连续簇块整理为连续簇块存放。

    A. 磁盘碎片整理   B. 格式化   C. 分区   D. 搜索

15. （　　）以分区符号开始，以"\\"连接各级文件夹和文件名，可以指向一台计算机中的一个文件。

    A. 路径   B. 文件夹   C. FAT   D. 簇块

16. （　　）是一种可以使计算机和设备通信的特殊程序，它相当于硬件的接口，操作系统只有通过这个接口，才能控制硬件设备的工作。

    A. 应用软件   B. 操作系统   C. 进程   D. 设备驱动程序

17. （　　）指通过软件模拟的具有完整硬件系统功能的、运行在一个完全隔离环境中的完整计算机系统。

    A. 虚拟机   B. 虚拟主机   C. 应用软件   D. 操作系统

18. 将一台物理服务器分割成多个逻辑主机，每一个逻辑主机都能像一台物理主机一样在网络上工作，各个逻辑主机之间完全独立，从外部看就是多个服务器，因此称为（　　）。

    A. 虚拟机   B. 虚拟主机   C. 多系统   D. 操作系统

19. （　　）操作系统分区的方法，能够使得计算机回到表现最佳的状态。

    A. 单机多系统   B. 备份和还原   C. 虚拟主机   D. 虚拟机

二、简答题

1. 简述计算机硬件和软件的关系。
2. 简述操作系统的定义及其主要功能。
3. 简述分时调度策略。
4. 简述多处理机调度策略。
5. 简述虚拟内存技术。
6. 简述文件分配表的工作原理。
7. 简述磁盘和文件管理中化整为零的方法。
8. 简述优化磁盘驱动器的操作及其功能。
9. 简述设备管理中分层的思维方法。

8.
A. 撤销   B. 字体   C. 保存   D. 查找和替换
9.
A. 撤销   B. 字体   C. 保存   D. 查找和替换
3. K
3. Windows中，双击打开一个文档对应的应用程序，是因为该文档与某个应用程序建立了
A. 链接   B. 联系   C. 桥接   D. 关联
4. Windows中，下面的文件扩展名对应的文件是可执行文件的是
A. doc   B. exe   C. bak   D. hlp

第5章　问题求解

计算学科是利用计算机进行问题求解的相关技术和理论的学科，问题求解的核心是算法和系统。算法和系统都可以通过计算机语言表达为机器可以理解和执行的程序。本章介绍计算机语言、程序设计和算法设计等基本思维。

5.1 计算机语言

计算机和人类之间的交流不能完全使用自然语言，而是需要借助计算机能够理解并执行的"计算机语言"。计算机语言是语法、语义与词汇的集合，用来表达计算机程序。

程序是指某种程序设计语言编制的、计算机能够执行的指令序列，表达的是让计算机求解问题的步骤和方法。计算机通过执行程序来进行问题求解，扩展计算机的功能，方便人们使用计算机。

计算机语言的发展，就是为了让人们更方便地编写程序去解决复杂问题，提高人机交互的能力。计算机语言的发展过程经历了机器语言、汇编语言、高级语言和构件化语言四个阶段。

1. 机器语言

计算机的指令系统是指一组能够识别和执行的二进制编码表达的指令集合。使用二进制编码的指令编写程序的语言被称为机器语言。

早期的计算机编程就是直接编写二进制的机器语言指令序列，如图 5-1 所示。二进制的机器语言不易于记忆、效率低下、不便于书写、容易出错。不同计算机的指令系统不同，使得机器指令编写的程序通用性较差。

2. 汇编语言

汇编语言使用助记符来代替机器语言的指令码，使机器语言符号化，从而提高编程效率。如加法表示为 ADD，指令"ADD A, 9"的含义是将 A 寄存器中的数与 9 相加，并将结果存入 A 中。使用汇编语言的助记符编写的程序称为汇编语言源程序。

汇编语言源程序必须转换为机器语言程序才能够被计算机执行。汇编程序是一个编译器，用于将助记符与机器指令一一对应地翻译为机器语言程序，如图 5-1 所示。

不同计算机的指令系统不同，其助记符也不同，因此汇编语言源程序与计算机系统有关，其通用性差。

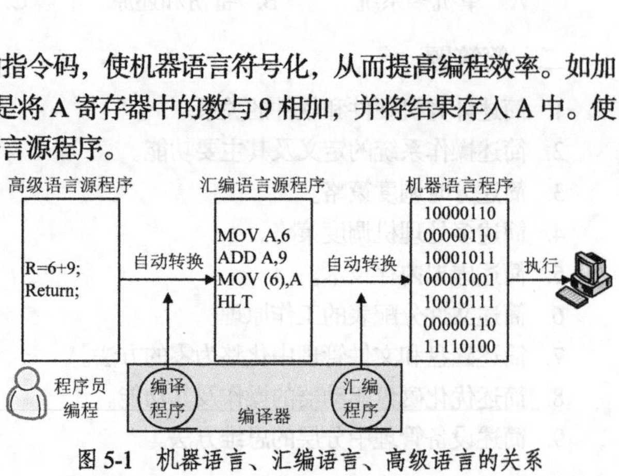

图 5-1　机器语言、汇编语言、高级语言的关系

3. 高级语言与编译器

虽然汇编语言编程已经比机器语言编程有了很大进步，但是助记符书写的直观性差、程序的通用性差、编程烦琐。例如，一个简单的加法运算，需要编写多条语句。当问题变得越来越复杂时，

汇编语言就很难满足需要，此时诞生了高级语言。

（1）高级语言

高级语言是类似于自然语言、以语句和函数为单位书写程序的编程语言。高级语言编写的程序称为高级语言源程序。

例如，语句"r = 6 + 9"表示"计算 6 + 9 的值，并将结果存入 r 中"，函数语句"a=pow(4,2)"表示"计算 4 的二次方，并将结果存入 a 中"。

高级语言比较接近自然语言，直观、通用、易学、易懂、编程效率高。高级语言与机器无关，编程者不需要理解机器的硬件结构，程序的兼容性强、易于移植。

常用的高级语言有十几种，如 Python、C、Basic、Pascal、Fortran 等。

（2）编译器

一条高级语言的语句，往往相当于汇编语言的几十条指令。如何将高级语言源程序翻译为机器可执行的机器语言呢？如图 5-1 所示，编译器先使用编译程序将高级语言源程序转换为汇编语言源程序，再由汇编程序将汇编语言源程序转换为机器可执行的二进制语言程序。

因为高级语言接近自然语言，所以其翻译工作相当复杂，设计编译器时需要形式语言和代码优化等方面的知识，读者可以通过学习"形式语言与自动机""编译原理"等课程获得。

4. 构件化语言

使用高级语言编程时，需要一条条语句书写程序，编程效率不高，在开发复杂的大规模程序时较为困难，就像一块块砖堆砌楼房时效率较低一样。如果采用提前预制的建筑构件来组装楼房，则效率较高。

构件化语言开发环境中的每一个构件都是由一系列语句完成的复杂程序，能够完成一定功能，如图 5-2 所示，Visual Basic（简称 VB）语言开发环境中包括按钮、文本框、标签等控件。构件化语言也可以是可视化的编程语言。

在使用构件化语言编写程序时，编程者只关心构件的布局、属性和功能，而不需要关心构件本身的实现细节，从而能够很容易地设计出复杂程序，完成复杂任务。例如，在使用 VB 语言编程时，编

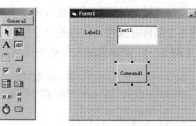

（a）构件化语言的构件　　（b）编程示例

图 5-2　构件化的语言

程者只要设定在窗体上文本框的位置、高、宽、背景色等，编写触发文本改变的事件后处理输入数据的程序代码。

构件化语言开发环境包括 Visual Basic、Visual C++、Delphi、.net 等。

5. 编程语言的分层结构

编程语言的分层结构思维是指以下层语言为基础，再定义一套能力更强的新语言和编译器。人们使用新语言高效率地编写程序，使用编译器将其编译成下层语言能识别的源程序。如图 5-3 所示，编译器将上级语言的源程序一层层向下翻译，直到最终得到机器语言程序，计算机就可以执行该程序了。

基于分层的思维模式，可以不断发展出新的编程语言，构件的功能越来越强大，能够更加方便、快捷地开发复杂的系统。

越高级的编程语言的结构越复杂，执行效率越低，对计算机软件、硬件系统的性能要求越高。越低级的编程语言结构越简单，执行效率

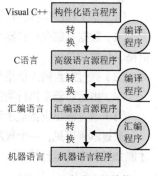

图 5-3　语言的分层结构

越高，对计算机软件、硬件系统的性能要求越低。例如，C 语言程序在早期的 DOS 系统中就可以运行，而 Visual C++程序必须在高性能的硬件和 Windows 操作系统上才能运行。

6. Java 虚拟机

Java 是一种面向对象的编程语言，它吸取了 C++语言的各种优点，摒弃了 C++中难以理解的一些概念，因此 Java 语言具有功能强大和简单易用的特点。Java 语言极好地实现了面向对象理论，允许程序员以优雅的思维方式进行复杂的编程。

Java 源程序编译后会生成.class 文件，称为字节码文件。Java 虚拟机（Java Virtual Machine，JVM）负责将字节码文件翻译成特定平台下的机器码然后运行。也就是说，只要在不同平台上安装对应的 JVM，就可以运行 Java 字节码文件，如图 5-4 所示。

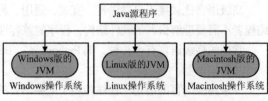

图 5-4 JVM 的多平台特性

Java 虚拟机有自己完善的硬件架构，如处理器、堆栈、寄存器等，还具有相应的指令系统。Java 虚拟机屏蔽了与具体操作系统平台相关的信息，使得 Java 程序只需要生成在 Java 虚拟机上运行的目标代码（字节码），就可以在多种平台上不加修改地运行。

5.2 程序设计基础

1. 程序设计的本质

程序设计与计算机的组成有密切关系，程序设计的本质目的是设计能够利用计算机的 5 个部件完成特定任务的指令序列。

【例 5.1】 用键盘输入价格与斤数，计算樱桃的总价。

```
price=float(input("输入樱桃价格："))
number=float(input("输入樱桃斤数："))
total=price*number
print("总价为",total)
```

在运行程序时，输入樱桃价格"10"，输入樱桃斤数"20"，计算并输出总价为"200"，程序的运行结果如下。

```
输入樱桃价格：10
输入樱桃斤数：20
总数为 200
>>> |
```

说明如下。

（1）整个程序保存在计算机的存储器中。

（2）数据存储在存储器中。3 个变量 price、number 和 total，分别占用一块存储空间，用于存放价格、斤数和总价。

（3）通过键盘输入价格与斤数。

（4）由运算器来执行乘法，求出总价。

（5）通过输出设备显示程序执行的结果。

通过本例可见，一个程序离不开 5 个部件的配合。一个程序可以没有输入，但是一定要有输出才能知道程序的运行结果。

2．常量

常量指在程序运行过程中值不能改变的量，通常是固定的数值或字符。

（1）数值型：40，-40，0，123.456。

（2）字符型："Hello world! "。

3．变量

在程序运行过程中，其值可以改变的量称为变量。如图 5-5 所示，变量占据内存中的一块存储单元，用来存放数据，存储单元中的数据可以改变。给存储单元起的名字，就是变量名。在存储单元中存放的数据就是变量的值。

例如，在 Python 语言中，语句"a=8"，申请的变量 a 的值为 8，a 为变量名，8 为变量值，如图 5-5 所示。

图 5-5　变量名与变量值

4．算术运算符

算术运算符的作用是进行算术运算，用算术运算符将运算对象连接起来的表达式称为算术表达式。表 5-1 列出了 Python 语言的基本算术运算符。

表 5-1　算术运算符

运算符	含义	举例 a=3，b=4
+	加	a+b 值为 7
-	减	a-b 值为-1
*	乘	a*b 值为 12
/	除	a/b 值为 0.75
//	整除，返回商的整数部分	b//a 值为 1，a//b 值为 0
%	求余数（模）	a%b 值为 3
**	幂，a**b 表示 a 的 b 次方	a**b 值为 81

例如，将数学表达式 $\dfrac{(a+b)^4}{a(b+c)}$ 编写成 Python 语言表达式，为(a + b) ** 4 / (a * (b + c))。

5．关系运算符

关系运算符用于比较两个操作数的关系，用关系运算符连接两个表达式称为关系表达式，如 a>b。若关系成立，则表达式值为 True（真），否则为 False（假）。

关系运算符的操作数可以是数值、字符串等数据。表 5-2 列出了 Python 语言的关系运算符。

表 5-2　关系运算符

运算符	运算	举例 a=3，b=4
==	当左数与右数相等时，值为 True，否则为 False	a==b　值为 False
!=	当左数与右数不相等时，值为 True，否则为 False	a!=b　值为 True
>	当左数大于右数时，值为 True，否则为 False	a>b　值为 False
<	当左数小于右数时，值为 True，否则为 False	a<b　值为 True
>=	当左数大于或等于右数时，值为 True，否则为 False	a>=b　值为 False
<=	当左数小于或等于右数时，值为 True，否则为 False	a<=b　值为 True

6．逻辑运算符

逻辑运算符用于对操作数进行逻辑运算，用逻辑运算符连接关系表达式或逻辑值称为逻辑表达式。逻辑表达式的结果为 True 或 False。逻辑运算符的含义如表 5-3 所示。

表 5-3　逻辑运算符

运算符	含义	说明	举例（a=10）	
and	与（并且）	两个操作数都为 True 时，结果才为 True	1<=a and a<15	值为 True
or	或（或者）	两个操作数都为 False 时，结果才为 False	a<=1 or a>=20	值为 False
not	非（取反）	操作数为 True，结果为 False 操作数为 False，结果为 True	not　(a<4)	值为 True

7．标准输入

Python 内置函数 input()用于接收用户通过键盘输入的字符串。其语法格式如下：

```
input( [prompt] )
```

▶说明

（1）参数 prompt 是可选参数，用于提示用户输入什么样的信息。

（2）input 函数返回用户通过键盘输入的字符串。如果要获得整型、浮点型等其他类型的数据，需要进行数据类型转换。int()函数能将字符串转换为整型，float()函数能将字符串转换为浮点数。

【例 5.2】 标准输入函数。

```
a=input("请输入字符串：")
b=int(input("请输入整数："))
c=float(input("请输入浮点数："))
print(a,b,c)
```

程序的运行结果如下。其中变量 a 中存入字符串，b 中存入整数，c 中存入浮点数。

```
请输入字符串：hello
请输入整数：123
请输入浮点数：3.14
hello 123 3.14
>>>
```

8．标准输出

在 Python 语言中，标准输出函数 print()用于向屏幕输出数据。其格式为：

```
print(value1,value2,...)
```

▶说明

可以包括 1 个或多个输出项，输出项之间用"，"隔开，输出项可以是常量、变量或表达式。

【例 5.3】 标准输出函数。

```
a=123
b=456
print("a=",a,"b=",b)
print("实施科教兴国战略，强化现代化建设人才支撑：")
print("办好人民满意的教育；","完善科技创新体系；","加快实施创新驱动发展战略；","深入实施人才强国战略。")
```

以上程序用标准函数输出各项值，程序的运行结果如下。

```
a= 123 b= 456
实施科教兴国战略，强化现代化建设人才支撑：
办好人民满意的教育；完善科技创新体系；加快实施创新驱动
发展战略；深入实施人才强国战略。
>>> |
```

5.3 算法

编写程序之前，首先要找出解决问题的方法，并将其转换成计算机能够理解并执行的步骤，即算法。算法设计是程序设计过程中的一个重要步骤。

5.3.1 什么是算法

算法是解决一个问题所采取的一系列步骤。著名的计算机科学家尼古拉斯·沃斯（Niklaus Wirth）提出如下公式：

$$程序 = 数据结构 + 算法$$

其中，数据结构是指程序中数据的类型和组织形式。

算法给出了解决问题的方法和步骤，是程序的灵魂，决定如何操作数据、如何解决问题。

5.3.2 算法举例

算法必须是计算机能够运行的方法。例如，加、减、乘、除、关系运算和逻辑运算等是计算机能够执行的操作，而理发、吃饭等动作计算机就不能执行。

【例 5.4】 求 $1+2+3+4+\cdots+100$。

第一种算法是书写形如 "$1+2+3+4+5+6+\cdots+100$" 的表达式，其中不能使用省略号。这种算法太长，写起来很费时，且经常出错，不可行。

第二种算法是利用数学公式：

$$\sum_{n=1}^{100} n = (1+100) \times 100 / 2$$

相比之下，第二种算法要简单得多，运算效率更高。但是，并非每个问题都有现成的公式可用，如求 $100! = 1 \times 2 \times 3 \times 4 \times 5 \times \cdots \times 100$，就没有简化的数学公式可用。

【例 5.5】 设计英里与千米转换程序的算法，输入英里数，转换为千米数并输出。

```
Step1:  输入 miles（英里数）
Step2:  kms=0.62*miles
Step3:  输出 kms（千米数）
Step4:  结束
```

▶提示

判断算法是否正确的方法：跟踪上述算法的执行过程，理解变量的作用、程序设计时可用的部件和功能，验证算法的正确性。

5.3.3 算法的表示

算法的表示方法有很多种，常用的有自然语言、伪代码、传统流程图、N-S 流程图等。

1. 自然语言

使用自然语言，就是使用人们日常生活中的语言描述算法。例如，求两个数的最大值，可以表示为：

如果 A 大于 B，那么最大值为 A，否则最大值为 B。

自然语言表示算法时拖沓冗长，容易出现歧义，因此不常使用。例如，自然语言在描述"陶陶告诉贝贝她的小猫丢了"时，到底是陶陶的小猫丢了还是贝贝的小猫丢了呢？就出现了歧义。

2. 伪代码

伪代码用介于自然语言和计算机语言之间的文字和符号来描述算法。例如，求两个数的最大值可以表示为：

if A 大于 B then 最大值为 A else 最大值为 B。

伪代码的描述方法比较灵活，修改方便，易于转变为程序，但是当情况比较复杂时，不够直观，而且容易出现逻辑错误。软件专业人员经常使用伪代码描述算法。

3. 传统流程图

传统流程图使用一些图框来表示各种操作，用箭头表示语句的执行顺序，用来表示算法比较直观。传统流程图的常用符号如图 5-6（a）所示。将例 5.5 英里与千米转换程序的算法描述为传统流程图，如图 5-6（b）所示。但是用传统流程图表示复杂的算法时不够方便，也不便于修改。

4. N-S 流程图

N-S 流程图又称盒图，其中所有结构都用方框表示。N-S 流程图绘制方便，避免了使用箭头任意跳转所造成的混乱，更加符合结构化程序设计的原则。它按照从上往下的顺序执行语句。

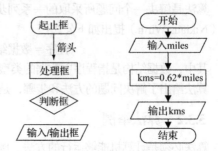

（a）常用符号　（b）"英里与千米转换程序"算法

图 5-6　传统流程图

【例 5.6】 将英里与千米转换程序的算法描述为 N-S 流程图，如图 5-7 所示。

算法应该具有以下特性才可以正确执行。

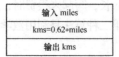

图 5-7　"英里与千米转换程序"算法

（1）有穷性。算法经过有限次的运算就能得到结果，而不能无限执行或超出实际可以接受的时间。如果一个程序需要执行 1000 年才能得到结果，就基本没有实际意义了。

（2）确定性。算法中的每一个步骤都是确定的，不能含糊、模棱两可。算法中的每一个步骤不应当被解释为多种含义，而应当十分明确。例如，描述"小王递给小李一件他的衣服"，这里，衣服究竟是小王的，还是小李的呢？

（3）输入。算法可以有多个输入，也可以没有输入。

（4）输出。算法必须有一个或多个输出，用于显示程序的运行结果。

（5）可行性。算法中的每一个步骤都是可以执行的，都能得到确定的结果，而不能无法执行。例如，用 0 作为除数就不能执行。

5.3.4 算法类问题

所谓算法类问题是指那些可以由算法解决的问题。如求解一元二次方程的根，求两个整数的最大公约数等。计算学科中有许多著名的算法类问题，如哥尼斯堡七桥问题、旅行商问题等。

算法类问题求解的第一步是数学建模。数学建模是一种基于数学的思维方式，运用数学的语言和方法，通过抽象和简化建立对实际问题的描述和定义数学模型。将现实世界的问题抽象成数学模型，可以发现其本质以及能否求解，找到求解问题的方法和算法。

【例 5.7】 哥尼斯堡七桥问题，如图 5-8 所示，寻找走遍这 7 座桥并最后返回原点且只允许每座桥走过一次的路径。

数学建模：去除哥尼斯堡七桥问题的无关语义，将其抽象成由节点和连接节点的边构成的图，如图 5-9 所示。由图可见，哥尼斯堡七桥问题的本质是从任一节点开始，经过每条边一次且仅一次的回路问题。

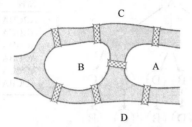

图 5-8　哥尼斯堡七桥问题

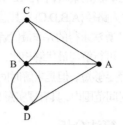

图 5-9　哥尼斯堡七桥问题抽象图

大数学家欧拉把它转化成"一笔画问题"，推断如下：

除了起点以外，当一个人由一座桥（边）进入一块陆地（节点）时，他同时也由另一座桥离开此节点。所以每行经一点时，计算为两座桥（或线），从起点离开的线与最后回到开始点的线也计算两座桥，因此每一个陆地与其他陆地连接的桥数必为偶数。

七桥问题所构成的图中，没有一个节点含有偶数条边，所以哥尼斯堡七桥问题无解。

【例 5.8】　旅行商问题（Traveling Salesman Problem，TSP），如图 5-10 所示，给定一系列城市和每对城市之间的距离，求解一条最短路径，使一个旅行商从某个城市出发访问每个城市且只能在每个城市逗留一次，最后回到出发的城市。

TSP 是最有代表性的组合优化问题，有很多实际应用，如机器在电路板上钻孔的问题、快递员送货路线问题、城市间路网建设问题等。

TSP 抽象的数学模型如下：

假定有 n 个城市，记为 $C = \{c_1, c_2, \cdots, c_n\}$，任意两个城市 c_i 和 c_j 之间的距离为 $d_{c_i c_j}$。TSP 问题的本质是寻找城市的访问顺序，$T = \{t_1, t_2, \cdots, t_n\}$，其中 $t_i \in C$，求 $\min \sum_{i=1}^{n} d_{t_i t_{i+1}}$，其中 $t_{n+1} = t_1$。

采用遍历策略，求出 TSP 中所有可能路径及其总里程，从中选出总里程最短的路径，如图 5-11 所示，4 个城市的 TSP，出发城市为 A。如图 5-12 所示，其求解空间为 $\Omega = \{\{A,B,C,D\}, \{A,B,D,C\}, \{A,C,B,D\}, \{A,C,D,B\}, \{A,D,B,C\}, \{A,D,C,B\}\}$，可见共有 $3\times2\times1=6$ 条可选路径，其中最短路径为 $\{A,B,C,D\}$ 和 $\{A,D,C,B\}$，最短距离为 12。

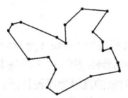

图 5-10　旅行商问题

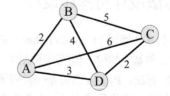

图 5-11　TSP 抽象的图

遍历策略对于小规模的 TSP 是有效的，但是对于大规模的 TSP 则不可行。n 个城市的组合路径数为 $(n-1)\times(n-2)\times\cdots\times2\times1=(n-1)!$。例如，求解 4 个城市的 TSP，其组合路径为 $3\times2\times1=6$ 条，20 个城市的 TSP 组合路径为 $19!=1.216\times10^{17}$。随着城市数目的增长，其组合路径数呈组合爆炸式增长，即组合路径数以阶乘方式急剧增长，以至于无法计算。

对于这类难以求解的问题，可以寻找在时间上可行的简化求解方法。目前已经出现了很多求解策略，包括贪心算法、分治法、动态规划、启发式算法等。

本节以贪心算法策略为例，概述 TSP 求解的方法。贪心算法策略的基本思想是，一定做出当前状况的最好选择，以免将来后悔。求解 TSP 的贪心算法为"从一个城市开始，每次选择下一个城市的时候，只考虑当前状况下最好的选择"。

根据贪心算法的策略，图 5-12 所示的 TSP 的解为路径{A,B,D,C}，其总距离为 14。贪心算法求得的并非最优解，而是可行解。可行解与最优解相比，差距不大，已经足够短。但是求解时间在可以接受的时间范围内，具有现实意义。

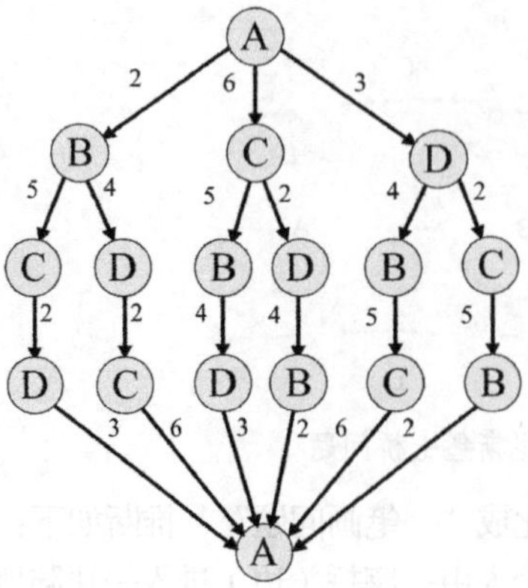

路径	距离
ABCDA	12
ABDCA	14
ACBDA	18
ACDBA	14
ADBCA	14
ADCBA	12

图 5-12　TSP 的解空间

5.3.5　算法分析

对于求解一个问题的算法，需要分析其正确性和复杂性。

1. 算法的正确性

算法的正确性是指问题求解的过程、方法是否正确，输出结果是否正确。

算法的正确性相对易于分析，只要考察计算的结果就可以了。例如，TSP 的贪心算法在可以接受的有限的时间内可以求得可行解，说明算法是正确可行的。

2. 算法的复杂性

除了算法的正确性外，还需要考虑算法的复杂性。算法的复杂性包括时间复杂性和空间复杂性。

（1）算法的时间复杂性

算法的时间复杂性，指的是算法运行所需的时间。如果一个问题的规模为 n，算法运行的时间记为 $T(n)$。

我们常用 O 记法表示算法的时间复杂性。O 表示其量级，如 $n^2 + 2n + 3 = O(n^2)$，表示当 n 足够大时，表达式的左边约等于 n^2。

TSP 的贪心算法的时间复杂性为 $O(n^3)$，是可以求解的。

如果算法的时间复杂性为 $O(2^n)$，当 n 很大时计算机就很难处理了。

（2）算法的空间复杂性

算法的空间复杂性，指的是算法在执行过程中所占用的存储空间的大小，用 $S(n)$ 表示。

5.4　算法设计与程序设计

1966 年，科拉多·鲍姆（Corrado Böhm）和朱塞佩·贾科皮尼（Giuseppe Jacopini）提出结构化程序设计方法的 3 种基本结构，包括顺序结构、选择结构和循环结构。这 3 种基本结构可以组成解决所有编程问题的算法。Python 语言是一种跨平台、面向对象的高级程序设计语言，具有简洁性、易读性以及可扩展性，应用领域广泛。本节将介绍顺序结构、选择结构、循环结构的算法设计，以及使用 Python 语言进行程序设计的方法。

5.4.1　顺序结构

顺序结构按照语句的先后顺序执行程序，是结构化程序设计中最简单的控制结构，它一般包括输入、处理和输出 3 个步骤，其传统流程图如图 5-13（a）所示，其 N-S 流程图如图 5-13（b）所示。

【例5.9】设计算法编写程序，输入三角形的3条边长 a、b 和 c，求三角形的面积。

（1）分析。根据数学知识，在已知三角形的 3 条边时可以使用海伦公式来求其面积，即

$$s = \frac{a+b+c}{2}$$

$$area = \sqrt{s(s-a)(s-b)(s-c)}$$

（2）算法设计。根据前述分析，要计算三角形面积需要先输入三角形的3条边，然后利用海伦公式计算面积。求三角形面积算法的传统流程图如图 5-14（a）所示，其 N-S 流程图如图 5-14（b）所示。

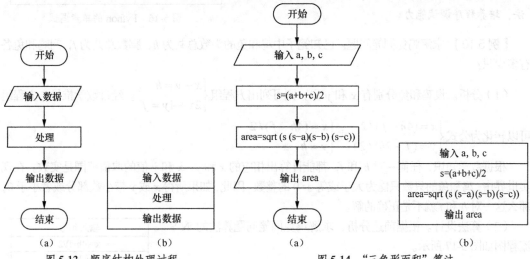

图 5-13　顺序结构处理过程　　　　　　　图 5-14　"三角形面积"算法

（3）打开 Python 的 IDLE Shell 窗口，选择"File→New File"命令，打开编辑器窗口，编写源程序如图 5-15 所示，保存文件名为 eg0509.py。

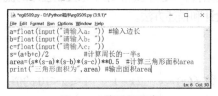

图 5-15　编写源程序

源程序代码如下：

```
a=float(input("请输入a: "))        #输入边长
b=float(input("请输入b: "))
c=float(input("请输入c: "))
s=(a+b+c)/2                        #计算周长的一半s
area=(s*(s-a)*(s-b)*(s-c))**0.5    #计算三角形面积area
print("三角形面积为",area)  #输出面积area
```

（4）运行程序：选择"Run→Run Module"命令，运行程序，运行结果如下。

```
请输入a: 3
请输入b: 4
请输入c: 5
三角形面积为 6.0
>>>
```

▶提示

读者可以通过单步调试，观察程序的运行过程：

在 Python Idle 中，执行 "Debug→Debugger" 菜单命令，打开 Debugger 调试器。在程序编辑器中执行 "Run→Run Module" 命令运行程序，在调试器中按 "Over" 按钮逐行运行程序，观察变量的变化过程，如图 5-16 所示。

后续的编程练习，可以坚持使用和掌握单步调试方法，培养程序调试能力。

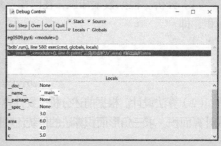

图 5-16　Python 的单步调试

【例 5.10】求解鸡兔同笼问题。已知笼子中鸡和兔的头数总共为 h，脚数总共为 f，问鸡和兔各有多少只？

（1）分析。设鸡和兔分别有 x 和 y 只，则可列出方程组 $\begin{cases} x+y=h \\ 2x+4y=f \end{cases}$。经过数学推导，方程组可以转化为公式 $\begin{cases} x=(4h-f)/2 \\ y=(f-2h)/24 \end{cases}$ 或 $\begin{cases} x=(4h-f)/2 \\ y=h-x \end{cases}$。

根据数学知识，任何一对 h 和 f，都能计算出相应的 x 和 y，x 和 y 值的取值范围是实数。在现实世界中，鸡和兔的只数只能为大于或等于 0 的整数。因此，如果所得 x 或 y 带小数部分或者小于 0，那么这一对 h 和 f 就不是正确的解。

（2）算法设计。根据前述分析，求解鸡兔同笼问题算法的 N-S 流程图如图 5-17 所示。

| 输入 h，f |
| x=(4h-f)/2 |
| y=h-x |
| 输出 x,y |

图 5-17　"鸡兔同笼问题"算法

5.4.2　选择结构

选择结构用于判断给定的条件，根据判断的结果来控制程序的流程。本节通过几个问题的算法设计，介绍选择结构的算法设计和描述方法。

1．选择结构算法设计

【例 5.11】输入 x，求函数 $f(x)=\begin{cases} x & x<1 \\ 2x-1 & 1\leqslant x<10 \\ x^2+2x+2 & x\geqslant10 \end{cases}$ 的值。

分析如下。

（1）首先判定 $x<1$ 条件，如果为真则结果为 x；否则判定 $1\leqslant x<10$ 条件，如果为真则结果为 $2x-1$；否则结果为 x^2+2x+2。

（2）如果 $x<1$ 为假，那么在判断第二个条件 $1\leqslant x<10$ 时，并不需要判断条件 $1\leqslant x$。

（3）如果前两个条件都为假，那么第三个条件 $x>10$ 就一定为真，因此第三个条件可以不做判断。

解决该问题算法的传统流程图如图 5-18（a）所示，其 N-S 流程图如图 5-18（b）所示。

【例 5.12】输入学生课程成绩 mark，按照方法 $\begin{cases} 优秀 & 90\leqslant mark\leqslant100 \\ 良 & 80\leqslant mark<90 \\ 中 & 70\leqslant mark<80 \\ 及格 & 60\leqslant mark<70 \\ 不及格 & 0\leqslant mark<60 \end{cases}$ 给出评分等级。

计算思维与计算机导论（第 2 版）（微课版）　　62

分析：

此问题将成绩 mark 分为 5 种情况，算法如图 5-19 所示。

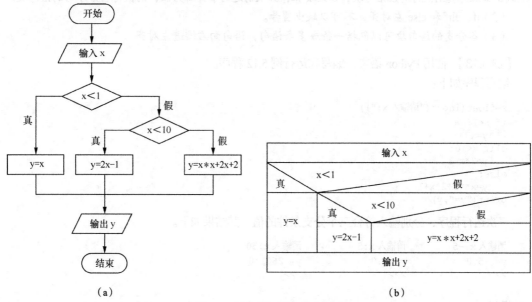

（a）

图 5-18 "分段函数"优化算法

（b）

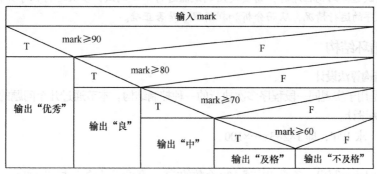

图 5-19 "成绩分级"算法

2. 选择结构程序设计

if 语句用于描述选择结构程序，它根据判定条件的真假，决定执行的语句。if 语句的一般形式为：

```
if 条件表达式1:
    语句块1
[elif 条件表达式2:
    语句块2
 ...
elif 条件表达式n:
    语句块n
]
[else:
    执行语句块n+1]
```

▶说明

（1）if语句的运行流程为：先判断第一个表达式，如果为真则执行语句块1，否则判断下一个表达式，如果为真则执行对应语句块；以此类推；如果前边的条件都为假，则执行else子句的语句块。

（2）if、elif和else左对齐，不可以缺少冒号。

（3）各分支的语句块可以包括一条或多条语句，语句向右缩进左对齐。

【例5.13】 使用Python语言，编写和运行例5.12程序。

编写程序如下：

```
x=float(input("请输入 x:"))
if x<1:
    y=x
elif x<10:
    y=2*x-1
else:
    y=x**2+2*x+1
print("y=",y)
```

三次运行程序，分别输入符合三个分支条件的值，其结果如下。

```
请输入 x:-5        请输入 x:5         请输入 x:50
y= -5.0           y= 9.0             y= 2601.0
>>>               >>>                >>>
```

▶提示

读者在调试选择结构程序时，需要使用调试器进行单步调试，多次运行程序并输入各分支的数值，观察程序的运行情况，从而分析和判断程序是否正确。

5.4.3 循环结构

1. 循环结构算法设计

循环结构是用于实现同一段程序多次执行的一种控制结构。本节通过几个问题的算法设计，介绍循环结构算法设计。

【例5.14】 求100!，即1×2×3×⋯×100。

分析如下。

在求100!时很难写出一条语句描述100个数的乘法，我们设计的算法描述如下。

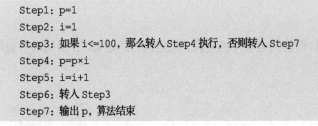

```
Step1: p=1
Step2: i=1
Step3: 如果 i<=100，那么转入 Step4 执行，否则转入 Step7
Step4: p=p×i
Step5: i=i+1
Step6: 转入 Step3
Step7: 输出 p，算法结束
```

通过循环条件"i<=100"，使得乘法操作执行99次。此算法的传统流程图如图5-20（a）所示，其N-S流程图如图5-20（b）所示。

【例5.15】 输入整数n，求1×2×3×⋯×n，即n!。

```
Step0: 输入 n
Step1: p=1
Step2: i=1
Step3: 如果 i<=n，那么转入 Step4 执行，否则转入 Step7
```

Step4: p=p*i
Step5: i=i+1
Step6: 转入 Step3
Step7: 输出 p，算法结束

只要将图 5-20（b）所示的流程图，加上"输入 n"步骤，并将循环的条件"i<=100"改为"i<=n"即可，算法如图 5-20（c）所示。

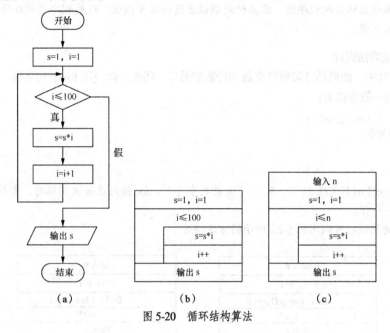

图 5-20　循环结构算法

2. 循环程序设计

while 语句用于描述循环结构，它的书写格式如下：

```
while 表达式 p:
    <循环体语句块>
```

图 5-21　while 循环

while 循环的执行流程如图 5-21 所示。

▶说明

（1）初始化变量后，先判断表达式 p，如果为真，则进入循环，执行循环体内的语句。

（2）当表达式 p 为假时，则结束循环，继续执行循环后边的语句。

（3）循环体语句如果有多条语句，需要向右缩进左对齐。

（4）循环体内的语句块可以是顺序结构、选择结构，也可以是循环结构。

【例 5.16】　使用 Python 语言，编写和运行例 5.15 程序。
编写程序如下：

```
n=int(input("请输入 n: "))
i=1
s=1
while i<=n:
    s=s*i
    i=i+1
print(n,"!=",s)
```

程序的运行结果如下。

```
请输入 n: 10
10! =3628800
>>>
```

▶**提示**

读者在调试循环结构程序时，需要使用调试器进行单步调试，观察程序的循环过程，分析和判断程序是否正确。

3. 穷举法算法设计

在算法设计中，如果是已知循环次数的计数型循环，那么可以使用 for 语句来描述。for 循环的一般形式为:

```
for i in range(1,n+1):
    <语句序列>
```

▶**说明**

函数 range(1,n+1) 生成 1、2、3、…、n 的数字序列。for 语句在每次循环时，变量 i 依次取得数字序列的一个值。

求解 n! 的问题也可以用图 5-22 所示的方法描述。

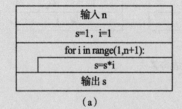

(a)

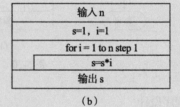

(b)

图 5-22　求 n! 的 for 语句算法

穷举法又称枚举法，它的基本思路就是一一列举所有可能性，逐个进行排查。穷举法的核心是找出问题的所有可能，并针对每种可能逐个进行判断，最终找出问题的解。

【例 5.17】百钱买百鸡问题。假定公鸡每只 2 元，母鸡每只 3 元，小鸡每只 0.5 元。现有 100 元，要求买 100 只鸡，编程求出公鸡只数 x、母鸡只数 y 和小鸡只数 z。

分析如下。

采用穷举法，x、y 和 z 的值在 0~100，循环的次数为 $101 \times 101 \times 101$。因为公鸡每只 2 元，母鸡每只 3 元，因此 $0 \le x \le 50$，而 $0 \le y \le 33$，$0 \le z \le 100$，此时循环的次数为 $51 \times 34 \times 101$，算法如图 5-23（a）所示。

因为 $x+y+z=100$，所以 $z=100-x-y$，如图 5-23（b）所示，可以将图 5-23（a）所示算法一改为二重循环的算法，此时循环的次数为 51×34。

编写程序如下:

```
print(" 公鸡　母鸡　小鸡")
for x in range(0,51):
    for y in range(0,34):
        for z in range(0,100):
            if x+y+z==100 and 2*x+3*y+0.5*z==100:
                print("{:6}{:6}{:6}".format(x,y,z))
```

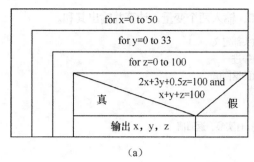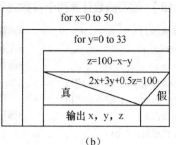

图 5-23 "百钱买百鸡"算法

程序运行的结果如下。

公鸡	母鸡	小鸡
0	20	80
5	17	78
10	14	76
15	11	74
20	8	72
25	5	70
30	2	68

`>>>`

5.5 函数与递归

5.5.1 函数

函数是由多条语句组成的能够实现特定功能的程序段，函数可以对程序进行模块化。

在实际编程时，一个算法可能非常复杂，程序可能有几万行，编写时容易出错且调试困难。模块化程序设计后，将大问题逐步细化，分解成很多具有独立功能的模块，这些模块相互调用，实现代码重用，能够简化程序设计过程。

1. 函数定义

Python 语言定义函数的一般形式如下：

```
def <函数名> ( [形式参数] ):
    函数体语句
    return [表达式]
```

▶说明

（1）[形式参数]也称为形参，放在小括号中，可以有 0 个、1 个或多个，形参之间用小括号隔开。

（2）函数体语句需要向右缩进左对齐。

（3）return 语句返回函数的值。

2. 函数调用

函数定义后就可以被调用。如果函数定义中有形参，在调用时，应该传递实际参数（实参）。

```
<函数名>([<实参表>])
```

▶说明

实参表给出多个实际参数，可以是常量、变量或表达式，各参数之间用 "," 隔开。

【例5.18】 编写函数计算两个参数之和，输入两个变量，计算并输出其和。

```
def sum(x,y):                #函数头部定义
    z=x+y                    #注意缩进
    return (z)               #函数的返回值
a=float(input("输入a:"))
b=float(input("输入b:"))
c=sum(a,b)                   #调用,有实参、返回值
print("和为: ",c)
```

程序的运行结果如下。

```
输入a:3
输入b:4
和为: 7.0
>>>
```

如图 5-24 所示，主程序执行"c=sum(a, b)"语句时，转入函数 sum(x, y)中，实参 a 传递给形参 x，实参 b 传递给形参 y。sum()函数执行完毕时，返回主程序中"s=sum(m, n);"调用语句处，继续执行后边的语句。

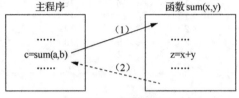

图 5-24　函数的调用

5.5.2　递归

递归是一种重要的计算思维模式，既是抽象表达的一种手段，也是问题求解的重要方法，如图 5-25 所示，是使用递归的方法绘制的图形。

图 5-25　递归图

在生活中有一个递归故事："从前有座山，山里有座庙，庙里有个老和尚在讲故事，故事是（从前有座山，山里有座庙，庙里有个老和尚在讲故事，故事是（从前有座山，山里有座庙，庙里有个老和尚在讲故事，故事是（……）））"。

递归算法的基本思想是将一个大规模的复杂问题，层层转换为一个与原问题相同但是规模较小问题来求解，函数调用函数本身、高阶调用低阶。如果问题的规模用自然数 n 来表示（n 被称为阶数），将问题表示为递归函数 $f(n)$，先转换为 $f(n-1)$，$f(n-1)$ 转换为 $f(n-2)$，如此直到某一阶可以通过简单步骤计算得出结果时为止。

使用递归的方法进行问题求解的基础是构造递归函数。

【例5.19】 用递归算法求 $n!$。

分析如下。

观察可知：$n!=n \times (n-1)!$，$(n-1)!=(n-1) \times (n-2)!$，…，$3!=3 \times 2!$，$2!=2 \times 1!$，$1!=1$。

递归过程可以总结为以下两个阶段。

（1）回推阶段：$n! \rightarrow (n-1)! \rightarrow (n-2)! \rightarrow (n-3)! \rightarrow \cdots \rightarrow 3! \rightarrow 2! \rightarrow 1!$。要求 $n!$，从左向右依次回推，直

到求 1!=1。

（2）递推阶段：$n! \leftarrow (n-1)! \leftarrow (n-2)! \leftarrow (n-3)! \leftarrow \cdots \leftarrow 3! \leftarrow 2! \leftarrow 1!$。求得 1!，再从右向左，依次递推，直到求出 $n!$。

假设 fact(n)用于计算 $n!$，则求 $n!$ 的递归公式为 $fact(n) = \begin{cases} 1 & n = 0, 1 \\ n * fact(n-1) & n > 1 \end{cases}$

其中 $n=0$ 或 1 是递归的结束条件，当 $n>1$ 时，继续递归调用。如果递归没有结束条件，那么将一直递归下去，直到系统资源耗尽。

编写程序如下：

```
def fact(n):                    #递归函数
    if n==0 or n==1:
        return 1
    else:
        return n*fact(n-1)      #递归调用
n=int(input("输入整数n: "))
t=fact(n)
print(n,"!=",t)
```

程序的运行结果如下。

```
输入整数n: 10
10 != 3628800
>>>
```

打开 Debugger 调试器，运行程序，单步调试程序，遇到 fact()函数调用时按 Step 按钮，进入函数内部继续调试，如图 5-26（a）所示。一层层递归调用直到 n 为 1，再逐次返回，如图 5-26（b）所示。

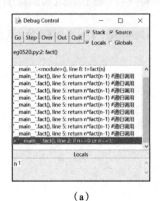

（a）　　　　　　　　　　（b）

图 5-26　递归调用过程

【例 5.20】 汉诺（Hanoi）塔问题是这样的问题，有 3 根柱子 A、B 和 C，开始 A 柱上有 64 个盘子，从上到下，依次大一点，如图 5-27 所示，把所有盘子移到 C 柱上，要求：盘子必须放在 A、B 或 C 柱上，一次只能移动一个盘子，大盘子不能放在小盘子上边。

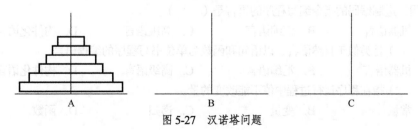

图 5-27　汉诺塔问题

分析如下。

经过实验可知，当盘子为 n 个时，需要 2^n-1 次移动盘子。

3 个盘子→7 次；4 个盘子→15 次；5 个盘子→31 次；6 个盘子→63 次；64 个盘子→$2^{64}-1$ 次。

将 n 个盘子从 A 移动到 C 的问题，递归过程归纳如下。

（1）如果将 n 个盘子从 A，通过 B 移动到 C，记作函数 Hanoi(n,a,b,c)。

（2）函数 Hanoi(n,a,b,c)的递归过程如下。

if n=1 then　直接从 A 移动到 C，记作函数 move (a,c)。

if n>1 then　将 $n-1$ 个盘子从 A 通过 C 移到 B，记作函数 Hanoi(n-1,a,c,b)，第 n 个盘子从 A 移到 C，记作函数 PlateMove(a,c)，再将 $n-1$ 个盘子从 B 通过 A 移到 C，记作函数 Hanoi(n-1,b,a,c)。

编写程序如下：

```
total=0                              #移动次数计数
def PlateMove(a,c):                  #盘子从A移动到C
    global total
    total=total+1                    #总次数加1
    print(total,a,"->",c)            #输出移动过程：A移动到C
                                     #递归函数，将n个盘子借助B，从A移动到C
def Hanoi(n, a, b, c):
  if n == 1:
      PlateMove(a, c)                #一个盘子时，直接从A移动到C
  else:
      Hanoi(n - 1, a, c, b)          #将n-1个盘子借助C从A移动到B
      PlateMove(a, c)                #将最后一个盘子从A移动到C
      Hanoi(n - 1, b, a, c)          #将n-1个盘子借助A从B移动到C
n=int(input("请输入盘子数n:"))
Hanoi(n, 'A', 'B', 'C');             #调用函数，将n个盘子借助B从A移动到C
```

程序的运行结果如下。

```
请输入盘子数n:2        请输入盘子数n:3
1 A -> B               1 A -> C
2 A -> C               2 A -> B
3 B -> C               3 C -> B
>>>                    4 A -> C
                       5 B -> A
                       6 B -> C
                       7 A -> C
                       >>>
```

习题

一、单项选择题

1. 使用二进制编码的指令编写程序的语言是（　　　）。

   A. 机器语言　　　　　B. 汇编语言　　　　　C. 高级语言　　　　　D. 构件化语言

2. （　　　）是类似于自然语言、以语句和函数为单位书写程序的编程语言。

   A. 机器语言　　　　　B. 汇编语言　　　　　C. 高级语言　　　　　D. 构件化语言

3. （　　　）指在程序运行过程中值不能改变的量。

   A. 常量　　　　　　　B. 变量　　　　　　　C. 递归　　　　　　　D. 函数

4. （　　）负责将 Java 语言的字节码文件翻译成特定平台下的机器码然后运行。
    A. 汇编程序　　　　　B. 编译程序　　　　　C. Java 虚拟机　　　　D. 构件化语言
5. 假如变量 a=4，b=2，c=1，则算术表达式 a**2//(b+c)的值是（　　）。
    A. 2　　　　　　　　B. 3　　　　　　　　C. 4　　　　　　　　D. 5
6. （　　）是解决一个问题所采取的一系列步骤。
    A. 算法　　　　　　　B. 代码　　　　　　　C. 方法　　　　　　　D. 方案
7. （　　）使用一些图框来表示各种操作，用箭头表示语句的执行顺序，用来表示算法比较直观。
    A. 自然语言　　　　　B. 伪代码　　　　　　C. 传统流程图　　　　D. N-S 流程图
8. （　　）的所有程序结构都用方框表示。
    A. 自然语言　　　　　B. 伪代码　　　　　　C. 传统流程图　　　　D. N-S 流程图
9. 使用遍历策略求解 TSP 时，5 个城市的组合路径数为（　　）。
    A. 5　　　　　　　　B. 24　　　　　　　　C. 32　　　　　　　　D. 120
10. 算法的复杂性包括（　　）。
    A. 时间复杂性和空间复杂性　　　　　　　　B. 程序复杂性和空间复杂性
    C. 时间复杂性和程序复杂性　　　　　　　　D. 问题复杂性和空间复杂性
11. （　　）用于判断给定的条件，根据判断的结果来控制程序的流程。
    A. 顺序结构　　　　　B. 选择结构　　　　　C. 循环结构　　　　　D. 递归
12. （　　）是用于实现同一段程序多次执行的一种控制结构。
    A. 顺序结构　　　　　B. 选择结构　　　　　C. 循环结构　　　　　D. 递归
13. （　　）是由多条语句组成的能够实现特定功能的程序段，函数可以对程序进行模块化。
    A. 程序　　　　　　　B. 函数　　　　　　　C. 选择　　　　　　　D. 循环

二、简答题

1. 简述将高级语言源程序编译为机器语言可执行程序的过程。
2. 简述编程语言的分层结构。
3. 简述算法要能够正确执行时应该具有的特性。
4. 简述求解 TSP 的贪心策略基本思想。
5. 简述递归的基本思想。

三、算法设计与程序设计题

1. 设计算法，输入圆柱的半径 r 和高 h，求圆柱体积和圆柱表面积。
2. 设计算法，输入梯形的上底、下底和高，计算并输出面积。
3. 设计算法，输入华氏温度值 F，求摄氏温度 C，其公式为 $C = \frac{5}{9}(F-32)$。
4. 设计算法，输入 x，求函数 $f(x) = \begin{cases} 2x-1, & x<0 \\ 2x+10, & 0 \leqslant x<10 \\ 2x+100, & 10 \leqslant x<100 \\ x^2, & x \geqslant 100 \end{cases}$ 的值。
5. 设计算法，输入 a 和 b 的值，按公式 $y = \begin{cases} \cos a + \cos b, & a>0, b>0 \\ \sin a + \sin b, & a>0, b \leqslant 0 \\ \cos a + \sin b, & a \leqslant 0, b>0 \\ \sin a + \cos b, & a \leqslant 0, b \leqslant 0 \end{cases}$ 计算 y 值。

6. 设计算法，输入噪声强度值，根据表 5-4 所示内容输出人体对噪声的感觉。

表 5-4　噪声强度表

噪声强度/dB	感觉
≤50	安静
51~70	吵闹，有损神经
71~90	很吵，神经细胞受到破坏
91~100	吵闹加剧，听力受损
101~120	难以忍受，待 1min 即暂时致聋
120 以上	极度聋或全聋

7. 设计算法，计算 $\sum_{x=1}^{20}(2x^2+3x+1)$。

8. 设计算法，计算 $\pi = 2 \times \dfrac{2^2}{1\times 3} \times \dfrac{4^2}{3\times 5} \times \dfrac{6^2}{5\times 7} \times \cdots \times \dfrac{(2n)^2}{(2n-1)\times(2n+1)}$，$n \leqslant 1\,000$。

9. 设计算法，求解搬砖问题：36 块砖 36 人搬，男一次搬 4 块，女一次搬 3 块，2 个小儿一次抬 1 块，要求 1 次搬完。问需男、女和小儿各多少人？

10. 设计算法，输出 1 000 以内所有的勾股数。勾股数是满足 $x^2+y^2=z^2$ 的自然数。例如，最小的勾股数是 3、4、5。（为了避免 3、4、5 和 4、3、5 这样的勾股数的重复，必须保持 $x<y<z$）

11. Fibonacci 数列是：1、1、2、3、5、8、13、21、…。用递归的方法编写函数 Fibonacci(n)，其功能是求出 Fibonacci 数列的第 n 项。在程序中输入 n，调用函数 Fibonacci(n)，输出 Fibonacci 数列的第 n 项。

第6章 计算机网络技术

当今社会已经进入信息时代，信息存储离不开计算机，而信息的传输离不开计算机网络。计算机网络技术是计算机和通信技术相结合的产物，它的发展推动了信息技术的革命。本章讲述计算机网络技术。

6.1 网络概述

6.1.1 网络的定义

利用通信设备和传输介质，将具有独立功能的计算机连接起来，在软件（操作系统、协议等）的支持下，实现计算机之间的资源共享、信息交换和分布式处理的系统，称为计算机网络（简称网络）。图6-1所示为简单的网络结构示意图。

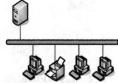

6.1.2 网络的主要功能

图 6-1 网络结构示意图

网络的功能主要包括3个方面：资源共享、信息交换和分布式处理。

（1）资源共享。信息资源包括软件、硬件和数据资源。通过网络，可以共享网络中的各种软件资源，如应用软件、工具等；可以共享各种硬件设备，如打印机、存储设备（硬盘空间）等；还可以共享各种数据资源，如数据库、数据文件、图片、影像等。

（2）信息交换。信息交换是指网络节点之间的通信。通过计算机网络进行信息交流已经成为信息交换的重要途径，如电子邮件、QQ、微信等。

（3）分布式处理。一台计算机的处理能力有限，往往不能按期完成大规模的处理任务。此时可以将一个规模大的任务分配给网络中的若干台计算机并行处理，均衡各计算机的负载，以便人们能在规定的时间内完成任务。计算机网络的分布式处理功能，可以完成军事、天文、气象等领域需要大量计算资源的任务。

6.1.3 网络的发展历史

网络的发展历史包括终端联机系统、ARPAnet、标准化的网络和Internet 4个阶段。

1. 终端联机系统

20世纪60年代早期，计算机主机昂贵，而通信线路和通信设备的价格相对便宜。为了共享主机资源、进行信息处理，出现了以单主机为中心连接远程终端形成的联机系统，如图6-2所示。一台主机中安装多用户分时操作系统，按照时间片将CPU分配给各个终端，执行各终端的程序。终端本身没有独立处理能力，它共享远程主机的计算资源，因此这还不是真正意义上的计算机网络。联机系统的主要缺点是：主机负荷重，既要承担通信工作，又要承担数据处理工作；通信线路的利用率低，各终端要独享一条线路；系统结构属于集中控制，可靠性低。

20 世纪 60 年代，由美国航空公司与 IBM 公司合作开发的航空订票处理系统 SABRE-1 投入使用，它由一台中央计算机与分散在全美范围的 2 000 多个终端连接而成；后来，终端的分布范围还延伸至其他地区。

2．ARPAnet

现代意义上的计算机网络是从 1969 年美国国防部高级研究计划局（Advanced Research Projects Agency，ARPA）建立的一个名为 ARPAnet 的网络开始的。该网络把美国的几个军事及研究用计算机主机连接起来。起初，ARPAnet 只连接美国西海岸的 4 个节点，分别是加州大学洛杉矶分校、斯坦福研究院、加州大学圣巴巴拉分校、犹他大学的 4 台大型计算机，以电话线为主干网络，如图 6-3 所示。后来逐步发展到 60 个节点，每个节点都是具有独立功能的计算机，节点越来越多，地理范围也越来越广。

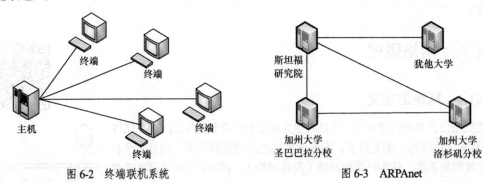

图 6-2　终端联机系统　　　　　　　　　图 6-3　ARPAnet

3．标准化的网络

网络发展的初期，各厂商（如 IBM、DEC 等）纷纷制定自己的网络技术标准。这些标准只在本公司的网络上有效，不同厂商的网络之间无法互连互通，不利于网络的发展和推广。1977 年，国际标准化组织（International Organization for Standardization，ISO）成立了 TC97（计算机与信息处理标准化委员会）下属的 SC16（开放系统互连分技术委员会），在研究各厂商网络技术标准的基础上，制定了开放系统互连（Open System Interconnection，OSI）参考模型，旨在实现各种计算机网络之间的互连。今天，几乎所有计算机网络厂商的产品都遵守 OSI 模型，这种标准化促进了网络技术的繁荣和发展。

4．Internet

从 20 世纪 80 年代开始，Internet 将世界各地的各种类型的网络连接起来，形成了大规模的国际互联网。在这个网络中实现了全球范围的跨越地域、时间的 WWW、电子邮件、文件传输等数据业务。

6.2　网络分类

计算机网络可以从网络地理范围、网络使用范围和网络拓扑结构等角度进行分类。

6.2.1　从网络地理范围分类

最常见的网络分类方法是以网络的地理范围进行分类，包括局域网、城域网和广域网。

1．局域网

局域网（Local Area Network，LAN）一般是指地理范围在几千米之内的网络，如一栋建筑、一所学校、一个厂区等。局域网的特点如下。

（1）覆盖地理范围较小，在相对独立的范围内组网。

（2）组网简单，灵活性高，使用方便。

2．城域网

城域网（Metropolitan Area Network，MAN）一般是指地理范围在几千米到上百千米之内的网络，可以覆盖一个城市或地区，介于局域网和广域网之间。城域网经常作为城市的骨干网，用于连接城市中不同地点的主机、局域网等，如图6-4所示。

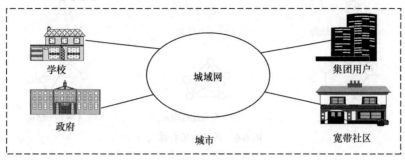

图6-4 城域网

3．广域网

广域网（Wide Area Network，WAN）一般是指地理范围在几百千米到几千千米之内的网络，可以覆盖多个城市，一个或多个国家，通信线路一般由电信运营商提供的网络。广域网的特点如下。

（1）覆盖范围广、通信距离远。

（2）广域网一般由电信部门或公司负责组建、管理和维护，向社会提供通信服务。

6.2.2 从网络使用范围分类

从网络使用范围的角度，可以把网络分为公用网和专用网。

1．公用网

公用网（Public Network）是由网络服务提供商组建、管理，供公共用户使用的通信网络，如我国的移动、联通、广电等通信网络。

2．专用网

专用网（Private Network）是由用户部门自己组建、管理的网络。这种网络不向本部门以外的部门和个人提供服务，如军队、铁路、银行等系统都拥有各自的专用网。

用户也可以租用公共通信网络，使用虚拟专用网络（Virtual Private Network，VPN）技术，在VPN管道中进行加密通信，形成专用网，从而实现安全的远程访问，如图6-5所示。VPN技术广泛应用于银行、企业、学校、政府等领域。

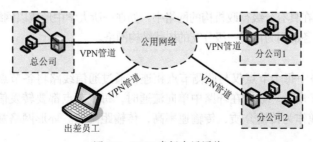

图6-5 VPN虚拟专用网络

6.2.3 从网络拓扑结构分类

网络拓扑结构就是指将服务器、工作站等具体设备看成点，将通信线路看成线，将网络抽象成以点和线组成的几何图形结构。按照拓扑结构可以将网络分为星形结构、总线结构、树状结构、环形结构、全互连结构和不规则形结构（见图6-6）。

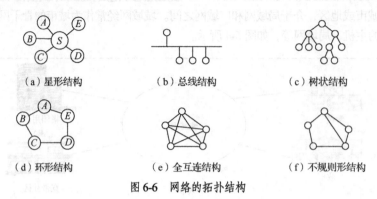

（a）星形结构　　　　　　（b）总线结构　　　　　　（c）树状结构

（d）环形结构　　　　　（e）全互连结构　　　　　（f）不规则形结构

图6-6　网络的拓扑结构

1．星形结构

星形结构的网络由一个中心节点 S 通过点对点链路连接所有从节点组成，如图6-6（a）所示，任意两个节点之间的通信都必须通过中心节点 S 完成。例如，A 节点向 B 节点发送信息时，必须先将信息发送到中心节点 S，然后再由中心节点 S 转发到节点 B。

星形结构的优点是组网容易，控制相对简单，单个节点故障影响小，故障容易检测和隔离；缺点是对中心节点的依赖性大，如果中心节点出现故障，则整个网络会瘫痪。星形网络是目前建设局域网时最常用的拓扑结构。

2．总线结构

总线结构的网络是以一条高速的公共传输介质连接若干节点组成的网络，如图6-6（b）所示。总线结构的网络结构简单、容易实现、易于扩展。

总线结构的网络中所有节点都通过总线以"广播"的方式发送数据，由一个节点发出的信息可被网络上所有的节点接收。但是当同时有两个以上的节点发送数据时，将发生冲突，造成传输失败。因此必须采用某种介质访问控制规程来分配信道，保证同一时间只有一个节点传送信息。在总线结构的网络中，节点越多，冲突的概率越大，因此总线的负载能力有限。当节点的个数超出总线的负载能力时，网络的传输速率会显著下降。

3．树状结构

树状结构的网络采用分层结构将各个节点连接成树状，如图6-6（c）所示。在树状结构中，只有上下节点间才能进行数据交换。它的优点是布线简单，管理、维护方便；缺点是资源共享能力差，可靠性低。

树状结构经常用在具有分级行政机构的网络中，如在一所大学中形成以网络中心为根节点，各学院为下一级分支，各部门为再下一级分支的树状结构网络。

4．环形结构

环形结构的网络中每个节点仅与两侧节点相连，通过通信线路将各节点连接成一个闭合的环路，如图6-6（d）所示。数据在环路中单向流通时，每个节点都要转发信息。环形网络一般采用光纤或同轴电缆作为传输介质，传输速率高，传输距离远。环形网络常用在城域网等高速骨干网络上。

5．全互连结构

全互连结构的网络中每个节点与网络中的其他节点都可通过线路连接，如图6-6（e）所示。例如，5个节点的网络，每个节点都需要4条线路，该网络总共需要10条（即 $n \times (n-1)/2$）线路。当节点增加时，网络的复杂性将迅速增加。

这种网络结构的优点是网络的冗余线路多，可靠性高；缺点是网络连接复杂，建网成本高，只适合在节点数少、距离近的环境下使用。

6．不规则形结构

在网络中，根据节点间的距离、信息的流量决定在节点间是否建立连接。某些节点之间可以不必直接连接，其通信可以通过其他节点转发，构成不规则形结构，如图 6-6（f）所示。在不规则形结构的网络中，可以通过设置若干冗余通信线路来保证任意节点间的连通性。在广域网中，节点之间往往会形成不规则形结构的网络。

【例6.1】 某高校的网络结构如图6-7所示，分析该网络的拓扑结构。

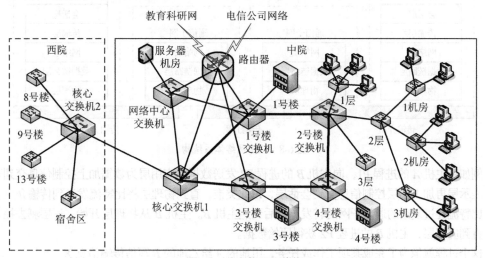

图 6-7　某高校网络结构

（1）中院的1号楼、2号楼、3号楼、4号楼交换机和核心交换机1组成了一个环形拓扑结构的高速骨干网络。

（2）中院的各个楼宇中的各楼层组成多个树状拓扑结构网络，如2号楼交换机的下一级为各层楼的交换机，2层的下一级为3个机房，机房的交换机组成了星形拓扑结构网络。

（3）中院的路由器、核心交换机1、网络中心交换机和1号楼交换机组成了全互连结构网络。

（4）西院的核心交换机2和各个楼层组成了树状结构网络。

6.3 网络体系结构和协议

网络协议是指为了使网络中的计算机之间能够正确传输信息而制定的关于信息传输的规则、约定与标准。通信双方必须按照同样的协议发送和接收信息，才能正确地进行数据通信，就像对话的双方必须使用同一种语言才能正常交流。

网络协议的设计相当复杂，在设计协议时普遍采用层次结构模型，把复杂问题分解为若干简单、易于处理的问题。在协议层次结构中，每层都以前一层为基础，相邻层之间有通信约束的接口。下一层为上一层提供服务，上一层是下一层的用户。

6.3.1　网络体系结构

网络层次结构模型与各层协议的集合称为网络体系结构。体系结构是抽象的概念。国际标准化组织（ISO）制定了 OSI 参考模型。开放是指只要遵循 OSI 标准，一个系统就可以与世界上任何地方、同样遵循同一标准的其他系统进行通信。系统是指计算机、外设、终端、传输设备、人员以及相应软件的集合。

OSI 是 7 层结构的模型，如图 6-8 所示。网络中各节点（如主机 A 和主机 B）具有相同的层次结构；不同节点的同一层功能相同；同一节点内相邻层之间通过接口通信；每一层均可使用下层提供的服务，并向其上层提供服务；不同节点的同等层通过协议来实现对等层之间的通信。

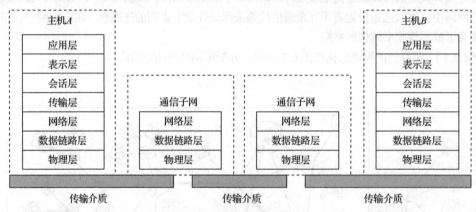

图 6-8　OSI 网络体系结构

例如，主机 A 的进程 P1，向主机 B 的进程 P2 发送数据。应用层为数据加上控制信息交到表示层，表示层再加上本层控制信息交到会话层，以此类推，直到物理层将比特流发送到传输介质上传输。比特流经过复杂的通信子网的转发，最后到达主机 B。主机 B 从物理层开始，逐层剥去控制信息，直到应用层，主机 B 的进程 P2 获得原始数据。

这个过程就像为了完成某项工作或任务，甲地的 A 给乙地的 B 写信传输信息 X。

1．物理层

物理层（Physical Layer）利用传输介质为通信节点之间建立、管理和释放物理连接，将比特信号在两点间透明传输，为数据链路层提供数据传输服务。

如同邮车通过公路将信件转发到下一个邮局。

2．数据链路层

数据链路层（Data Link Layer）在物理层服务的基础上，在通信实体之间建立数据链路连接，传输以帧（Frame）为单位的数据包；采用差错控制与流量控制方法，使有差错的物理线路变成无差错的数据链路。

如同信件在邮局间转发时，由管理员负责安排邮车、管理线路。

3．网络层

网络层（Network Layer）通过路由选择算法为数据分组在通信子网中选择最适当的路径；为数据在节点之间传输创建逻辑链路；实现拥塞控制、网络互连等功能。

如同邮局根据距离、路况、堵车等情况，选择将信件转寄到下一个邮局，直到信件到达目的地的邮局。

4．传输层

传输层（Transport Layer）向用户提供可靠的端到端（End-to-End）服务；处理数据包错误、数据包次序，以及一些关键性传输问题。传输层向高层屏蔽下层数据通信的细节，是计算机通信体系结构中关键的一层。

如同信件投入邮筒后，邮差检查信封书写是否规范，将信件交给邮局，乙地邮局的邮递员根据信封的收信人地址和姓名将信件投递到 *B* 手中。

5．会话层

会话层（Session Layer）负责维护两个节点之间的传输链接，确保点到点传输不中断；管理数据交换。

如同 *A* 将信纸放入信封，写上收件人地址、姓名和发件人地址、姓名；*B* 收到信件后，检查信封，看信件是不是寄给本人的。

6．表示层

表示层（Presentation Layer）用于处理在两个通信系统中交换信息的表示方式，进行数据格式变换、数据加密与解密、数据压缩与恢复等。

如同 *A* 将信息 X 写在信纸上，加上抬头和结尾；*B* 打开信封，阅读信件。

7．应用层

应用层（Application Layer）为应用软件提供服务，如数据库服务、电子邮件服务及其他网络软件服务。

如同为了完成某项工作任务，*A* 需要写信将内容 X 并传输给 *B*，*B* 获得内容 X 并完成工作。

6.3.2 TCP/IP

TCP/IP（Transmission Control Protocol/Internet Protocol，传输控制协议/互联网协议）是 Internet 的基本协议集，它的两个核心协议是 TCP（传输控制协议）和 IP（互联网协议），如图 6-9 所示。TCP/IP 参考模型将协议分为 4 个层次，包括应用层（对应 OSI 的应用层、表示层和会话层）、传输层、网络层和网络访问层（对应 OSI 的数据链路层和物理层）。

TCP/IP 参考模型	OSI 参考模型	TCP/IP
应用层	应用层	HTTP、SMTP、FTP、DNS、Telnet 等
	表示层	
	会话层	
传输层	传输层	TCP、UDP
网络层	网络层	IP
网络访问层	数据链路层	以太网、令牌环网、帧中继网、X.25 等
	物理层	

图 6-9 TCP/IP 协议集

6.4 TCP/IP 的网络访问层

网络访问层（Network Access Layer）对应 OSI 的物理层和数据链路层，负责通过网络传输介质发送和接收数据。该层没有定义任何协议，只定义了与不同网络进行连接的接口，可以连接的网络包括以太网、令牌环网、帧中继网等。本节的内容包括网络传输介质、数据传输与控制和硬件设备。

6.4.1 网络传输介质

传输介质是指在通信中数据传输的载体，是网络中数据发送者和接收者之间的物理路径。传输介质分为有线传输介质和无线传输介质两类。常见的有线传输介质包括双绞线、同轴电缆和光纤等，无线传输介质包括无线电波、红外线和激光等。

1. 传输速率

（1）波特率。波特率用于说明在单位时间传输了多少码元，表示单位时间内载波调制状态改变的次数，单位为波特（Baud）。

在数字通信中，用时间间隔相同的符号来表示数字，这个符号称为码元，这个时间间隔称为码元长度。每个码元可以表示一个二进制数、八进制数、十进制数、十六进制数等。

图 6-10 所示的电磁光谱图，按照从左到右的顺序为低频波、无线电（AM、FM、TV）、微波、红外线、可见光，各自在对应介质中传输，相应的频率越高可以调制的波特率也就越高。

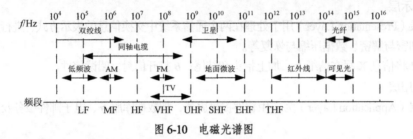

图 6-10 电磁光谱图

（2）比特率。线路中每秒传输的有效二进制位数，称为比特率，其单位是 bit/s，一般网络的传输速率可以描述为 kbit/s、Mbit/s、Gbit/s。

人们经常看到的下载文件的速度 MB/s，指的是每秒下载的字节数，1MB/s=8Mbit/s。常说的某家庭安装 100M 宽带，指的是 100Mbit/s，该宽带最大下载速率约为 12.5MB/s。

2. 有线传输介质

（1）双绞线。双绞线（Twisted Pair，TP）是综合布线工程中常用的传输介质之一，由两根具有绝缘保护层的铜导线按一定密度互相绞在一起，每一根导线在传输中辐射出来的电波会被另一根线上的电波抵消，可以有效降低信号干扰。实际使用时，一般将多对双绞线一起包在一个绝缘电缆套管里，如图 6-11 所示。

双绞线主要分为 4 类线、5 类线、超 5 类线及 6 类线，正常的最大传输速率为 4 类线 10Mbit/s/100Mbit/s、5 类线 100Mbit/s、超 5 类线 1000Mbit/s、6 类线 10 000Mbit/s。

我们经常使用双绞线连接交换设备，组建星形网络，如图 6-12 所示。

图 6-11 双绞线、RJ45 接口、压线钳

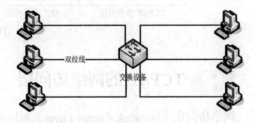

图 6-12 使用双绞线组建星形网络

（2）同轴电缆。同轴电缆（Coaxial Cable）的内芯是单股实心铜线（内导体），外包一层绝缘材料（绝缘层），再外层是由金属屏蔽线组成的网状导体（外导体），具有屏蔽作用，最外层是外部保护层，如图 6-13 所示。其中铜芯和外部网状导体构成一对同轴导体。

常见的同轴电缆有两类：基带同轴电缆（屏蔽层通常用铜做成，阻抗为 50Ω，用于传输数字信号）和宽带同轴电缆（屏蔽层通常用铝冲压而成，阻抗为 75Ω，用于传输模拟信号）。

同轴电缆具有高速率、高抗干扰性等优点，但价格比双绞线贵得多，在网络发展的早期被广泛用于组建总线结构局域网，如图 6-14 所示。

图 6-13　同轴电缆　　　　　　图 6-14　使用同轴电缆组织的总线结构网络

（3）光纤。光纤的中心为一根玻璃或透明塑料制成的光导纤维，周围包裹保护材料，如图 6-15 和图 6-16 所示。根据需要可以将多根光纤合并在一根光缆中。光纤以光脉冲的形式传输信号，具有频带宽、电磁干扰小、传输距离远、损耗低、重量轻、抗干扰能力强、保真度高、性能可靠等优点。家用的普通光纤的速率可达 10Gbit/s，而在实验室环境中单条光纤的极限速度可达 26Tbit/s。随着技术的进步，光纤的成本也在逐步下降。

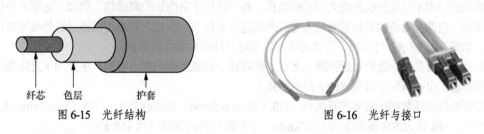

图 6-15　光纤结构　　　　　　　　　　　图 6-16　光纤与接口

3．无线传输介质

无线传输不受固定地理位置限制，可以用于实现移动通信和无线网络。无线传输的介质包括无线电波、红外线和激光等。

（1）无线电波。无线电波是指在自由空间（包括空气和真空）中传播的电磁波。它有两种传播方式：一是电波沿着地表面向四周直接传播，如图 6-17 所示；二是靠大气层中的电离层折射进行传播，如图 6-18 所示。信息调制后可以加载在无线电波上，用来传输电报、蜂窝电话和广播信号等。

无线局域网（Wireless LAN，WLAN）在室内或室外空间中使用无线电波作为通信介质，使各种可移动的计算机和设备能随时随地接入网络，不需要连接有线介质，从而满足人们移动上网的需要，如图 6-19 所示。WLAN 主要使用的是 WiFi（Wireless Fidelity，无线保真）技术。WiFi 工作在 2.4GHz 频段和 5GHz 频段。常用的 2.4GHz 的 WiFi 理论最高带宽为 300Mbit/s，而 5GHz 的 WiFi 的入门速度是 433Mbit/s，高性能时可以达到 1Gbit/s 以上。5GHz 频段的信号频率较高，在空气或障碍物中传播时衰减较大，覆盖距离一般比 2.4GHz 频段小。

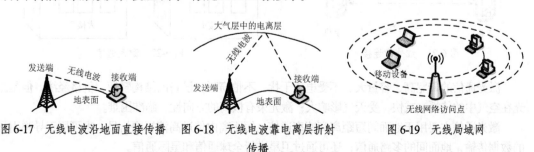

图 6-17　无线电波沿地面直接传播　　图 6-18　无线电波靠电离层折射　　图 6-19　无线局域网
　　　　　　　　　　　　　　　　　　　　　　传播

蓝牙是一种支持设备间短距离通信（一般10m内）的无线电通信技术，它工作在2.4GHz频段，主要用在汽车、移动电话、无线耳机、计算机之间进行短距离通信。蓝牙技术能够简化设备间的通信，使数据传输更加高效，如图6-20所示。

图 6-20 蓝牙连接

通过蓝牙实现手机 A 和 B 之间的连接，一般分为以下几步。

① 手机 A 开启蓝牙功能，设定为"对其他蓝牙设备可见"。

② 手机 B 开启蓝牙功能，设定为"对其他蓝牙设备可见"，搜索到手机 A。

③ 手机 A 和手机 B 确认配对的密钥，选择配对对方的手机。

④ 手机 A 和手机 B 通过蓝牙连接传输文件、照片、音频、视频、电话簿等数据。

（2）红外线。红外线是波长介于微波与可见光之间的电磁波，它不能穿透障碍物（如墙壁）。红外线通信使用不可见的红外线光源传输数据，被广泛用于室内短距离通信。例如，家家户户使用的电视机、空调等设备的遥控器就是通过红外线进行遥控的；手机之间也可以通过红外线连接传输数据。如图6-21所示，计算机、手机等也可以通过红外线连接传输数据。

红外线通信是一种廉价、近距离、无线、低功耗、保密性强的通信方案，主要用于近距离的无线数据传输，也可以用于近距离的无线网络接入。

常用的红外线数据传输标准有两种：SIR（Slow Infrared，低速红外）和FIR（Fast Infrared，高速红外）。SIR最大的传输速率为115.2kbit/s，而FIR的传输速率可达4Mbit/s。

（3）激光。除了可以在光纤中使用光传输数据外，也可以使用激光在空气或真空中传输数据。激光是一种新型光源，具有亮度高、方向性强、单色性好、相干性强等特征。激光通信系统的两端都需要发送端和接收端，如图6-22所示。

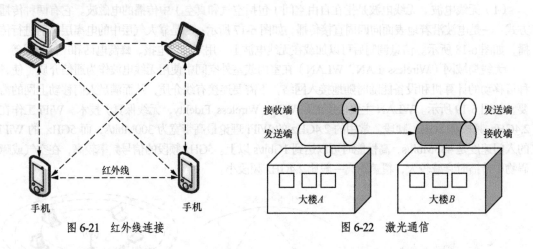

图 6-21 红外线连接   图 6-22 激光通信

激光通信的带宽高、容量大、不受电磁干扰、不怕窃听，设备的结构轻便、价格经济。但是激光在空气中的传播衰减快，受天气影响大；激光束有极高的方向性，瞄准困难。

激光通信主要用于地面间短距离高速率通信，短距离内传送高清视频信号；也可用于导弹引导的数据传输，地面间的多路通信；还可通过卫星进行全球通信和星际通信。

6.4.2　数据传输与控制

本节讲述在数据传输过程中，如何将数据转换为信号在传输介质上传输，如何进行差错控制等。

1. 数据与信号

数据是有意义的实体，涉及事物的形式。信息是数据的内容或解释。

信号是数据在传输介质上传输时的表示形式，也称为数据的电子编码、电磁编码。信号包括模拟信号和数字信号。

（1）模拟信号是在一定的数值范围内可以连续取值的信号，是一种连续变化的电信号，如图 6-23 所示。

（2）数字信号是一种离散的脉冲序列，例如，以恒定的高电平和低电平分别表示二进制的 1 和 0，如图 6-24 所示。

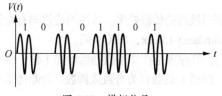

图 6-23　模拟信号

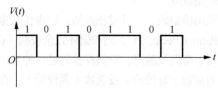

图 6-24　数字信号

2. 数据编码

在数据传输时，发送方需要将数据编码为适合在信道中传输的信号，接收方接收到信号后将其还原为数据。数据编码方法可以分为数字信号编码和模拟信号编码。

（1）数字信号编码。数字信号编码是将二进制数据用不同电平或电压极性表示，形成矩形脉冲信号的编码方式。常用的方法有非归零编码、曼彻斯特（Manchester）编码和差分曼彻斯特编码。图 6-25 所示为数据 01001011 对应的 3 种数字信号编码的示意图。

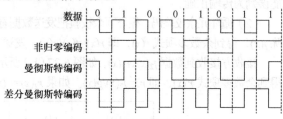

图 6-25　数字信号编码示意图

① 非归零编码：高电平信号代表 1，低电平信号代表 0。非归零编码最简单，也容易实现。但是非归零编码在信源和信宿间必须进行时钟同步，如果同步时钟出现误差，将导致传输出差错。

② 曼彻斯特编码：每个码元都分为前后两部分，电平前高后低为 1，反之为 0。每次跳变都表示为一个时钟，当两端的同步时钟出现误差时，可以发现并进行校准。

③ 差分曼彻斯特编码：码元中间电平跳变作为同步时钟，每个码元开始的边界处发生跳变代表为 0，无跳变为 1。

（2）模拟信号编码。它是将二进制数据转换为模拟信号进行传输的编码方式。将数据转换成模拟信号的过程称为调制，将模拟信号转换为数字信号的过程称解调。调制的方式主要有调幅、调频和调相。图 6-26 所示为数据 010010 对应的 3 种模拟信号编码方法的示意图。

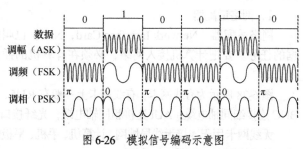

图 6-26　模拟信号编码示意图

① 调幅（幅移键控，Amplitude Shift

Keying，ASK）：在一个同步周期中，载波振幅随二进制数据变化。如 0 对应无载波输出，1 对应有载波输出。

② 调频（频移键控，Freguency Shift Keying，FSK）：在一个同步周期中，载波频率随二进制数据变化。如 0 对应频率 f_1，1 对应频率 f_2。

③ 调相（相移键控，Phase Shift Keying，PSK）：在一个同步周期中，载波初始相位角随数字信号变化。如 1 对应相位角 0°，而 0 对应相位角 180°。

3．差错控制

在数据传输过程中，受信道内外的干扰，不可避免地会产生接收数据与发送数据不一致的现象，称为差错。通信系统必须具有检测差错和纠正差错的差错控制功能。

差错控制的核心是在发送的数据中加入能够在目的地检查或纠正传输差错的冗余编码。能自动检测出错误的编码是检错码；能自动检测并纠正差错的编码是纠错码，因为纠错码的数据冗余太大，实际使用较少。

采用检错码，一旦发现差错，则重传数据，可以获得较高的传输效率。常用的检错码有奇偶校验（Parity Check，PC）码和循环冗余校验（Cyclic Redundancy Check，CRC）码。

（1）奇偶校验码。奇偶校验码是一种常用的检错码。其原理是在 7 位数据后增加 1 位，使 1 的个数为奇数（奇校验）或偶数（偶校验）。在目的地，根据 1 的数目为奇数或偶数，判断传输有无差错。

奇偶校验码只能检查 1 位或奇数个位的差错，如果发生偶数个位的差错，则检测不出。

例如，原始数据为 1001011，若采用奇数校验，则加入校验位后传输的 8 位信号是 11001011。当接收到 8 位信号是 11001010 时，可以确定传输错误；当接收到 8 位信号是 11000010 时，仍然可能误判为传输正确。

（2）循环冗余校验码。循环冗余校验把发送数据看成多项式 $f(x)$，发送方用双方约定的多项式 $g(x)$ 除 $f(x)$，得到余数多项式 $r(x)$，即 $r(x)=f(x)/g(x)$。发送方发送数据 $f(x)+r(x)$，如图 6-27（a）所示。

接收方接收到数据 $f_2(x)+r_2(x)$，如图 6-27（b）所示，其中 $f_2(x)$ 和 $r_2(x)$ 都可能出错。用 $g(x)$ 除 $f_2(x)$，得到余数多项式 $r'(x)$，即 $r'x=f_2(x)/g(x)$。如果 $r_2(x)=r'(x)$，则判断传输无差错，否则有差错。

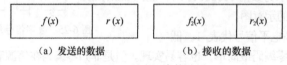

$f(x)$	$r(x)$		$f_2(x)$	$r_2(x)$

（a）发送的数据　　　　　　（b）接收的数据

图 6-27　循环冗余校验码

6.4.3　硬件设备

在 TCP/IP 的网络访问层（Network Access Layer）工作的常用硬件设备有网络适配器和交换机。

1．网络适配器

网络适配器（Network Interface Card，NIC）也叫网卡，它承担着计算机与网络之间交换数据的任务。要把计算机接入网络，必须在计算机的插槽中插入网卡，网卡包括有线网卡和无线网卡。

图 6-28 所示为有线网卡，有线网卡上一般有 RJ45、BNC、AUI 和光纤接口。RJ45 连接双绞线，BNC 连接细同轴电缆，AUI 连接粗同轴电缆，光纤接口用于连接光纤。

无线网卡用于连接无线局域网，计算机、手机、平板电脑等经常内置无线网卡，也可以使用 USB 接口的无线网卡，如图 6-29 所示。

图 6-28　有线网卡

图 6-29　USB 无线网卡

网卡的物理地址（也叫 MAC 地址）是保存在网卡中的全球唯一地址，通常由网卡生产厂写入网卡的 EPROM 中。物理地址由 48bit（6 字节）的十六进制数组成，如 E8-9A-8F-F3-20-2D。不同的厂商通过申请唯一的厂商代码（第 0 位～第 23 位），并自行分派第 24 位～第 47 位，以保证各厂商所制造的网卡的物理地址的唯一性。在局域网中，可以使用广播方式发送数据，通过物理地址来识别主机。

如图 6-30 所示，在局域网中，3 台计算机网卡的物理地址不同。PC1 发送数据帧给 PC3 时，数据帧封装了源地址和目的地址。数据帧广播到局域网后，局域网中的所有网卡都可以接收到。只有PC3 的网卡在接收到数据帧后，检测发现目的地址与本网卡的物理地址相同，才接收处理这个数据帧，并且知道这个数据帧是 PC1 发送的。其他计算机则抛弃该数据帧。

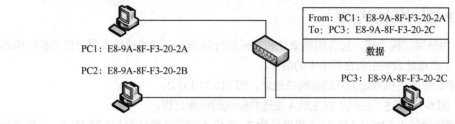

图 6-30　网卡的物理地址

2．交换机

交换机也称交换式集线器，如图 6-31 所示，它能根据发送数据包的源地址和目的地址，接通源端口与目的端口电路，为接入交换机的任意两个网络节点提供独享的信号通路。交换机中可以同时存在多条通路，彼此独立，即使工作繁忙时每一对传输通路都可以获得较高速率。

图 6-31　交换机

如图 6-32 所示，8 接口交换机的每个接口均包括一对输入和输出线路，接口 1 和接口 6 连接、接口 2 和接口 4 连接、接口 3 和接口 5 连接，共有 3 对独享的数据传输通路，传输完毕后连接将断开。交换机常见的有 10Mbit/s、100Mbit/s、自适应 10/100Mbit/s、1 000Mbit/s 等。

图 6-33 所示为使用交换机组织的星形网络。

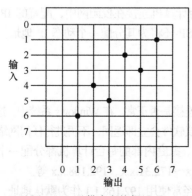

图 6-32　纵横式交换机原理

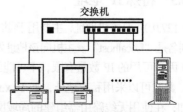

图 6-33　交换机星形网络

6.5 TCP/IP 的网络层

TCP/IP 网络层的主要功能是寻址、路由选择和重组，它的核心协议是 IP（互联网协议），以及一些辅助协议（ICMP、ARP、RARP 等）。

IP 是一个无连接协议，在一个 IP 数据分组中包括目的地址，IP 负责将数据分组从源主机转发到目的主机，主要功能包括寻址、路由选择及重组。IP 可以运行在主机上，也可以运行在路由器等转发设备上。

6.5.1 IP 地址

IP 地址是标识计算机在 Internet 中位置的唯一地址。在 Internet 中，不允许有两台计算机的 IP 地址相同。

IP 地址长 32bit，分为 4 字节，每个字节均对应 0~255 的十进制整数，数字间用"."隔开。例如，210.31.133.209 就是一个正确的 IP 地址。采用这种编址方法，总共有 43 亿多个 IP 地址。

6.5.2 IP 地址的分层结构

IP 地址采用分层结构管理，包含网络地址和主机地址两部分。网络地址表明主机所在网络的 Internet 位置；主机地址表明主机在网络中的编号。

网络地址不为空而主机地址为 0 的是网络地址，如 210.31.133.0。

【例6.2】 图 6-34 描述了主机 1 向主机 4 发送数据包的传输过程。

主机 1 的网络地址为 210.31.133.0，主机地址为 2；主机 4 的网络地址为 210.31.111.0，主机地址为 3。主机 1 向主机 4 发送数据包时，路由器根据网络地址可知网络的位置，从而决定网络的路由。

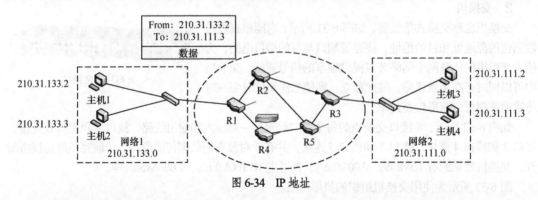

图 6-34 IP 地址

一台计算机可以同时拥有多个 IP 地址。例如，一台计算机连接在校园网中，配置的 IP 地址为 210.31.133.209。如果该计算机同时还接入 Internet，则 ISP 还将为其分配一个动态 IP 地址。此时，该计算机处于两个网络中，拥有两个不同的 IP 地址。

6.5.3 特殊 IP 地址

（1）127.0.0.1 是本机地址，主要用于测试本计算机的连接是否正常。在 Windows 系统中，这个地址有一个别名是"Localhost"。主机向该地址发送数据，协议软件会立即返回，不再进行任何网络传输。

（2）因为可用的 IP 数量有限，不可能给企业、单位、家庭内部的每台计算机都分配一个公网的 IP 地址。此时可以采用私有地址，如 10.x.x.x、172.16.x.x~172.31.x.x、192.168.x.x 等。

例如，在使用无线路由器组建的局域网中，路由器经常使用 192.168.1.1 作为默认地址，其他主机的地址为 192.168.1.x。

私有网络独立于外部互连，因此可以随意使用私有 IP 地址，私有地址不会与外部公共地址冲突。使用私有地址的私有网络在接入 Internet 时，要使用地址翻译（Network Address Translation，NAT）将私有地址翻译成公用合法地址。

6.5.4 Ping 命令

Ping 命令用于检测本机到目的 IP 主机之间的网络是否连通，以及主机之间的连接速率。Ping 命令的格式为：

```
Ping 目的主机 IP 地址   或   域名
```

Ping 命令向目的主机发送 32 字节的消息，并计算目的主机的响应时间。默认情况下，重复 4 次，响应时间低于 400ms 为正常，否则说明网络速度较慢。如果返回 "Request Time out" 信息，则说明连接不到目的主机。

【例 6.3】 使用 Ping 命令，测试本计算机的网络连接的 TCP/IP 配置是否正常。

在"开始"菜单的"运行"框中输入"cmd"命令，打开命令提示符窗口，输入命令 "ping 127.0.0.1"，如图 6-35 所示。如果响应时间和字节数都正常，则说明本机的网络连接的 TCP/IP 配置正常。

6.5.5 路由器

路由器（Router）是在广域网中进行数据包转发的设备。

图 6-35　测试网络连接状态

在广域网中，路由器接收并存储数据包，根据信道速率、拥塞等情况自动选择路由，以最佳路径将数据包从源 IP 地址向目的 IP 地址转发数据包。如图 6-36 所示，数据包从计算机 192.168.61.1 发送到计算机 192.168.62.2，数据包转发的路径为子网 1→R1→R2→R3→子网 2，也可以走其他路径，如子网 1→R1→R2→R5→R3→子网 2，或者子网 1→R1→R4→R5→R3→子网 2。

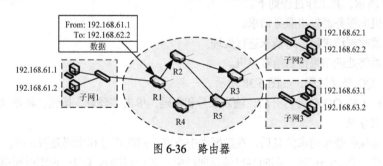

图 6-36　路由器

6.6 TCP/IP 的传输层

TCP/IP 的传输层提供源节点和目的节点的应用程序之间端到端的数据传输；传输层在每个数据分组中增加用于识别应用程序的标记，用于区分应用程序。TCP/IP 的传输层包括两个协议：传输控制协议和用户数据报协议。

1．传输控制协议

传输控制协议（Transmission Control Protocol，TCP）是一个可靠的、面向连接的传输层协议，它将源主机的数据以字节流的形式无差错地传送到目的主机。TCP 在发送方和接收方之间建立可靠的连接；发送方的 TCP 将用户的字节流分成多个独立报文交由网络层传输，接收方的 TCP 将接收的报文装配并交给用户；TCP 采用差错和超时重传机制；TCP 还进行流量控制，以免接收方来不及处理发送方的数据，造成缓冲区溢出。

TCP 常用于要求准确、可靠数据传输的场合，如网页访问（HTTP）、邮件传输（SMTP）、文件传输（FTP）和远程登录（Telnet）等。

2．用户数据报协议

用户数据报协议（User Datagram Protocol，UDP）是一个不可靠的、面向无连接的传输层协议。UDP 不建立连接，不提供端到端的确认重传，不保证数据包一定能够到达目的端，它将可靠性交由应用层解决。

UDP 常用于计算机之间高速的数据传输、可靠性要求不高、网络延迟较小的场合，如视频会议、视频直播、流媒体、IP 电话等；也常用于请求/应答式的应用场合，如网络管理 SNMP、DNS、QQ 聊天等。

6.7 TCP/IP 的应用层

TCP/IP 的应用层直接为应用程序提供服务，其中包括很多应用层协议，且不断有新协议加入。常见的应用层协议如下。

（1）HTTP：超文本传输协议，用于传输 WWW 网页。

（2）SMTP：简单邮件传输协议，用于邮件服务器之间传输电子邮件。

（3）FTP：文件传输协议，用于交互式的文件传输。

（4）DNS：域名系统，用于将域名解析为 IP 地址。

（5）Telnet：终端仿真协议，用于远程登录到网络主机。

6.7.1 客户机/服务器工作模式

在 Internet 中，几乎所有的服务和功能都以客户机/服务器（Client/Server，C/S）模式作为工作模式，如图 6-37 所示，其工作过程如下。

（1）客户机向服务器发出服务请求。

（2）服务器收到请求后，对请求进行处理。

（3）服务器将处理结果传送给客户机。

【例 6.4】 QQ 登录过程，如图 6-38 所示。

（1）客户机上的 QQ 软件打开后，输入账号和密码，单击"登录"按钮，将登录信息传输到远程服务器，请求登录。

（2）服务器接收登录请求信息后，在数据库中查询，判断账号和密码是否正确。

（3）如果账号和密码正确，则向客户端返回结果，客户端进入 QQ；否则返回错误结果，提示"密码错误"。

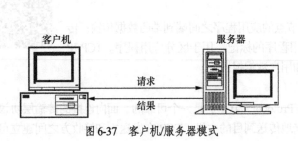

图 6-37 客户机/服务器模式

图 6-38 QQ 登录

6.7.2　端口号

在 Internet 中，一台主机拥有一个 IP 地址。主机可以提供许多服务，如 WWW 服务、FTP 服务、SMTP 服务等。在 TCP/IP 中，通过"IP 地址+端口号"区分不同服务，每个端口号一般固定分配给特定服务。

TCP/IP 的服务端口号的范围是 0~65 535。知名端口就是众所周知的端口号，范围是 0~1 023；注册端口号范围为 1 024~49 151。常用端口号如下。

（1）80：HTTP（超文本传输协议）网页服务端口。

（2）20、21：FTP（文件传输协议）服务端口。

（3）23：Telnet（远程登录协议）服务的端口。

（4）25：SMTP（简单邮件传输协议）服务的端口。

（5）4000：QQ 端口（UDP）。

一个服务在使用默认端口号时可以省略端口号，也可以指定其他端口号；当服务使用其他端口号时，必须指定端口号。指定端口号的方法是在 URL 地址中的域名或 IP 地址后加上冒号"："（半角），再加上端口号。例如：

地址"http://210.31.141.2:80/ccbs"，指定 WWW 服务的端口号为 80。

地址"http://csie.tust.edu.cn/ccbs"，省略 WWW 服务的端口号，默认端口号为 80。

地址"ftp://210.31.141.2"，省略 FTP 服务的端口号，默认端口号为 21。

地址"http://csie.tust.edu.cn:8080"，服务器端使用 8080 作为 WWW 服务的端口号。

6.7.3　DNS 域名

1. 域名

数字格式的 IP 地址难以记忆和识别，从 1985 年开始采用域名管理系统（Domain Name System，DNS），使用域名来指向 IP 地址。

域名采用层次型树状结构，如图 6-39 所示。域名分为多个层次，每个层次都可管理其下级内容。一台主机的域名，以圆点"."分隔，从右到左的范围逐渐缩小。一级域名为地理域名，如国家（或地区）；二级域名为机构域名，表示组织或部门；三级以下域名为网络名、主机名等。

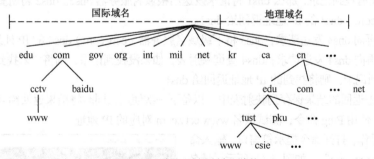

图 6-39　域名层次型树状结构

域名的分层结构如下：

主机域名.机构域名.地理域名

例如：

www.tust.edu.cn 为中国域名，cn 表示中国，edu 表示教育机构，tust 表示天津科技大学，主机域名为 www。

www.cctv.com 为国际域名，com 表示商业机构，cctv 表示中央电视台，主机域名为 www。
表 6-1 所示为顶级域名及其含义。

表 6-1 顶级域名

域名	含义	域名	含义
com	商业机构	org	非商业或教育的其他机构
net	网络机构	int	国际组织
gov	美国部分政府机构	cn	中国
edu	教育机构	ca	加拿大
mil	非保密军事机构	au	澳大利亚

2. 域名的解析

一个域名指向一个 IP 地址，域名系统（DNS）负责管理域名与 IP 地址之间的对应关系。对应域名的分层结构，每一级域名都有对应的 DNS 服务器，保存域名与 IP 地址的映射表。

域名到 IP 地址的解析过程如图 6-40 所示，具体过程如下所述。

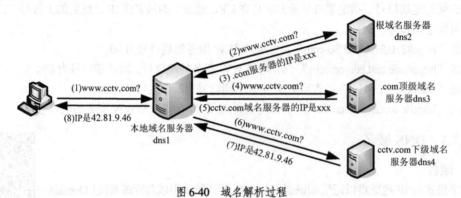

图 6-40 域名解析过程

（1）客户机将解析域名"www.cctv.com"的请求发送给本地域名服务器 dns1。

（2）当 dns1 收到请求后，先查询本地存储的映射表。如果找到该域名的记录，则 dns1 直接将查询到的 IP 地址返回给客户机，域名解析过程结束。

（3）如果没有找到记录，那么 dns1 将请求发送给根域名服务器 dns2。dns2 将所查询域名的顶级域名服务器（.com）dns3 的 IP 地址返回给 dns1。

（4）dns1 再向 dns3 发送请求；dns3 将下级域名服务器（cctv.com）dns4 的 IP 地址返回给 dns1。

（5）dns1 再向 dns4 发送请求；dns4 查询映射表，如果没找到记录，则将"未找到"信息返回给 dns1；如果找到记录，则将找到的 IP 地址返回给 dns1。

（6）dns1 把返回的结果保存到映射表中，以备下一次使用，同时将结果返回给客户机。

【例 6.5】 使用 Ping 命令，测试域名 www.cctv.com 对应的 IP 地址。

如例 6.3 操作，打开命令提示符窗口，输入命令"ping www.cctv.com"，如图 6-41 所示，域名 www.cctv.com 对应的 IP 地址为 111.31.114.14。

6.7.4 WWW 服务

World Wide Web（WWW）也称万维网，是 Internet 的一种信息服务方式。它的工作基础是超文本

图 6-41 域名的 IP 地址

传输协议（Hypertext Transfer Protocol，HTTP），通过客户机和服务器彼此发送消息的方式工作。WWW 服务的信息资源由许多 Web 页为构成元素。

1. 超文本标记语言

超文本文件是指在文本文件中加入图片、声音等多媒体信息，通过超级链接指向其他资源。在 Internet 中，Web 页面就是超文本文件，可以通过超级链接在 Web 页之间切换。

超文本标记语言（Hyper Text Markup Language，HTML）通过标记符号来标记网页的各个部分，常用标记的含义如表 6-2 所示。HTML 文档被称为网页，文件的扩展名一般为.htm 或者.html。

表 6-2　常用的 HTML 标记

标记	意义	举例
\<html\>…\</html\>	定义 HTML 文档	
\<head\>…\</head\>	定义 HTML 头部	
\<body\>…\</body\>	HTML 主体标记	
\<p\>…\</p\>	分段	
\<br\>	换行	
\<hr\>	画水平线	
\<b\>…\</b\>	粗体字显示	\<b\>第一个网页\</b\>
\<hn\>…\</hn\>	n 级标题显示	\<h2\>第一个网页\</h2\>
\<font\>…\</font\>	字体	\<font face="楷体_GB2312" size=6 color="red"\>
\<img src="…"\>	加载图片	\<img src="ABC.jpeg"\>
\<a href="…"\>	超级链接	\<a href="https://www.cnnic.net.cn"\>
\<table\>…\</table\>	用于定义表格	
\<tr\>…\</tr\>	定义表格行	
\<td\>…\</td\>	定义单元格	

可以使用记事本（Notepad.exe）编写 HTML 代码，也可以使用 Dreamweaver 等可视化设计工具设计网页。

【例 6.6】 使用文本编辑器将以下代码保存为 eg0607.htm，显示结果如图 6-42 所示。

```
<html>
    <head>
        <title>例子网页</title>
    </head>
    <body>
        <h3>第一个网页</h2>
        <hr>
        <p><font face="楷体_GB2312" size=4 color="red">第一个例子</font></p>
        <table border="1" width="100%">
<tr>
<td>链接</td><td>内容</td>
</tr>
<tr><td>文字</td><td><a href="02.htm">超级链接</a></td></tr>
<tr><td>图片</td>
<td><img border="0" src="ding.jpg" width="84" height="84"></td></tr>
</table>
</body>
</html>
```

2. 网页访问过程

Web 服务器的主要功能是提供网上信息浏览服务，常见的 Web 服务器有 Apache、IIS 等。网页及其资源保存在 Web 服务器指定的位置。客户端浏览器向 Web 服务器发出网页请求，Web 服务器找到网页后，向客户端发送网页查询结果，客户端浏览器显示网页，其过程如图 6-43 所示。

图 6-42　网页效果

①请求http://csie.tust.edu.cn/ccbs/

②返回网页

客户端　　　　　　　　　　　　　　Web服务器

图 6-43　网页访问过程

3．URL 地址

全球统一资源定位（Uniform Resource Locator，URL）是 Internet 上所有资源统一且唯一的地址定位方法。一个完整的 URL 地址由资源类型、存放资源的主机域名或 IP 地址和资源文件名三部分组成，如图 6-44 所示，以"/"作为域名、路径、文件名之间的分隔符号。这里的资源不一定是 Web 页，它也可能是图片、声音、电影、程序等文件。

http://ai.tust.edu.cn/xygk/xyjj/10562.htm

资源类型　主机域名　　　资源文件名

图 6-44　URL 的组成

除 HTTP 外，URL 地址还可以使用其他资源类型，包括 FTP、Telnet、mailto、E-mail、News 等。

6.7.5　电子邮件

电子邮件（E-mail）是一种快捷、简单、廉价的通信手段，它是应用广泛的 Internet 基本服务之一。发信人将电子邮件发送到邮件服务器，放在收信人的邮箱中，收信人可以随时上网读取电子邮件。电子邮件不仅可以传输文字，还可以将图像、声音、程序等文件作为附件传输。

电子信箱就是在邮件服务器中申请的账号，它是电子邮件地址的唯一标志。电子邮件的地址格式为：用户名@邮件服务器域名。使用电子信箱时还需要拥有密码。

例如，两个电子邮件地址为 ccbs@tust.edu.cn、ccbs2011@sina.com。

电子邮件的工作过程如图 6-45 所示。

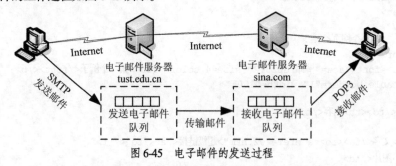

图 6-45　电子邮件的发送过程

（1）发送方通过 Web 浏览器或者邮件客户端编写电子邮件，其中包括收件人的电子邮件地址。带有附件的电子邮件将会显示一个别针图标✐，使用简单邮件传输协议（Simple Mail Transfer Protocol，SMTP）将邮件发送到 SMTP 服务器。

（2）SMTP 服务器检查收件人地址，将邮件传送到收件人信箱的服务器。

（3）接收方的邮件服务器将邮件保存在该收件人的信箱内，等待用户查阅。

收件人可以通过两种方式查看自己的邮件。

（1）通过 Web 浏览器，输入邮箱的域名，通过账号和密码登录进入邮箱，查看邮件。

（2）通过邮件客户端，以自己的信箱账号和密码连接邮件服务器，请求接收邮件。收件人通过邮局协议（Post Office Protocol Version 3，POP3）或者交互式邮件存取协议（Internet Mail Access Protocol，IMAP）读取邮件或将邮件保存到本机。

6.7.6　文件传输

文件传输协议（File Transfer Protocol，FTP）用于在 Internet 中进行文件传输。FTP 服务器提供了文件上传和下载服务。

用户可以使用命令行方式、Web 浏览器或者 FTP 客户端连接 FTP 服务器，通过账户和密码登录服务器（如果服务器允许匿名登录，则不需要账户和密码），登录服务器后，就可以上传和下载文件。

1．FTP 的工作过程

如图 6-46 所示，FTP 的工作过程如下。

（1）用户启动客户端与 FTP 服务器的会话，建立客户机与服务器之间的 TCP 控制连接（端口号 21）。

（2）客户端通过控制连接（端口号 21）发送用户账号、密码、操作目录、上传和下载文件的命令等。

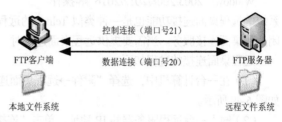

图 6-46　FTP 工作原理

（3）当客户端要求上传或下载文件时，FTP 建立数据连接（端口号 20），在该数据连接上传送数据文件，文件传送完毕后关闭数据连接。

2．FTP 客户端软件

FTP 客户端可以上传和下载文件。在网络连接意外中断时，它能通过断点续传功能继续传输剩余部分，从而节省时间和费用。图 6-47 所示的 FTP 客户端工具操作过程如下。

（1）创建站点。在站点管理器中添加站点，设定地址、用户名、密码、默认的本地路径。

（2）选择需要连接的 FTP 站点，连接到远程 FTP 服务器。

图 6-47 中，左侧为本地文件夹，右侧为远程 FTP 服务器文件夹。把文件和文件夹从左侧窗口拖到右侧窗口，就可以上传；把文件和文件夹从右侧窗口拖到左侧窗口，就可以下载。此外，用户还可以创建、删除和移动服务器上的文件和文件夹。

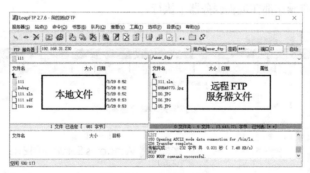

图 6-47　LeapFTP 工具

6.7.7　远程登录与远程桌面

远程登录（Telnet）和远程桌面是指客户端计算机登录到远程服务器，成为服务器的远程终端，远程管理和操作服务器。

1. Telnet

Telnet是一种TCP/IP的应用层协议，默认端口号为23。用户建立本机与远程Telnet服务器的连接，登录远程服务器；本机操作或者发出的命令，将在远程服务器上执行。Telnet工作过程如下。

（1）在计算机中的命令提示符窗口运行"Telnet 192.168.31.230"命令，连接Telnet服务器，弹出操作窗口如图6-48所示。

（2）后续再输入用户名、口令，登录Telnet服务器。此后在该窗口中输入的命令将会在远程服务器端执行。

图6-48　Telnet操作窗口

2. Windows远程桌面

Windows 2003/2008/2012/2016 等操作系统的远程桌面连接功能也是一种类似Telnet的远程登录服务。为了安全起见，一般服务器默认关闭远程桌面连接服务。当需要提供远程桌面连接时，可以开启远程桌面连接。

远程桌面连接的过程如下。

（1）在一台计算机中，选择"附件→远程桌面连接"命令，将打开"远程桌面连接"对话框，如图6-49所示。

（2）输入一台远程服务器的IP地址，单击"连接"按钮，在弹出的"输入你的凭据"对话框中输入用户名和密码，如图6-50所示。

图6-49　"远程桌面连接"对话框

图6-50　登录对话框

（3）单击"确定"按钮，在图6-51所示的"远程桌面连接"窗口中登录到远程服务器。此时，在该窗口中进行的所有操作都在远程服务器中执行。

图6-51　远程桌面操作

▶提示

黑客一旦掌握了本地计算机的账号和口令，就可以通过 Telnet 或者远程桌面登录到本地计算机，进行各种破坏活动或窃取机密。因此，除非必须开启 Telnet 服务或者远程桌面服务，否则应该注意禁用本地计算机的 Telnet 服务和远程桌面服务。

6.8 局域网接入 Internet

本节以组建局域网并接入 Internet 为例，说明局域网组网的方法，以及网络连接出错时查错的方法。

【例 6.7】 组建一个通过无线路由器连接 3 台台式计算机、多台笔记本电脑和手机的办公室网络。该网络通过宽带访问互联网，台式计算机采用双绞线连接，笔记本电脑、手机可以采用无线网连接，网络结构如图 6-52 所示。

1．选购硬件设备

无线路由器是带有无线覆盖功能的路由器，它能将宽带网络信号分享给局域网中的有线或无线网络设备。无线路由器一般提供多个 RJ45 接口，如图 6-53 所示，RJ45 接口可以通过双绞线连接有线网络设备。

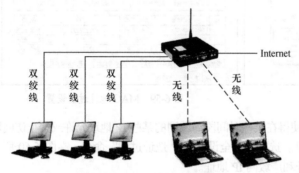

图 6-52　无线局域网结构图

图 6-53　无线路由器接口

2．无线路由器的设置

无线路由器可以使用浏览器进行管理，一般访问管理界面的地址是 http://192.168.1.1。

输入管理界面的地址，显示登录界面，如图 6-54 所示，输入用户名和登录密码。打开管理界面，如图 6-55 所示，显示路由器的连接状态。

图 6-54　路由器管理登录窗口

图 6-55　路由器状态

（1）设置互联网连接方式。选择"设置向导"命令，开始设置向导。

① 选择上网方式，如"ADSL 虚拟拨号（PPPoE）"，如图 6-56 所示。

② 设置上网账号和上网口令。输入网络服务运营商提供的上网账号和上网口令，如图 6-57 所示。在"下一步"界面中，单击"完成"按钮，完成向导设置。

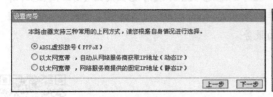

图 6-56 选择上网方式

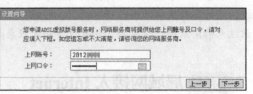

图 6-57 设置上网账号和上网口令

（2）无线网络的基本设置。选择"无线参数→基本设置"命令，在图 6-58 所示的对话框中，设置客户端设备接入无线网络的密码，从而保证无线网络的安全。

（3）MAC 地址过滤。MAC 地址是网卡的物理地址，可以通过设置允许或者禁止某些 MAC 地址的设备接入无线网络。选择"无线参数→MAC 地址过滤"命令，在图 6-59 所示的对话框中设定接入设备的 MAC 地址及其密码。

图 6-58 无线网络基本设置

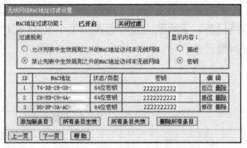

图 6-59 MAC 地址过滤设置

（4）IP 地址过滤。IP 地址过滤功能，使得在某些时间段局域网的某些 IP 地址允许或禁止访问网络，允许或禁止访问某些广域网的 IP 地址。选择"安全设置→IP 地址过滤"命令，在图 6-60 所示的对话框中，设置时间段、局域网 IP 地址和广域网 IP 地址。

（5）域名过滤。域名过滤使得在某些时间段允许或者禁止访问某些域名。选择"安全设置→域名过滤"命令，在图 6-61 所示的对话框中，设置时间段和外网的域名。

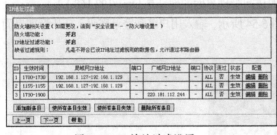

图 6-60 IP 地址过滤设置

图 6-61 域名过滤设置

当计算机不能正常访问 Internet 时，原因可能是：计算机的 TCP/IP 协议栈出错、网卡出错、网络连接被禁用、防火墙设置、物理线路问题、DNS 服务器地址出错等。

【例 6.8】 当计算机不能正常访问 Internet 时，查找网络错误的过程。

查错的过程如下所述。

（1）检查网络配置情况。使用 ipconfig /all 命令查看本计算机的网络配置信息，包括网卡的物理地址、IP 地址、网关地址、DNS 服务器等，如图 6-62 所示。

（2）TCP/IP 协议栈出错。使用命令尝试连接本地回环地址，命令为"ping 127.0.0.1"。如果失败，说明 TCP/IP 协议栈出错，此时需要重新安装 TCP/IP。

（3）网卡出错或者网络连接被禁用。使用命令尝试连接局域网中的其他计算机的 IP 地址，如命令"ping 192.168.1.102"。如果失败，说明网卡出错或者网络连接被禁用。打开"网络和 Internet"窗口，检查网卡和网络连接的状况，如图 6-63 所示。

图 6-62　查看 IP 配置信息

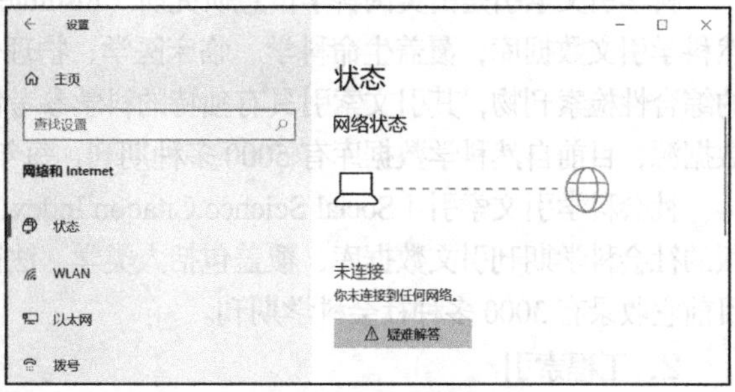

图 6-63　检查网络连接

（4）防火墙禁用网络连接。在控制面板中打开 Windows 防火墙，检查本计算机的防火墙设置。选择"启用或关闭 Windows Defender 防火墙"命令，在图 6-64 所示窗口中设置启用或关闭防火墙，以及是否阻止所有传入连接等。

（5）网络物理连接出错。使用命令尝试连接默认网关（Default Gateway），如命令"ping 192.168.1.1"。如果失败，说明计算机到网关之间的连接出错，需要检查物理线路。

图 6-64　设置防火墙

（6）域名服务器地址设置错误或者域名服务器出错。使用命令尝试连接域名服务器（DNS Servers），如命令"ping 10.29.248.222"。如果失败，说明域名服务器地址设置错误或者域名服务器出错。

（7）设置了 IP 地址过滤、域名过滤。当不能访问远程网站时，还可能是因为路由器设置了 IP 地址过滤、域名过滤等，需要进行相应设置。

6.9　信息检索

信息检索是指根据个人或组织的需要，借助检索工具从信息集合中找出所需信息的过程。在浩如烟海的信息资源中迅速检索出自己需要的信息，是当代大学生必须具备的重要能力。

文献信息类型主要包括专著、报纸、期刊、会议录、汇编、学位论文、科技报告、技术标准、专利文献、产品样本、中译本、手稿、档案、图表、古籍、乐谱、缩微胶卷等。

计算机信息资源以数字的方式存储图形、文字、声音、影像等信息，通过计算机或具有类似功能的设备阅读。目前，计算机信息资源主要以文档（Document）或数据库（DataBase）等数字方式存储。

6.9.1　国际三大科技文献检索

科学引文索引（Science Citation Index，SCI）、工程索引（The Engineering Index，EI）、科技会议录索引（Index to Scientific & Technical Proceedings，ISTP）是世界著名的三大科技文献检索系统，是国际公认的进行科学统计与科学评价的主要检索工具。

1．科学引文索引和社会科学引文索引

科学引文索引是由美国科学信息研究所（Institute for Scientific Information，ISI）创建出版的自然科学引文数据库，覆盖生命科学、临床医学、物理化学、农业、生物、兽医学、工程技术等方面的综合性检索刊物，其引文索引具有独特的科学参考价值。SCI 以期刊目次（Current Content）作为数据源，目前自然科学数据库有 5000 多种期刊，每年略有增减。

社会科学引文索引（Social Science Citation Index，SSCI）是美国科学信息研究所（ISI）创建出版的社会科学期刊引文数据库，覆盖包括人类学、法律、经济、历史、地理、心理学等 55 个领域，目前它收录有 3000 多种社会科学期刊。

2．工程索引

工程索引是美国工程信息公司（Engineering Information Inc.）创建出版的工程技术类综合性检索工具，收录文献几乎涉及工程技术各个领域。EI 选用世界上几十个国家和地区 15 个语种的 3500 余种期刊和 1000 余种会议录、科技报告、标准、图书等工程技术类出版物。它具有综合性强、资料来源广、地理覆盖面广、报道量大、报道质量高、权威性强等特点。

3．科技会议录索引

科技会议录索引由美国科学情报研究所编辑出版。该索引收录生命科学、物理与化学科学、农业、生物和环境科学、工程技术和应用科学等学科的会议文献，包括一般性会议、座谈会、研究会、讨论会、发表会等。

6.9.2　国内的文献检索系统

国内常用的检索系统有中国知网 CNKI、万方数据知识服务平台、维普期刊数据库等，用户通过这些平台可以检索获得各种期刊论文、学位论文、会议论文、报纸、年鉴、图书、专利、标准等文献。

【例 6.9】 在中国知网 CNKI 中检索文献。

具体操作步骤如下。

（1）打开中国知网主页，在其中输入检索关键字，如"实施科教兴国战略，强化现代化建设人才支撑"，将列出检索结果，如图 6-65 所示。

图 6-65　中国知网主页

（2）在检索结果列表中单击一条检索结果的超级链接，打开文献相关信息页面，可以查看文献的标题、作者、摘要、关键词、分类号等信息。单击"CAJ下载"或"PDF下载"链接，可以下载该文献的 CAJ 版或 PDF 版全文。

▶提示

通过各种文献检索平台，用户可以迅速获取各种学习、工作和研究所需的文献资料，从而提高学习、工作和研究的效率。

6.9.3 搜索引擎

现在，互联网已经渗透到人类社会生活的方方面面，提供各种信息服务，而在数以亿计的信息中寻找对自己有用的信息，并不是一件容易的事。

搜索引擎（Search Engine）是根据一定的策略、运用特定的计算机程序从互联网上搜集信息，在对信息进行组织和处理后，为用户提供检索服务，将用户检索的相关信息展示给用户的系统。

用户在搜索引擎中输入关键字，搜索引擎在数据库中搜索，找到与关键字匹配的网页，通过特殊算法计算关联程度，将搜索到的网页进行排序后输出给用户。下边以百度搜索引擎为例说明其用法。

（1）在搜索栏中输入关键字完成检索，往往会获得几十万条检索结果。此时，可以输入两个或多个关键字，中间用空格隔开，从而获得更精确的搜索结果。

【例 6.10】 在百度中，进行两个关键字"科教兴国 依法治国"搜索，搜索相应内容。

打开 Baidu 搜索引擎，输入"科教兴国 依法治国"关键字，单击"百度一下"按钮，搜索结果如图 6-66 所示。

图 6-66 多关键字搜索

（2）为了提高检索的准确性和效率，可以使用百度高级搜索功能，如"-"（非运算）功能，减除无关的资料；"|"（或运算）功能，并行搜索。

【例 6.11】 使用百度的高级搜索功能，搜索相应内容。

具体操作如下所述。

① 关键字"C 语言-宁爱军"，表示搜索内容中包括"C 语言"但是不包括"宁爱军"的网页。

② 关键字"C 语言|宁爱军"，表示搜索内容中包括"C 语言"或者"宁爱军"的网页。

▶提示

合理使用搜索引擎，可以迅速获取所需的各种信息资源。

实验

一、实验目的

（1）掌握 Ping 命令、ipconfig 命令的用法。

（2）掌握 FTP、远程桌面的使用方法。

二、实验内容

1．常用网络测试工具

（1）选择"开始→运行"命令，打开"运行"对话框，输入"cmd"后，单击"确定"按钮，打开命令提示符窗口。

（2）在命令窗口中输入"ipconfig /all"命令后按回车键，查看本机的网络配置参数，获取本计算机的物理地址、IP 地址、默认网关地址、DNS 服务器地址。

（3）Ping 命令，测试能否连接本地回环地址 127.0.0.1。

（4）Ping 命令，测试能否连接默认网关地址。

（5）Ping 命令，测试能否连接本机指定的域名服务器。

（6）Ping 命令，测试能否连接某个网站。

2．网页设计

按照图 6-67 所示样式设计网页，或者自行设计网页。

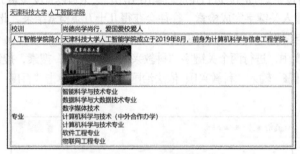

图 6-67　网页设计

3．FTP 的使用

打开资源管理器，连接教师指定的 FTP 地址或者自己搜索到的 FTP 地址，上传或者下载文件。

4．远程登录和远程桌面

在计算机 A 上，用鼠标右键单击"计算机"图标，在弹出的快捷菜单中选择"属性"命令，在"系统"窗口中选择"远程设置"命令，在"系统属性"对话框的"远程"选项卡中，选中"允许运行任意版本远程桌面的计算机连接（较不安全）"复选框。

在计算机 B 上，选择"附件→远程桌面连接"命令，连接计算机 B 后，进行远程操作。

习题

一、单项选择题

1. 以下选项中，（　　）不是计算机网络的主要功能。

　　A. 资源共享　　　　　B. 信息交换　　　　　C. 分布式处理　　　　　D. 普及应用

2. 在一幢教学楼中建设的网络，可以称为（　　）。

　　A. 广域网　　　　　　B. 局域网　　　　　　C. 城域网　　　　　　　D. 资源子网

3. 地理范围在几百千米到几千千米之内的网络，通信线路一般由电信运营商提供的网络是（　　）。

　　A. 局域网　　　　　　B. 城域网　　　　　　C. 广域网　　　　　　　D. 资源共享

4. 由用户部门自己组建、管理，不向本部门以外的部门和个人提供服务的网络是（　　）。
   A. 广域网　　　　　B. 局域网　　　　　C. 专用网　　　　　D. 公用网
5. 网络服务提供商组建、管理，供公共用户使用的通信网络是（　　）。
   A. 广域网　　　　　B. 局域网　　　　　C. 专用网　　　　　D. 公用网
6. 以一条高速的公共传输介质连接若干节点组成的网络拓扑结构是（　　）。
   A. 总线结构　　　　B. 星形结构　　　　C. 环形结构　　　　D. 树状结构
7. 由一个中心节点 S 通过点对点链路连接所有从节点组成的网络拓扑结构是（　　）。
   A. 总线结构　　　　B. 星形结构　　　　C. 环形结构　　　　D. 树状结构
8. 为了使计算机之间能够正确传输信息而制定的关于信息传输的规则、约定与标准称为
（　　）。
   A. 协议　　　　　　B. 程序　　　　　　C. 体系结构　　　　D. 参考模型
9. OSI 体系结构将网络的层次结构划分为（　　）。
   A. 四层　　　　　　B. 五层　　　　　　C. 六层　　　　　　D. 七层
10. TCP/IP 体系结构将网络的层次结构划分为（　　）。
    A. 四层　　　　　 B. 五层　　　　　　C. 六层　　　　　　D. 七层
11. 网络的下载速率为 1MB/s，相当于（　　）。
    A. 2Mbit/s　　　　B. 4Mbit/s　　　　C. 8Mbit/s　　　　D. 16Mbit/s
12. 常用来组建星形网络的有线传输介质是（　　）。
    A. 双绞线　　　　　B. 同轴电缆　　　　C. 激光　　　　　　D. 光纤
13. 在网络发展的早期，广泛用于组建总线结构局域网的有线传输介质是（　　）。
    A. 双绞线　　　　　B. 同轴电缆　　　　C. 激光　　　　　　D. 光纤
14. 芯线由光导纤维组成，可以传输光信号的传输介质是（　　）。
    A. 双绞线　　　　　B. 同轴电缆　　　　C. 激光　　　　　　D. 光纤
15. 以下选项中，用于无线局域网的是（　　）。
    A. 无线电波　　　　B. 红外线　　　　　C. 激光　　　　　　D. 蓝牙
16. 能自动检测出传输错误的是（　　）。
    A. 曼彻斯特编码　　B. 非归零编码　　　C. 纠错码　　　　　D. 检错码
17. 在局域网中，可使用（　　）来识别主机。
    A. 物理地址　　　　B. IP 地址　　　　　C. 地理位置　　　　D. 距离
18. （　　）是 Internet 中标识计算机位置的唯一地址。
    A. 物理地址　　　　B. IP 地址　　　　　C. URL 地址　　　　D. DNS 地址
19. 以下选项中，（　　）是正确的 IP 地址。
    A. 210.31.132.132　B. 210.258.1.1　　　C. 210.-1.-1.1　　　D. 258.1.1.1
20. 经常用来表示本机地址的 IP 地址是（　　）。
    A. 192.168.1.1　　　B. 10.1.1.1　　　　C. 172.16.1.1　　　D. 127.0.0.1
21. 在广域网中，（　　）根据信道速率、拥塞等情况自动选择路由，以最佳路径将数据包从
源 IP 地址向目的 IP 地址转发数据包。
    A. 路由器　　　　　B. 交换机　　　　　C. 网卡　　　　　　D. 服务器
22. Ping 命令的主要作用是（　　）。
    A. 检测网络是否连通　　　　　　　　　B. 监控 TCP/IP 网络
    C. 检测 IP 具体配置信息　　　　　　　D. 查看计算机内存

23. ipconfig 命令的主要功能是（ 　　 ）。
    A. 进行网络设置　　　　　　　　　　B. 进行 IP 设置
    C. 检查网络连接的配置信息　　　　　D. 管理账号

24. TCP/IP 的传输层包括（ 　　 ）和 UDP 两个协议。
    A. HTTP　　　　　B. SMTP　　　　　C. IP　　　　　D. TCP

25. 一台主机提供的多个服务可以通过（ 　　 ）来区分。
    A. IP 地址　　　　B. 端口号　　　　C. DNS　　　　D. 物理地址

26. DNS 的作用是（ 　　 ）。
    A. 将域名与 IP 地址进行转换　　　　B. 保存主机地址
    C. 保存 IP 地址　　　　　　　　　　D. 保存电子邮件

27. 域名与 IP 地址的关系是（ 　　 ）。
    A. 一个域名可以对应多个 IP 地址　　B. 一个 IP 地址可以对应多个域名
    C. 域名和 IP 地址没有关系　　　　　D. 域名与 IP 地址一一对应

28. DNS 域名后缀中的 cn 表示（ 　　 ）。
    A. 国际域名　　　　B. 中国　　　　　C. 商业组织　　　D. 教育组织

29. 域名 www.tust.edu.cn 是中国的一个（ 　　 ）域名。
    A. 军事组织　　　　B. 政府组织　　　C. 商业组织　　　D. 教育组织

30. WWW 服务的作用是（ 　　 ）。
    A. 文件传输　　　　B. 收发电子邮件　C. 远程登录　　　D. 信息浏览

31. WWW 服务基于（ 　　 ）协议。
    A. SMTP　　　　　B. HTTP　　　　　C. Telnet　　　　D. FTP

32. WWW 的众多资源采用（ 　　 ）进行组织。
    A. 菜单　　　　　　B. 命令　　　　　C. 超级链接　　　D. 地址

33. URL 的作用是（ 　　 ）。
    A. 定位主机的地址　　　　　　　　　B. 定位网络资源的地址
    C. 域名与 IP 地址的转换　　　　　　D. 电子邮件的地址

34. 以下选项中，（ 　　 ）是正确的 URL 地址格式。
    A. http://csie.tust.edu.cn/ccbs　　　B. http://csie.tust.edu.cn\ccbs
    C. http:\\csie.tust.edu.cn/ccbs　　　D. http:\\csie.tust.edu.cn\ccbs

35. 以下 E-mail 地址格式中，正确的是（ 　　 ）。
    A. 服务器域名@用户名　　　　　　　B. 用户名@服务器域名
    C. 用户名@密码　　　　　　　　　　D. 密码@用户名

36. 电子邮件的"别针"图标表示（ 　　 ）。
    A. 带有病毒　　　　B. 带有附件　　　C. 转发的邮件　　D. 新邮件

37. 发送电子邮件的传输协议是（ 　　 ）。
    A. SMTP　　　　　B. HTTP　　　　　C. Telnet　　　　D. FTP

38. FTP 服务的作用是（ 　　 ）。
    A. 信息浏览　　　　B. 收发电子邮件　C. 文件传输　　　D. 远程登录

39. 远程登录服务器和客户端计算机的关系是（ 　　 ）。
    A. 服务器远程控制客户端　　　　　　B. 客户端远程控制服务器
    C. 客户端属于服务器的一部分　　　　D. 服务器比客户端功能简单

40. 以下选项中，（   ）不是无线路由器的安全功能。

    A. MAC 地址过滤   B. IP 地址过滤   C. 域名过滤   D. 网络浏览

二、简答题

1. 简述计算机网络的含义与功能。

2. 简述 VPN 的工作原理。

3. 简述图 6-68 所示的网络拓扑结构。

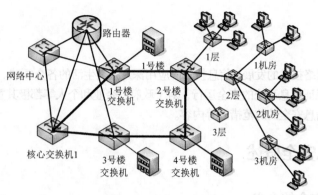

图 6-68　网络拓扑结构

4. 简述常用的有线和无线传输介质分别有哪些。

5. 简述在局域网中传输数据时，通过网卡的物理地址识别主机的过程。

6. 简述交换机的主要工作过程。

7. 简述在 Internet 中，主机 1 向主机 2 发送数据包的过程。

8. 简述路由器的功能。

9. 简述客户机/服务器工作模式的工作过程。

10. 简述电子邮件发送和接收的过程。

三、论述题

1. 叙述使用一台无线路由器连接 3 台台式计算机、2 台笔记本电脑和多台手机组成局域网，以及共享 Internet 带宽的操作过程。

2. 综述当计算机不能正常访问 Internet 时的查错过程。

第7章 信息安全技术

随着计算机和网络技术的发展，信息技术的应用深入人类生活的各个领域。保证信息的保密性、真实性和完整性，保证信息系统的安全运行，对于政府、企业和个人等都极其重要。本章主要介绍信息安全的含义、信息安全的防范措施等内容。

7.1 信息安全概述

7.1.1 信息安全的含义

信息安全包括信息的安全和信息系统的安全两个方面。

1. 信息的安全

信息的安全包括保证数据的保密性、真实性和完整性，避免意外损坏或丢失以及非法用户的窃听、冒充、欺骗等行为；保证信息传播的安全，防止和控制非法、有害信息的传播，维护社会道德、法规和国家利益。信息安全涉及的信息包括以下 3 个方面。

（1）需要保密的信息。信息被窃取者非法窃取、利用，从而造成各种损失，如图 7-1 所示。常见的需要保密的信息有以下 3 类。

① 个人信息，如姓名、身份证号、个人住址、电话号码、照片等个人信息，这些信息需要对外保密。个人账号和密码，如银行卡号、支付宝账号等信息也应该对外保密。

② 各种企业、事业单位、机关单位等需要保密的信息，如商业机密、技术发明、财务状况等。

图 7-1 信息泄露

③ 各种有关国家安全的信息，如政府、科研、经济、军事等需要保密的信息。

（2）需要防止丢失或损坏的信息。有些数据一旦损坏或丢失，将会造成损失，如手机中的电话号码簿、照片和其他重要数据，计算机中的数据文档，数据库中的重要数据等。

（3）需要防止冒充和欺骗的信息。如个人身份、QQ 号、微信号、银行卡信息、电话号码、组织单位的身份信息等。

【例7.1】 信息安全事件案例 1。

2005 年，某网站发生信息泄露，造成 9 000 多万注册用户的资料泄露，包括用户的姓名、电话、单位、单位地址、家庭地址、照片等。

【例7.2】 信息安全事件案例 2。

假冒网上银行、网上证券平台，骗取用户账号、密码并实施盗窃，如图 7-2 所示。犯罪分子建立了域名和网页内容与真正的网上银行系统、网上证券交易平台极为相似的网站，引诱用户输入账号、密码等信息，

图 7-2 网络诈骗

进而通过网上银行、网上证券交易平台，或者伪造银行卡、证券交易卡盗窃资金。

2．信息系统的安全

信息系统的安全是指保证信息处理和传输系统的安全，它重在保证系统正常运行，避免因系统故障而对系统存储、处理和传输的信息造成破坏和损失，避免信息泄露、干扰他人。

信息系统的安全主要包括计算机机房的安全、硬件系统的可靠运行和安全、网络的安全、操作系统的安全、应用软件的安全以及数据库系统的安全等。

7.1.2　信息安全的风险来源

信息安全的主要风险来源于信息系统自身的缺陷、人为的威胁与攻击及物理环境的安全问题。

1．信息系统自身的缺陷

信息系统自身的缺陷包括硬件系统、软件系统、网络和通信协议的缺陷等，从而造成安全威胁。

（1）信息系统的安全隐患主要来源于设计上的疏忽，存在一定缺陷和漏洞。

① 硬件系统，包括计算机硬件系统和网络硬件系统的缺陷。

例如，硬盘故障、电源故障或主板芯片的故障等，可能引发数据丢失、系统崩溃等严重的安全问题。

② 软件系统，包括操作系统、应用软件、数据库管理系统等存在的缺陷。

在一些操作系统或应用软件中，安全漏洞并被黑客或病毒利用，造成系统瘫痪或数据的丢失。

（2）信息系统的安全隐患还可能来自生产者主观故意。

厂商在计算机的 CPU、主板、网卡、其他控制芯片或者网络中的交换机、路由器等设备中内置了陷阱指令、病毒指令，并设有激活办法和无线接收指令机构，如果通过有线网络或者无线的方式激活指令，就会造成用户内部机密信息外泄，或者造成计算机系统崩溃、网络瘫痪等严重后果。

【例 7.3】 信息安全事件案例 3。

A 国情报部门在 B 国购买的一种用于防空系统的打印机中偷偷换装了一套带有病毒的同类芯片，从而将病毒侵入 B 国军事指挥中心的主机。当 A 国军队空袭 B 国时，使用无线遥控装置激活了隐藏的病毒，致使 B 国的防空系统陷入了瘫痪。

2．人为的威胁与攻击

人为的威胁与攻击主要包括内部攻击和外部攻击两大类。

（1）内部攻击，指系统内合法用户故意、非故意操作造成的隐患或破坏。

例如：①内部人员与外部人员勾结犯罪，泄露数据等；②口令管理混乱，因口令泄露造成的安全隐患等；③内部人员违规操作，造成网络或站点拥塞，甚至系统瘫痪等；④内部人员的误操作，造成硬盘分区格式化、文件或数据丢失等；⑤内部人员盗取设备如笔记本电脑、智能手机或存储设备等，获取重要信息。

（2）外部攻击，指来自系统外部的非法用户的攻击。

例如，冒充授权用户身份、冒充系统组成部分；利用系统漏洞侵入系统，窃取数据、破坏系统安全；通过植入木马或病毒程序，窃取或篡改数据。

3．物理环境的安全问题

物理环境的安全问题，主要包括自然灾害、辐射、电力系统故障、蓄意破坏等造成的安全问题。

例如，地震、水灾、火灾、雷击、有害气体、静电等对计算机系统的损害；电力系统停电、电压突变，导致系统损坏或死机造成的数据丢失；人为偷盗或破坏计算机系统设备。

7.2 信息安全防范措施

为了消除信息系统的安全隐患，降低损失，可以采取多种信息安全防范措施，主要包括数据备份、双机热备份、数据加密、数字签名、身份认证、防火墙、补丁程序、提高物理安全等。

7.2.1 数据备份

目前，政府机关、金融、证券以及其他企业都广泛依赖信息系统处理业务，一旦数据丢失，将会造成巨大损失。

数据备份是为了预防操作失误或系统故障导致的数据丢失，而将数据从主机的硬盘复制到其他存储介质的过程，如图 7-3 所示。当原始数据被误删除、破坏，硬盘损坏，计算机系统崩溃，甚至整个机房或建筑遭到毁灭时，仍然可以通过备份尽可能地恢复数据，从而降低损失。

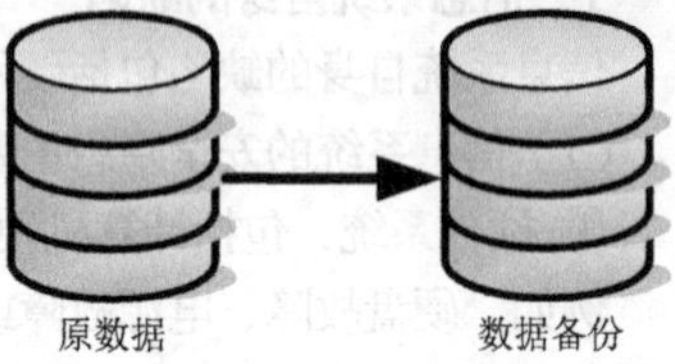

数据备份需要考虑备份的时机、备份的存储介质和备份的安全存放 3 个要素。

图 7-3 数据备份

1. 备份的时机

每次备份都要花费一定的时间和成本，所以需要考虑数据备份的时机。在实际应用中，可以根据数据的重要程度决定数据备份的时机，一般越重要的数据备份的间隔越短。

例如，个人手机上的电话簿、照片等数据每周或者每月备份即可；小公司的数据每天备份即可；金融、证券等部门的每一笔数据都不允许丢失，在系统中可以设置每次数据发生变化时随时自动备份。

2. 备份的存储介质

在进行数据备份的时候，可以将备份数据存储在本地的硬盘、光盘、磁带以及其他移动存储介质中。

此外还可以将数据备份到网络存储介质中。例如，可以将计算机中的数据，手机中的电话簿、照片等文件备份到网络云盘中。

3. 备份的安全存放

备份主要用于在灾难发生时恢复数据，以降低损失，因此必须保证备份的安全存放。在实际应用中，可以根据数据的重要程度，决定备份的存放方式。

（1）将备份保存在本地硬盘中，以防备硬盘中原数据的误删除等。

（2）将备份保存在同一建筑的文件柜中，以防备计算机系统的损坏。

（3）将备份保存在另一个建筑中，以防备火灾等自然灾害造成的建筑毁灭。

（4）将备份保存在银行的保险柜里，以防备一定范围内建筑物的毁灭等。

（5）通过网络保存在其他城市的数据中心，以防备地区性的灾难或战争等。

数据备份的具体操作方式如下。

（1）将数据从本地硬盘中复制到本地硬盘、光盘或移动存储设备中，妥善保存。

（2）将数据通过 Internet 上传到远程的存储空间中，如各种云盘，如图 7-4 所示。

（3）使用 Ghost 工具，将某个磁盘分区备份为一个文件，如图 7-5 所示。

（4）使用 Windows 自带的备份和还原工具进行数据的备份和还原。如图 7-6 所示，可以选择将备份保存在本地硬盘的某个分区、网络或其他移动存储设备上；如图 7-7 所示，可以选择备份的内容，如某个分区或文件夹。

图 7-4 百度云的备份

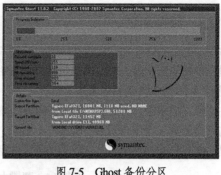

图 7-5 Ghost 备份分区

图 7-6 选择备份的保存位置

图 7-7 选择要备份的内容

当需要恢复数据时，可以使用 Windows 自带的备份和还原工具选择数据备份，并将备份的数据还原到原始位置。

7.2.2 双机热备份

在金融、保险等行业中，如果系统出现故障导致业务长期中断，那么将造成巨大损失。为了确保在系统出现故障后，仍然能够连续工作，可以采用双机热备份。

双机热备份是一种软硬件结合的容错应用方案。由两台服务器系统和一个共享的磁盘阵列及相应的双机热备份软件组成，如图 7-8 所示（或者主从服务器中各自采用磁盘阵列，如图 7-9 所示）。主服务器和备份服务器同步进行相同的操作，在主服务器出现故障时，备份服务器接管主服务器的服务，从而在不需要人工干预的情况下，保证系统能连续提供服务。

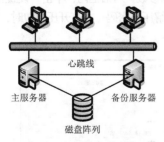

图 7-8 双机热备份方案 1

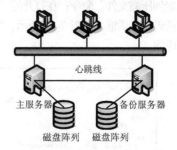

图 7-9 双机热备份方案 2

双机热备份系统采用"心跳"方法保证主从服务器之间的联系。主从服务器之间相互按照一定的时间间隔发送通信信号，表明各自的运行状态。一旦"心跳"信号表明主服务器发生故障或者备份服务器无法收到主服务器的"心跳"信号，则系统的管理软件认为主服务器发生故障，此时备份服务器将接管主服务器的服务。

7.2.3　数据加密

数据加密是将明文加密成密文后进行传输和存储,它主要用于防止信息在传输和存储过程中被非法阅读。加密技术包括对称密钥体系和非对称密钥体系。

【例 7.4】 凯撒大帝的加密术。

在古罗马战争中,为了避免信件在传输中被敌方截获,凯撒大帝设计了一套加密方法,将 26 个字母与后边的第 n 个字母对照。如表 7-1 所示,每个字母与后边的第 3 个字母对照。如果加密前的明文是"GOOD MORNING",那么加密后的密文就是"JRRG PRUQLQJ"。

表 7-1　凯撒大帝加密字母对照表

加密前	A	B	C	D	E	F	G	H	I	J	K	L	M	N	O	P	Q	R	S	T	U	V	W	X	Y	Z
加密后	D	E	F	G	H	I	J	K	L	M	N	O	P	Q	R	S	T	U	V	W	X	Y	Z	A	B	C

凯撒大帝的加密算法复杂程度较低,其密码去掉错位数为 0 的特例,只剩下 25 种可能。敌方一旦知道算法,就能很容易地破解密文。

1．对称密钥体系

传统加密技术的工作模式是对称密钥体系,加密和解密使用相同密钥。如图 7-10 所示,在数据发送端使用密钥和加密算法,将原始明文加密成密文;密文传送到目的地,接收方使用同一密钥和解密算法将密文还原成原始明文。如果密文

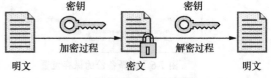

图 7-10　对称加密和解密

在传输过程中被攻击者截获,但是攻击者没有密钥,那么仍然不能阅读文件。

在这种工作方式下,密码需要从发送者传送到接收者。密码在传输的过程中,有可能被攻击者截获。解密者也可以通过各种破解密码的算法算出密码。密码的长度决定了破解密码的困难程度。位数越多,则破解密码的难度越大。

常用的加密方法如下。

(1)使用 WinRAR 在压缩时加密,加密和解密的密码相同。

【例 7.5】 使用 WinRAR 压缩文件或文件夹,并设置解压缩密码。

操作步骤如下。

如图 7-11 所示,在使用 WinRAR 压缩文件或文件夹时,鼠标右键单击文件夹,在弹出的快捷菜单中选择"添加到压缩文件"命令;在打开的"压缩文件名和参数"对话框内,单击"设置密码"按钮,打开"输入密码"对话框,如图 7-12 所示,为压缩包设置解压缩密码。在打开压缩包时,需要输入密码才可以解压缩。

图 7-11　"压缩文件名和参数"对话框

图 7-12　输入密码

（2）使用 Windows 的 NTFS 进行加密。

用户以 Windows 的账号 User1 登录进入 Windows 中，加密 NTFS 磁盘分区中的文件夹后，只有加密操作的账号 User1 才能读写和解密该文件夹，其他账号不能读写和解密该文件夹。如果重新安装 Windows 操作系统，即使设置相同的账号也不能读写该文件夹。

【例 7.6】 使用 Windows 系统的 NTFS 加密文件夹。

操作过程如下。

① 鼠标右键单击文件夹，在弹出的快捷菜单中选择"属性"命令，打开"属性"对话框，如图 7-13 所示。单击"高级"按钮，打开"高级属性"对话框，如图 7-14 所示。

图 7-13　文件夹属性　　　　　　　　　　　　图 7-14　高级属性

② 选中"加密内容以便保护数据"复选框，单击"确定"按钮。在"确认属性更改"对话框中，选择"将更改应用于该文件夹、子文件夹和文件"命令，单击"确定"按钮开始加密。

③ 加密后的文件夹和文件的名字显示为绿色。此时只有加密操作的用户账号才能读写和解密该文件夹。

2. 非对称密钥体系

非对称密钥体系是指加密和解密使用不同密钥的方法，如图 7-15 所示。接收方有一对密钥，即公开密钥和私有密钥。信息的发送方使用接收方的公开密钥加密明文，而接收方使用自己的私有密钥解密，且任何人不能使用公钥解密密文。在这种方式下，不需要传输接收方的私有密钥，且攻击者很难获得接收方的私钥，因此安全性更高。

图 7-15　非对称加密和解密

常见的非对称密钥算法有 RSA、DSA（Digital Signature Algorithm，数字签名算法）等。

3. 数字证书

数字证书是一个由证书授权机构（Certification Authority, CA）签发的包含拥有者信息、公开密钥、私有密钥的文件，其中私有密钥由持有者掌握。以数字证书为核心的加密技术（加密传输、数字签名、数字信封等）可以对网络上传输的信息进行加密和解密、数字签名和签名验证，从而确保网上传递信息的保密性、完整性及不可抵赖。

国内有很多数字证书颁发机构，一般可以提供个人身份证书、企业或机构身份证书、服务器证书、安全电子邮件证书、代码签名证书等，个人、企业、单位等都可以申请并获取数字证书。

4. HTTPS

HTTPS（Hypertext Transfer Protocol Secure，超文本传输安全协议）是以安全为目标的 HTTP 通道，其中加入了 SSL 层，在 HTTP 的基础上通过传输加密和身份认证保证传输过程的安全性。

HTTPS 广泛用于网络上对安全性要求较高的场合，如电子商务、交易支付等，如图 7-16 所示为 HTTPS 安全网页样例。在线购物时，浏览器使用扩展验证 SSL 证书的地址栏，地址栏邻近的区域还会显示网站所有者的名称和颁发证书 CA 的名称（如京东商城），用户可以据此确认该网站身份可信。用户在向服务器上传数据时，将使用证书中的公钥加密数据；服务器接收到加密数据后可以使用私钥解密数据。

图 7-16　HTTPS 安全网页

信息传递安全可靠，既可以防止被钓鱼网站欺骗，又可以防止数据在传输过程中被窃取。

用户使用鼠标右键单击地址栏中的锁图案，打开"连接是安全的"窗口，如图 7-17 所示。选择"证书（有效）"选项，可打开"证书"对话框，如图 7-18 所示，用户可以查看证书的常规信息、详细信息和证书路径，还可以选择导出证书等。

图 7-17　网页属性

图 7-18　"证书"对话框

7.2.4　数字签名

数字签名采用证书授权机构（CA）颁发的数字证书，针对法律文件或商业文件等，保证信息传输的完整性、发送者的身份认证，防止交易中的抵赖发生。数字签名的工作模式如图 7-19 所示，其工作过程如下所述。

图 7-19　数字签名工作模式

（1）发送方使用单向散列函数计算明文，生成信息摘要。使用自己的私有密钥加密信息摘要。

（2）将明文和加密的信息摘要一起发送。

（3）接收方使用相同的单向散列函数计算收到的明文，生成信息摘要。用发送方的公开密钥解密信息摘要。

（4）将两个摘要进行比较，如果相同则可以确定明文就是发送方发出的。

我国《电子签名法》明确规定，电子签名是指数据电文中以电子形式所含、所附用于识别签名人身份并表明签名人认可其内容的数据。这部法律规定可靠的电子签名与手写签名或者盖章具有同等的法律效力。

例如，使用数字证书发送签名或加密的电子邮件，可以确保邮件信息的保密性、完整性，以及确认发送方身份的真实性。签名可供接收方验证邮件发送方的身份，且邮件在传输过程中没有被篡改；加密使邮件在传输过程中不会被接收方以外的其他人阅读。Outlook、Foxmail 等电子邮件系统支持电子邮件的数字签名和加密。

7.2.5　身份认证

身份认证是指证实主体的真实身份与其所声称的身份是否相符的过程。身份认证是访问控制的前提，用于防止假冒身份的行为，对信息安全极为重要。身份认证的常用方法有口令认证、持证认证、优盾（USB Key）和生物识别等。

1．口令认证

在进出门禁，进入手机、计算机系统，登录网站、软件系统等场合，经常需要输入通过口令来确认用户身份。

在口令认证中，什么样的密码才是安全的呢？安全密码应该是与本人的身份信息内容无关，基本无规律，位数足够长，由小写字母、大写字母、数字字符和标点符号等组合而成，使密码的穷举空间足够大，难以被穷举破解。此外，密码还需要不定期修改，以确保密码的安全性。

常见的不安全的密码如下。

① 位数较少的密码，比较容易被破解，如 123、abc 等。

② 简单的英文单词或者汉字拼音音节，比较容易被破解，如 hello、tianjin 等。

③ 密码只有一个字符集，如只使用小写字母、大写字母、数字字符集之一。

④ 以下密码都不安全：本人或亲友的生日、用户名与密码相同、规律性太强的密码（如 111111、123456、aaaaaa），或者在所有场合使用同一个密码、长时间使用同一个密码。

2．持证认证

通过个人持有的证明身份的物品，如身份证、军官证、电话卡、银行卡、门禁卡等进行身份认证。图 7-20 所示为身份证认证系统，图 7-21 所示为门禁卡认证系统。

持证认证时，如果证件丢失，则不能证明本人身份。若持有他人的证件则有可能被认为是仿冒身份。

3．优盾

优盾是一种 USB 接口的硬件设备，内置了单片机或智能卡芯片，采用高强度信息加密，数字认证和数字签名技术，具有不可复制性，可以有效防范支付风险，确保客户网上支付资金安全，使用方便，如图 7-22 所示。

在办理网上银行业务时，需要将优盾插入本人计算机中才能认证身份，开展操作，从而有效避免他人假冒身份盗取资金。

图 7-20　身份证

图 7-21　门禁卡

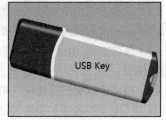
图 7-22　优盾

4．生物识别

生物识别依据人类自身固有的生理和行为特征进行身份认证。人的生物特征与生俱来，多为先天性的，如指纹、视网膜、人脸等；行为特征是习惯使然，多为后天形成，如笔迹、步态等。

生物识别的优点是无法仿冒，缺点是较昂贵、不够稳定，存在一定的误识别率。

（1）指纹识别。指纹是人的手指末端的正面皮肤上凹凸不平所产生的纹线，它具有终身不变性和唯一性。每个人的指纹不同，就是同一人的十指之间，指纹也有明显区别，因此指纹可用于身份鉴定，如图 7-23 所示。指纹识别是通过比较不同指纹的细节特征点来进行身份认证。

（2）手掌几何识别。手掌几何识别是通过测量使用者的手掌和手指的物理特性来进行识别，不仅性能好，而且使用方便，其准确性非常高，如图 7-24 所示。手形读取器使用的范围很广，且很容易集成到其他系统中，因此成为许多生物特征识别项目中的重要技术。

（3）视网膜识别。视网膜是眼睛底部的血液细胞层，视网膜识别技术要求激光照射眼球的背面以获得视网膜特征的唯一性，如图 7-25 所示。

图 7-23　指纹识别

图 7-24　手掌几何识别

图 7-25　视网膜识别

（4）面部识别。面部识别是指使用摄像头等装置，以非接触的方式获取识别对象的面部图像，计算机系统在获取图像后与数据库图像进行比对，完成识别的过程，如图 7-26 所示。面部识别是基于生物特征的识别方式，与指纹识别等传统的识别方式相比，具有实时、准确、高精度、易于使用、稳定性高、难仿冒、性价比高和非侵扰等特性。

（5）静脉识别。静脉识别系统实时采取静脉图，运用先进的滤波、图像二值化、细化手段对数字图像提取特征，采用复杂的匹配算法同存储在主机中的静脉特征值进行比对匹配，从而对个人身份进行鉴定，如图 7-27 所示。

图 7-26　面部识别

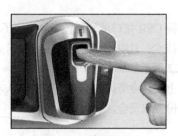
图 7-27　静脉识别

（6）签名识别。签名识别是根据每个人自己独特的书写风格进行鉴别，分为在线签名鉴定和离线签名鉴定。在线签名鉴定通过手写板采集书写人的签名样本，除了采集书写点的坐标外，有的系统还采集压力、握笔的角度等数据。离线签名鉴定通过扫描仪输入签名样本，离线签名比较容易伪造，识别的难度也比较大。而在线签名由于有动态信息，不容易伪造，目前识别率也可以达到一个令人满意的程度。

7.2.6 防火墙

防火墙指的是一个由软件和硬件设备组合而成，在内部网和外部网、专用网与公共网、计算机和它所连接的网络之间构造的保护屏障，如图 7-28 所示。

防火墙的本质是允许合法而禁止非法数据往来的安全机制，防止非法入侵者侵入网络、

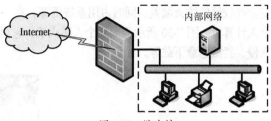

图 7-28　防火墙

盗窃信息或者破坏系统安全。防火墙是在两个网络通信时执行的一种访问控制尺度，它能允许用户"同意"的人和数据进入网络，同时将"不同意"的人和数据拒之门外，最大限度地阻止网络中的黑客访问用户的网络。

1．防火墙的功能

防火墙的主要功能如下所述。

（1）网络安全的屏障。防火墙能极大地提高一个内部网络的安全性，通过过滤不安全的行为来降低风险。

（2）强化网络安全策略。通过以防火墙为中心的安全方案配置，将所有安全软件（如口令、加密、身份认证、审计等）配置在防火墙上。与将网络安全问题分散到各个主机上相比，防火墙的集中安全管理更经济、更有效。

（3）监控网络存取和访问。如果所有的访问都经过防火墙，那么防火墙就能记录下这些访问并进行日志记录，同时也能提供网络使用情况的统计数据。

（4）防止内部信息的外泄。通过防火墙对内部网络的划分，可以实现内部网重点网段的隔离，从而限制局部重点或敏感网络安全问题对全局网络造成的影响；还可以隐蔽那些内部网络服务细节，如 DNS 服务等，避免引起外部攻击者的兴趣。

2．防火墙的不足

防火墙并不能解决所有的安全问题，它也存在以下局限性。

（1）防火墙不能防范全部威胁。防火墙只能防范已知威胁，不能自动防范最新的威胁。

（2）防火墙不能防范内部主动发起的攻击。防火墙对外部具有严格的访问控制，但是对内部发起的攻击无能为力。

（3）防火墙只能防范通过它的连接。例如，在内部网络中，计算机通过其他网络接入 Internet，则防火墙不能防范。

（4）防火墙自身可能出现安全漏洞或受到攻击。因为防火墙自身的硬件和软件也可能存在漏洞，所以也可能遭受攻击。

（5）防火墙不能防止感染了病毒的软件和文件的传输。防火墙一般不具备杀毒功能，通常也无法阻止病毒的传播和入侵。

（6）防火墙规则设定复杂，必须由专业的安全人员来管理。过滤数据的规则是防火墙的核心，规则配置不合理则防火墙的防护效果差、运行效率低，甚至成为网络瓶颈。

3．防火墙的分类

防火墙包括硬件防火墙和软件防火墙。

（1）硬件防火墙。硬件防火墙是指把防火墙程序做到芯片里，由硬件执行这些功能，以减少 CPU 的负担，如图 7-29 所示。硬件防火墙是保障内部网络安全的一道重要屏障，它的安全和稳定直接关系到整个内部网络的安全。

（2）软件防火墙。软件防火墙使用软件系统来完成防火墙功能，它通常部署在系统主机上，其安全性较硬件防火墙差，同时占用系统资源，在一定程度上影响了系统性能。软件防火墙一般用于个人计算机。图 7-30 所示为瑞星个人防火墙，它可以拦截钓鱼欺诈网站、拦截木马网页、拦截网络入侵、拦截恶意下载等。

图 7-29　硬件防火墙　　　　　　　　　　　图 7-30　瑞星个人防火墙

【例 7.7】 Windows 自带的防火墙。

（1）在控制面板中双击"Windows 防火墙"图标，打开 Windows 防火墙窗口，如图 7-31 所示。

（2）选择左侧的"启用或关闭 Windows Defender 防火墙"命令，打开"自定义设置"窗口，如图 7-32 所示，可以启用或者关闭公用网络（即 Internet 外网）和内部网络的防火墙。

图 7-31　Windows 防火墙　　　　　　　　　图 7-32　自定义设置

▶注意

当启用 Windows 防火墙时，如果选中"阻止所有传入连接，包括位于允许应用列表中的应用"复选框，则 Windows 将不能访问网络。

（3）选择左侧的"允许应用或功能通过 Windows Defender 防火墙"命令，打开"允许的应用"窗口，如图 7-33 所示，可以设定是否允许某些程序或功能访问网络。

7.2.7 漏洞、后门、补丁程序和安全卫士

1．漏洞

漏洞是指在硬件、软件和协议或系统安全策略上存在的缺陷，使得攻击者能够在未授权的情况下访问或破坏系统。漏洞可能来自软件设计的缺陷或编码错误，如操作系统的漏洞、手机的二维码漏洞、手机应用程序的漏洞等。

漏洞容易造成信息系统被攻击或控制，重要资料被窃取，用户数据被篡改，系统被作为入侵其他主机系统的跳板等。

图 7-33　设置允许程序通过防火墙

例如，网站因漏洞被入侵，可能造成用户数据泄露、功能遭到破坏、中止服务，甚至服务器本身被入侵者控制等。

2．后门

后门程序一般是指那些绕过安全控制而获取对程序或系统访问权的程序。在软件的开发阶段，程序员会在软件中创建后门以便于修改和维护程序。如果在发布软件之后仍然存在后门，那么就很容易被黑客利用进行攻击。

3．补丁程序

补丁程序是为了提高系统的安全，由软件开发者编制并发布的专门修补软件系统的漏洞的小程序。

例如，Windows、Office 等操作系统及软件提供漏洞的补丁下载和更新。

4．安全卫士

由于漏洞、补丁经常发布和更新，普通用户管理较为困难，此时可以通过各种安全卫士工具帮助自己管理。

例如，金山卫士就是一款功能强大的安全软件，如图 7-34 所示，它具有计算机全面体检、系统优化、垃圾清理、木马查杀、修复漏洞、垃圾和痕迹清理、软件管理等功能。

图 7-34　金山卫士

7.2.8 提高物理安全

除了采取前述安全措施，还需要注意提高计算机和网络系统的物理安全，包括门禁系统、监控系统、消防系统、空调系统、UPS 电源、防静电地板等的安全，如图 7-35 所示。

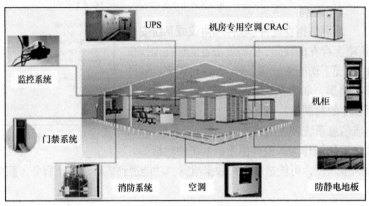

图 7-35　物理安全

1．加强环境的安全保卫

加强环境的安全保卫，可以防止破坏者直接接触、毁坏或者盗窃计算机及存储设备，包括安装门禁系统、钢铁栅栏、红外线报警装置、摄像头、设立保安等。

2．加强防灾抗灾能力

地震、火灾、爆炸、水灾、辐射等灾害可能造成网络、计算机系统的安全问题，必须注意防范。

（1）提高楼宇防震级别，固定各种设备防止倾倒，预防地震造成的损失。

（2）选择好机房的地理位置、高度，防范洪水等灾害，加强机房的屋顶防水、地面渗水的预防措施，保持室内的温度、湿度在一定范围内。

（3）使用阻燃、隔热材料，增加机房预防火灾的能力。

（4）机房灭火时，一旦采用干粉或其他灭火介质，存放的精密设备可能会被毁坏和污染；如果使用二氧化碳灭火，那么因为"冷击"作用，设备也可能会被严重破坏。在机房灭火时，可以采用七氟丙烷气体灭火器。七氟丙烷气体不含水分，不会残留在设备的表面或内部，在规定的灭火浓度下对人体完全无害，也不会造成"冷击"效果。

3．使用不间断电源和防静电地板

为了防止电力系统突然停电、电压突变，导致系统损坏、数据丢失，可以安装不间断电源（Uninterrupted Power Supply，UPS）。当正常的交流供电突然中断时，可以使用不间断电源的蓄电池持续供电，以保证系统正常工作。

由于种种原因而产生的静电，可能造成计算机在运行时出现随机故障、误动作或运算错误，击穿和毁坏某些元器件。此时，可使用防静电地板（又叫耗散静电地板）消除静电。防静电地板在接地或连接到任何较低电位点时，能够使电荷耗散。

4．物理隔离

网络的信息安全有诸多安全措施，如防火墙、防病毒系统等，以及对网络进行入侵检测、漏洞扫描等。由于技术的复杂性与有限性，这些措施仍然无法满足某些机构（如军事机构、政府机构、金融机构等）的高度安全要求。涉密网络不能把机密数据的安全完全寄托在用概率作判断的防护上。这时我们可以通过物理隔离技术保证被隔离的计算机资源不能被访问。

物理隔离是指内部网络不直接或间接地连接公共网络，其目的是保护路由器、工作站、网络服务器等硬件实体和通信链路免受人为破坏和搭线窃听等攻击。内部网和公共网使用物理隔离，就能绝对保证内部网络不受来自互联网的黑客攻击。物理隔离为重要机构划定了明确的安全边界，使网络的可控性增强，便于内部管理。例如，政府机构、军事机构建立不与公共网络物理连接的内部专用网络。

7.3 计算机病毒和木马

7.3.1 病毒概述

1．计算机病毒的定义

计算机病毒是一种人为编写的计算机程序，能够自我复制和传播，能破坏计算机系统、网络和数据。

2．计算机病毒的特点

（1）人为编写。计算机病毒是人为编写的、具有破坏性的程序段。个别人编写病毒的目的主要包括表现或证明自身能力，恶作剧或发泄不满情绪，纪念某人或某事，出于政治、军事需要等。

（2）破坏性。病毒分为良性病毒和恶意病毒。良性病毒不直接破坏系统或数据，恶意病毒则会故意损害、破坏系统或数据。

（3）可传播性。病毒进行自我复制，通过某种渠道从一个文件或一台计算机传播到另一个文件或另一台计算机，进行大量的传播和扩散。病毒的传播渠道包括 U 盘、光盘、硬盘、网络等。

（4）潜伏性。计算机病毒的体积一般很小，约几百字节到几千字节，不易被发现。植入的病毒可能并不会立刻发作，而是经过一段时间后进行大量传播。一般当病毒发作的条件满足时，才会触发病毒程序模块，显示发作信息，破坏系统和数据。病毒发作的条件包括系统时钟到达某个特定时间，病毒自带的计数器到达某个数值，或者用户进行特定操作等。

（5）顽固性。有的病毒很难一次性清除，使一些被病毒破坏的系统、文件和数据很难被恢复。

（6）变异性。很多计算机病毒都能在短时间内发展出多个变种，使病毒的发现和清除更加困难。

3．病毒的危害

病毒不但会造成计算机资源的损失和破坏，还会造成资源和财富的巨大浪费，甚至可能造成社会性的灾难。计算机病毒的主要危害如下。

（1）病毒直接破坏计算机数据信息。大部分病毒在发作时直接破坏计算机的数据，主要手段有格式化磁盘、改写文件分配表和目录区、删除文件或者改写文件、破坏 CMOS 设置等。

如磁盘杀手病毒（Disk Killer），在硬盘染毒后累计开机 48 小时的时候触发，屏幕上显示提示（Warning! Don't turn off power or remove diskette while Disk Killer is Processing!）并改写硬盘数据。

（2）占用磁盘空间。寄生在磁盘上的病毒会非法占用一部分磁盘空间。

引导型病毒占据磁盘引导扇区，把原来的引导区转移到其他扇区，也就是引导型病毒覆盖一个磁盘扇区。被覆盖的扇区数据永久性丢失，无法恢复。

一些文件型病毒传播速度很快，在短时间内感染大量文件，每个文件都不同程度地变大，造成磁盘空间的严重浪费。

（3）抢占系统资源。大多数病毒常驻内存，导致可用内存减少，一部分软件不能运行。病毒还会抢占中断，干扰系统运行。

（4）影响计算机运行速度。病毒进驻内存后不但干扰系统运行，还影响计算机速度，主要表现在以下方面。

① 病毒为了判断传染触发条件，总要监视计算机的工作状态。

② 有些病毒为了保护自己，会对静态病毒和动态病毒进行加密，将额外执行很多指令。

③ 病毒在进行传染时同样要插入非法的额外操作。

（5）计算机病毒错误与不可预见的危害。计算机病毒在编写或修改时会存在不同程度的错误，从而造成不可预见性的后果。

（6）计算机病毒给用户造成严重的心理压力。计算机用户往往将一些"异常"当成病毒，而采取各种措施防治病毒。计算机病毒给人们造成了巨大的心理压力，极大地影响了计算机的使用效率，由此带来的无形的损失是难以估量的。

4．病毒分类

按照病毒保存的媒体，病毒可以分为网络病毒、文件病毒、引导型病毒和混合型病毒。

（1）网络病毒：通过计算机网络传播感染网络中的可执行文件。

（2）文件病毒：感染计算机中的文件（如 COM、EXE、DOC 等文件）。

（3）引导型病毒：感染启动扇区（Boot）和硬盘的主引导记录（Master Boot Record，MBR）。

（4）混合型病毒：上述 3 种情况的混合型。例如，用多型病毒（文件病毒和引导型病毒）感染文件和引导扇区两个目标，这样的病毒通常都具有复杂的算法，它们使用非常规的办法侵入系统，同时使用了加密和变形算法。

7.3.2　病毒的传播途径

目前计算机病毒的主要传播途径有以下几种。

（1）硬盘、U 盘、光盘等存储介质。在相互借用、复制文件时传播病毒。

（2）网络。网络传输和资源共享已经成为病毒的重要传播途径。例如，服务器、E-mail、Web 网站、FTP 文件下载、共享网络文件和文件夹。

（3）盗版软件、计算机机房和其他共享设备，也是重要的病毒传播途径。

7.3.3　病毒防治

病毒防治主要包括预防病毒感染、检查和清除病毒两个基本途径。

1．预防病毒感染的措施

预防病毒感染的主要方法是切断病毒的感染途径，主要包括以下几种。

（1）对新购置的计算机系统软件，使用杀毒软件检查已知病毒。

（2）在其他计算机上使用 U 盘等移动存储设备时，务必注意写保护。如果要复制别人的数据，则必须先使用杀毒软件进行查毒。

（3）在计算机上安装杀毒软件，定期更新病毒代码，全面查杀病毒。

（4）经常更新系统软件和应用软件，使用补丁程序弥补操作系统的漏洞和缺陷。

（5）了解最新的病毒预警信息，以便尽早采取措施。

（6）注意查看电子邮件的标题，不随便打开来历不明的电子邮件。

2．检查和清除病毒

杀毒软件能根据病毒的特征信息，检查和清除已知病毒。对于新出现的未知病毒，杀毒软件则无能为力。

通过向病毒库中不断加入新的病毒特征码，使杀毒软件可以查杀新病毒。因此，用户必须经常更新杀毒软件的病毒库，才能查杀新病毒。

常见的杀毒软件有金山毒霸、360 杀毒软件、瑞星杀毒软件等。图 7-36 所示为金山毒霸的工作界面。

图 7-36　金山毒霸工作界面

目前的杀毒软件一般具有以下功能。

（1）扫描和清除文件、文件夹或整个驱动器中的病毒。

（2）在系统启动时，自动检查系统文件和引导记录的病毒。

（3）实时监控打开的程序，以及计算机系统中任何可能的病毒活动。

（4）实时扫描从 Internet 下载的文件。

（5）通过 Internet 自动更新病毒库，并升级程序。

（6）提供防火墙功能。

7.3.4　木马

木马病毒（Trojan）一般是隐藏在被控制的计算机系统的正常程序中的一段具有特殊功能的恶意代码，黑客可以远程控制感染木马病毒的计算机。一般的木马病毒程序主要是寻找计算机后门，伺机窃取被控计算机中的密码和重要文件等，还可以对被控计算机实施监控、资料修改等非法操作。

一个完整的木马程序包括服务端和客户端两部分，如图 7-37 所示。被植入木马的计算机是服务端，而黑客利用客户端侵入运行了木马的计算机。木马对自身进行伪装以吸引用户下载运行，向施种木马者提供打开被种者计算机的门户，使施种者可以任意毁坏、窃取被种者的文件，甚至远程操控被种者的计算机。

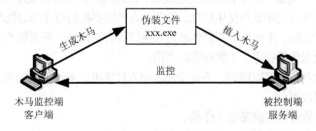

图 7-37　木马程序

1．常见的木马

（1）网络游戏木马。网络游戏木马通常采用记录用户键盘输入等方法获取用户的密码和账号，并发送给木马的作者。

（2）网银木马。网银木马是针对网上交易系统编写的木马病毒，其目的是盗取用户的卡号、密码，甚至安全证书。此类木马危害大，受害用户往往损失惨重。随着我国网上交易的普及，受到外来网银木马威胁的用户也在不断增加。

（3）下载类木马。这种木马程序的体积一般很小，其功能是从网络上下载其他病毒程序或安装广告软件。由于体积很小，下载类木马更容易传播，传播速度也更快。

（4）代理类木马。用户感染代理类木马后，会在本机开启 HTTP、SOCKS 等代理服务功能。黑客把受感染的计算机作为跳板，以被感染用户的身份进行黑客活动，达到隐藏自己的目的。

（5）FTP 木马。FTP 木马打开被控制计算机的 21 号端口（FTP 的默认端口），使每一个人都可以用一个 FTP 客户端程序，不用密码就连接到受控制端计算机，进行最高权限的上传和下载，窃取受害者的机密文件。

（6）通信软件类木马。即时通信软件如 QQ、微信等用户群十分庞大。常见的通信软件类木马一般有以下 3 种。

① 发送消息型木马：通过即时通信软件自动发送含有恶意网址的消息。

② 盗号型木马：主要目标是盗取即时通信软件的登录账号和密码。

③ 传播自身型木马：通过 QQ、微信等聊天软件发送自身进行传播。

（7）网页单击类木马。网页单击类木马会恶意模拟用户单击广告等动作，在短时间内产生数以万计的单击量。

2. 木马防治

木马的防治措施主要有以下几种。

（1）安装杀毒软件，定期扫描、查杀木马，实时检查要打开的文档、程序、移动存储设备。

（2）通过正规渠道下载软件，不下载、安装来历不明的软件。

（3）不随意扫描来历不明的二维码。

（4）不下载、打开来历不明的文档。

（5）不随意打开来历不明的链接、邮件等。

7.4 信息社会的道德规范

信息社会的道德规范是指在信息技术领域中调整人们相互关系的行为规范、社会准则和社会风尚。它的主要内容是诚实守信、实事求是；尊重人、关心人；己所不欲，勿施于人；在信息传递、交流、开发利用等方面服务群众、奉献社会，同时实现自我。

Internet 上的各种信息量巨大，信息传播速度快，因此我们必须树立良好的信息社会道德观和信息意识，有选择、有舍弃地获取和使用信息。以下几点是需要我们遵守的道德准则。

（1）不阅读、不复制、不传播、不制作暴力及色情等有害信息，不浏览黄色网站。

（2）不制作或故意传播病毒，不散布非法言论。

（3）尊重他人权利，不窃取密码，不非法侵入他人计算机；未经他人同意，不偷看或删改他人计算机数据、文件或设置。

（4）不使用盗版软件，不剽窃他人作品。

（5）注意防止病毒或黑客侵害，善于保护自己。

7.5 知识产权保护

知识产权是指受法律保护的人类智力活动的一切成果。它包括文学、艺术和科学作品；表演及其唱片或广播节目；人类一切活动领域的发明、科学发现；工业品外观设计、商标、服务标记以及商业名称和标志；在工业、科学、文学或艺术领域内由于智力活动而产生的一切权利。

1．知识产权的特点

知识产权具有以下特点。

（1）专利性，即同一内容只授予一个专利权，由专利权人垄断。

（2）地域性，即国家赋予的权利只在本国有效。

（3）时间性，即知识产权有一定的保护期限，超出保护期，则公有。

2．知识产权保护法律

我国从 20 世纪 70 年代开始陆续建立并逐步完善了知识产权保护的法律体系，其保护范围和保护水平逐步与国际惯例接轨，有力地保护了知识产权。我国的知识产权保护法律主要有《商标法》《著作权法》《专利法》《反不正当竞争法》《科学技术进步法》等。我国《刑法》中对于侵犯知识产权的犯罪行为也有明确规定。

3．盗版

盗版是指在未经版权所有人同意或授权的情况下，对其拥有著作权的作品、出版物等进行复制、再分发的行为，如图 7-38 所示。在绝大多数国家或地区，盗版被定义为侵犯知识产权的违法行为，甚至构成犯罪，会受到所在国家的处罚。盗版出版物通常包括盗版书籍、盗版软件、盗版音像作品以及盗版网络知识产品。购买者和使用者购买和使用盗版侵犯了法律，都无法得到法律的保护。

广大学生应该坚持使用正版图书、软件、音乐、影视作品等，努力提高自身对盗版的鉴别意识和能力，自己不买也劝别人不买，不参与复制、销售、传递盗版，并与各种盗版行为做斗争。如果发现盗版行为，不慎买到盗版，或者自己的知识产权受到侵犯，可以拨打全国知识产权维权援助与举报投诉热线 12330 举报、投诉或寻求帮助，如图 7-39 所示。

图 7-38　盗版　　　　图 7-39　知识产权保护举报电话

实验

一、实验目的

（1）熟悉备份和还原的过程。

（2）掌握加密的方法。

（3）熟悉防火墙的使用和配置。

（4）熟悉安全卫士的使用。

（5）熟悉杀毒软件的使用。

二、实验内容

1．备份和还原

（1）下载安装"一键 Ghost"软件，将 Windows 操作系统的系统盘备份，并尝试使用备份文件来还原系统分区。

（2）使用 Windows 自带的"备份和还原"工具，将 Windows 下的某个文件夹备份，并尝试使用备份进行还原。

（3）注册某云盘账号，在手机上下载云盘软件，备份手机上的电话号码簿和照片。

2．文件夹加密

（1）使用 WinRAR 压缩软件，将计算机上的某个文件夹压缩，并设定压缩密码。

（2）使用 Windows 的 NTFS 加密方法，将某个文件夹加密，以保护该文件夹中的数据。

（3）访问电子商务网站，查看其数字证书情况。

3．防火墙

（1）下载并安装瑞星个人防火墙，检查计算机的安全性，进行防火墙规则的设定，拦截钓鱼欺诈网站、木马网页、网络入侵及恶意下载等。

（2）启用 Windows 自带的防火墙，设定允许通过防火墙的程序和功能。

4．使用安全卫士

下载并安装某个安全卫士软件，扫描、修复计算机漏洞，并清理垃圾、升级软件、优化开机速度等。

5．使用杀毒软件

下载并安装某杀毒软件，升级病毒库，查杀计算机中的病毒和木马。

习题

一、单项选择题

1. 以下选项中，（　　　）是不需要保密的信息。
   A．身份证号码　　　　B．银行卡密码　　　C．电话号码　　　　D．网站地址

2. 以下选项中，（　　　）不属于信息系统的安全。
   A．硬件系统　　　　　B．个人信息　　　　C．通信系统　　　　D．软件系统

3. 以下选项中，（　　　）不属于硬件系统的缺陷。
   A．操作系统的漏洞　B．硬盘故障　　　　C．电路设计问题　　D．电池缺陷

4. 以下说法中，（　　　）不是信息安全的主要风险来源。
   A．信息系统自身的缺陷　　　　　　　　B．物理环境的安全问题
   C．天气因素　　　　　　　　　　　　　D．人为的威胁与攻击

5. 为了能在数据损坏时恢复数据，可以使用（　　　）方法。
   A．数据备份　　　　　B．数据加密　　　　C．数字签名　　　　D．防火墙

6. 以下选项中，（　　　）不是数据备份中需要考虑备份的要素。
   A．备份的时机　　　　B．备份的存储介质　C．备份的安全存放　D．备份加密

7. 金融、证券等部门的每一笔交易记录都不允许丢失，对数据要（　　　）。
   A．随时备份　　　　　B．每天备份　　　　C．每月备份　　　　D．每年备份

8. Windows 自带的"备份和还原"工具，可以进行（　　　）。
   A．数据加密　　　　　　　　　　　　　B．数据的备份和还原
   C．双击热备份　　　　　　　　　　　　D．防病毒

9. 使用（　　　）工具，将 Windows 的某个磁盘分区备份为一个文件。
   A．Ghost　　　　　　　B．Format　　　　　C．Office　　　　　　D．Copy

10. 要保证系统连续工作，可以采用（　　　）。
    A．备份　　　　　　　B．双机热备份　　　C．加密　　　　　　D．防火墙

11. 双机热备份系统采用（　　　）方法来保证主从服务器之间的联系。

    A. 心跳   B. 网络   C. 软件   D. 硬件

12. 防止文件在存储或传输过程中被非法阅读的方法是（　　　）。

    A. 数据备份   B. 数据加密   C. 数字签名   D. 防火墙

13. 使用以下的对照表，将 "GOODMORNING" 字符串加密后的密文是（　　　）。

加密前	A	B	C	D	E	F	G	H	I	J	K	L	M	N	O	P	Q	R	S	T	U	V	W	X	Y	Z
加密后	J	D	B	F	H	I	K	E	L	M	O	G	P	Q	R	X	S	U	N	V	W	Y	T	Z	A	C

    A. KRRFPRUQLQK B. GOODMORNING C. ABBFPRUQLQK D. KBBRPRUALKA

14. 加密技术包括对称密钥体系和（　　　）两个体系。

    A. NTFS   B. 非对称密钥体系   C. WinRAR   D. 凯撒

15. 在 Windows 系统中的 NTFS 加密文件夹时，使用的是（　　　）。

    A. Windows 账号 B. 加密口令   C. 电子邮件   D. 微信账号

16. 在非对称密钥体系中，加密者使用接收方的（　　　）加密明文，而接收方使用自己的私有密钥解密，且任何人不能使用公钥解密密文。

    A. 公开密钥   B. 用户账号   C. 口令   D. 用户证书

17. （　　　）是以安全为目标的 HTTP 通道，其中加入了 SSL 层，在 HTTP 的基础上通过传输加密和身份认证保证传输过程的安全性。

    A. FTP   B. HTTP   C. HTTPS   D. SMTP

18. （　　　）是证书授权机构签发的包含拥有者信息、公开密钥、私有密钥的文件，其中私有密钥由持有者掌握。

    A. 数字证书   B. 密码   C. 数字签名   D. HTTPS

19. （　　　）采用证书授权机构颁发的数字证书，针对法律文件或商业文件等保证信息传输的完整性、发送者的身份认证，防止交易中的抵赖发生。

    A. 数据备份   B. 数据加密   C. 数字签名   D. 身份认证

20. 以下选项中，（　　　）用于设置密码最安全。

    A. 生日   B. 姓名

    C. 电话号码   D. 足够长度的各种符号搭配

21. （　　　）是依据人类自身固有的生理和行为特征进行身份认证。

    A. 口令认证   B. 持证认证   C. 生物识别   D. USB Key

22. （　　　）是指通过比较不同指纹的细节特征点来进行鉴别。

    A. 指纹识别   B. 手掌几何识别 C. 视网膜识别 D. 签名识别

23. （　　　）是指使用摄像头等装置，以非接触的方式获取识别对象的面部图像，计算机系统在获取图像后与数据库图像进行比对，完成识别的过程。

    A. 指纹识别   B. 手掌几何识别 C. 视网膜识别 D. 面部识别

24. （　　　）是根据每个人独特的书写风格进行鉴别。

    A. 指纹识别   B. 手掌几何识别 C. 视网膜识别 D. 签名识别

25. 保护网络不被非法入侵，并过滤非法信息的方法是（　　　）。

    A. 数据备份   B. 防火墙   C. 数据加密   D. 数字签名

26. 以下说法中，错误的是（　　　）。

    A. 防火墙能防范所有恶意代码   B. 防火墙不能防范全部威胁

    C. 防火墙不能防范不通过它的连接 D. 应该正确地设定防火墙规则

27. 以下选项中，（　　）不是防火墙的功能。
    A. 网络安全的屏障　　　　　　　　　　B. 强化网络安全策略
    C. 防范病毒　　　　　　　　　　　　　D. 监控网络存取和访问

28. （　　）是指在硬件、软件和协议的具体实现或系统安全策略上存在的缺陷。
    A. 漏洞　　　　　B. 后门　　　　　C. 补丁　　　　　D. 安全卫士

29. （　　）是为了提高系统的安全，由软件开发者编制并发布的专门修补软件系统的漏洞的小程序。
    A. 漏洞　　　　　B. 后门　　　　　C. 补丁　　　　　D. 安全卫士

30. 以下选项中，（　　）可以用于扑灭机房火灾。
    A. 水　　　　　　　　　　　　　　　　B. 干粉灭火器
    C. 二氧化碳灭火器　　　　　　　　　　D. 七氟丙烷气体灭火器

31. （　　）是一种人为设计的计算机程序，能够自我复制和传播，能破坏计算机系统、网络和数据。
    A. 病毒　　　　　B. 木马　　　　　C. 黑客　　　　　D. 密码

32. 计算机病毒产生的原因是（　　）。
    A. 用户程序有错误　　　　　　　　　　B. 人为编写
    C. 计算机系统软件有错误　　　　　　　D. 计算机硬件故障

33. 以下选项中，（　　）不属于计算机病毒的特点。
    A. 潜伏性　　　　B. 破坏性　　　　C. 免疫性　　　　D. 变异性

34. 计算机病毒不能通过（　　）途径传播。
    A. 打开来历不明的电子邮件　　　　　　B. 使用别人的U盘
    C. 复制别人的文件　　　　　　　　　　D. 从键盘输入数据

35. 目前使用的防病毒软件的作用是（　　）。
    A. 查出任何已感染的病毒　　　　　　　B. 查出并消除任何已感染的病毒
    C. 消除任何已感染的病毒　　　　　　　D. 查出和清除已知的病毒

36. 以下关于计算机病毒的叙述中，正确的是（　　）。
    A. 杀毒软件可以查杀任何病毒
    B. 计算机病毒是一种被破坏了的程序
    C. 杀毒软件必须随着新病毒的出现而升级，以提高查杀病毒的能力
    D. 感染过计算机病毒的计算机具有对该病毒的免疫性

37. 一个完整的木马程序包含服务端和（　　）两部分。
    A. 传输端　　　　B. 发送端　　　　C. 接收端　　　　D. 客户端

38. 被植入木马的计算机是（　　），而黑客利用客户端侵入运行了木马的计算机。
    A. 服务端　　　　B. 发送端　　　　C. 接收端　　　　D. 传输端

39. 以下选项中，（　　）不符合信息社会道德。
    A. 诚实守信、实事求是
    B. 己所不欲，勿施于人
    C. 在信息传递、交流、开发利用等方面服务群众、奉献社会，同时实现自我
    D. 在网络中，可以随意攻击诋毁他人，而不受制裁

40. 以下选项中，（　　）不是知识产权的特点。
    A. 专利性　　　　B. 地域性　　　　C. 时间性　　　　D. 传播性

二、简答题

1. 简述信息安全的含义。
2. 简述信息安全风险的主要来源。
3. 简述数据备份的作用，以及考虑的因素。
4. 简述双机热备份的主要原理。
5. 简述加密的主要作用。
6. 简述非对称密钥体系的加密和解密过程。
7. 简述数字签名的工作过程。
8. 简述防火墙的主要功能。
9. 简述漏洞和后门的含义。
10. 简述杀毒软件的主要功能。
11. 简述木马防治的主要措施。

三、综述题

1. 综述信息安全的含义，信息安全的风险来源，信息安全的主要防范措施。
2. 综述为了预防在硬盘损坏时丢失重要数据，可以采取的措施及具体的做法。
3. 综述为了防止计算机中的重要数据被人非法阅读，可以采取的措施及具体的做法。
4. 综述为了防止黑客攻击计算机和网络，可以采取的措施及具体的做法。
5. 综述为了提高物理环境的安全，可以采取的措施及具体的做法。
6. 综述计算机病毒的含义、特点、危害、传播途径，以及病毒的防治方法。

<table>
<tr><td>第 8 章</td><td># 新一代信息技术</td></tr>
</table>

第8章 新一代信息技术

近年来，物联网、云计算、大数据和人工智能等新一代信息技术不仅实现了技术性突破，还在各领域广泛应用。了解新一代信息技术的基本概念、技术特点，可以帮助当代大学生理解科教兴国战略，自觉培养创新意识。本章介绍物联网、云计算、大数据和人工智能等新一代信息技术及其应用。

8.1 物联网

8.1.1 物联网概述

物联网（Internet of Things）通过各种传感器、射频识别技术、卫星定位系统等设备与技术，实时采集各种物体或过程的信息，通过各类可能的网络接入，实现物与物、物与人的泛在连接，实现对物品和过程的智能化感知、识别和管理。物联网是大数据、人工智能等新一代信息技术的基础，广泛应用在各个领域。

早期人们通过按照类别堆放物品来管理物品，物品的标签往往是物品的名字。20世纪40年代，人们发明了条形码技术，将宽度不等的多个黑条和白条按照一定的编码规则排列，由于黑条和白条的光线反射率不一样，这些黑条和白条就组成了一定的数据信息。这些数据信息可以通过特定的设备识别。图书的 ISBN 条形码如图 8-1 所示。

图 8-1　图书的 ISBN 条形码

随着计算机技术和互联网技术的发展，人们对物品管理提出了更高要求。如每个物品能够连接计算机网络，管理员通过计算机就能查看商品的位置、所属类别、生产厂家等信息。物联网技术应运而生，物联网技术重塑了物与物之间的关系，特别是加快了物体间的通信及信息共享。

物联网具体有两层含义：一是物联网的核心和基础仍然是互联网，是在互联网基础上延伸和扩展的网络；二是用户端延伸和扩展到了在任何物品与物品之间进行信息交换和通信。

8.1.2 物联网相关技术

物联网的基本特征主要有全面感知、可靠传递和智能处理。全面感知是指获取全面的物体信息；可靠传递是指通过网络将物体信息实时准确传递出去；智能处理是指运用云计算、图像识别、大数据等多种智能技术对信息进行分析和处理。

物联网涉及通信、微电子、计算机技术和网络等技术领域，人们总结抽象出感知层、网络层和应用层的三层体系结构，如图 8-2 所示。

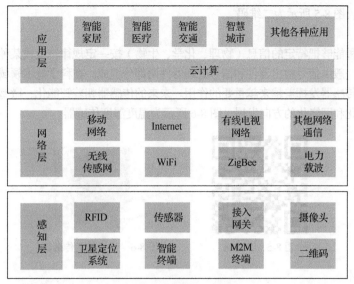

图8-2 物联网体系结构

1. 感知层

感知层通过各种传感器、摄像头等数据采集设备来连接、感知、控制与信息交流。其功能是辨别物体和采集信息。感知层由各种感知终端组成，包括温度/湿度传感器、二维码标签、射频识别标签和读写器、摄像头、卫星定位系统等。

感知层是物联网识别物体、采集信息的来源。感知层的相关技术包括无线射频识别技术、二维码、传感器、定位技术等。

（1）无线射频识别技术

无线射频识别（Radio Frequency Identification，RFID）技术的基本理论是电磁理论，利用射频信号和空间耦合传输特效，实现对被识别物体的自动识别，是一种非接触的自动识别技术。

一个完整的RFID应用系统一般包括读写器、标签和计算机系统3个部分，如图8-3所示。标签是产品电子代码的物理载体，其中记录了物品的信息，如物品类别、生产厂家、存放位置、库存数量、商品序列号等。RFID电子标签主要由标签芯片和标签天线（或线圈）组成，如图8-4所示。

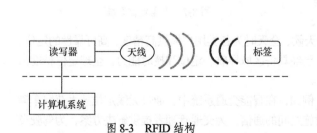

图8-3 RFID结构

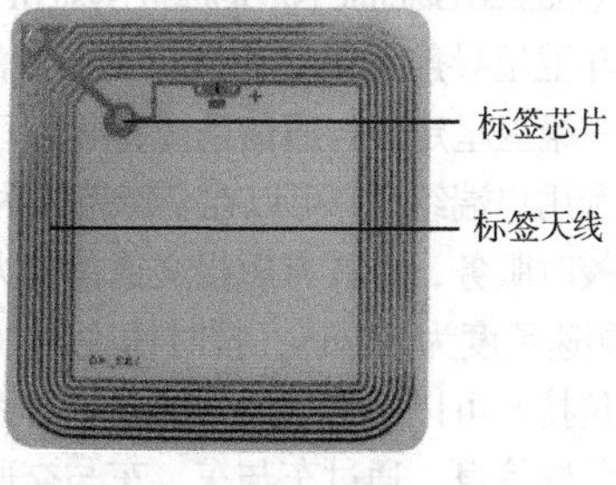

图8-4 RFID电子标签

（2）二维码

在日常生活中，条形码随处可见，商场、书店、超市中每一件商品都有条形码记录其价格、商品类别等信息，图8-1所示为图书的ISBN条形码。一维条形码通常标识物品的数字编码，其承载的信息容量有限，且需要数据库的支持，因此在使用上受到一定限制。

二维码是按一定规律在平面（二维方向上）分布的、黑白相间的、记录数据符号信息的图形标识符。二维码能整合文字、声音、图像等信息，信息量大，广泛应用于工业、农业、商业、交通、物流等众多领域。图 8-5 所示为二维码。

（3）传感器

传感器是一种能够把特定的信息（物理、化学、生物）按一定规律转换成某种可用信号输出的器件和装置。它一般由信号检出器件和信号处理器件两部分组成。在科学技术领域、工农业生产以及日常生活中，传感器发挥着越来越重要的作用。未来的传感器朝着智能化、微型化、多功能化、绿色化、高灵敏化和网络化的方向发展。图 8-6 所示为温度湿度传感器。

图 8-5　二维码

图 8-6　温度湿度传感器

（4）定位技术

物联网应用系统中，很多应用都需要对"物"进行精确定位、跟踪和操控，从而实现更可靠的人与物、物与物的通信。无线定位系统由无线信号发射站和无线信号接收站两部分组成。无线信号接收站通过测量无线信号发射站发出的信号参数（如信号强度、信号传输的时延），并调用定位算法来进行位置的计算。

无线定位系统主要包括卫星定位系统、蜂窝基站定位系统、无线局域网定位系统等。

卫星定位系统通过卫星采集到观测点的经纬度和高度，从而实现导航、定位、授时等功能。如图 8-7 所示，卫星定位系统由 3 个部分构成，地面监控部分（由主控站、监测站等组成）、空间部分（卫星）、用户部分。卫星定位系统包括北斗卫星导航系统、全球定位系统（Global Positioning System，GPS）、格洛纳斯卫星导航系统（GLONASS）和伽利略卫星导航系统（Galileo Satellite Navigation System）。

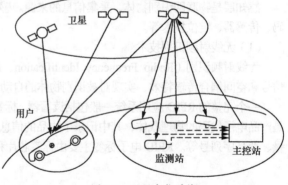

图 8-7　卫星定位系统

北斗卫星导航系统是我国自主研发的全球有源三维卫星定位与通信系统，由空间端、地面端和用户端组成，可以在全球范围内全天候、全天时为各类用户提供高精度、高可靠性的定位、导航、授时服务，并具有短报文通信能力，已经具备区域导航、定位和授时能力，全球定位精度为 10m，测速精度为 0.2m/s，授时精度为 20ns。

定位技术可以用于生活中的各个方面。例如，在智能交通系统中，通过无线定位技术获取车辆的实时位置信息，通过车与车、车与交通设施之间的通信，为交通管理者提供解决方案，为驾驶员提供更优出行线路等服务。

2．网络层

网络层由各种网络，包括互联网、广电网、有线通信网络、无线通信网络及移动通信网络、网络管理系统、云计算平台等组成，是整个物联网的中枢，负责传递和处理感知层获取的信息。网络层是物联网的中间层，通过网络传送感知层接收到的信息，并实现信息的交互共享和有效处理。其关键技术包括因特网、移动通信、云计算和 ZigBee 等。

移动通信系统用于为公众提供移动语音和数据通信服务。为了提高通信资源的使用效率，它通过数量众多的类似蜂窝形状的区域构成全系统服务的覆盖区，基站为蜂窝的中心。移动通信系统如图8-8所示。根据移动通信系统的特征，可以将其分为第一代移动通信系统（1G）、第二代移动通信系统（2G）、第三代移动通信系统（3G）、第四代移动通信系统（4G）和第五代移动通信系统（5G）。在物联网中主要使用3G、4G和5G进行数据通信。

移动通信系统在物联网中应用范围广泛，支持各类移动数据型应用。物联网涉及的控制、计费、支付等应用占用带宽不大，但视频感知类的应用占用带宽较多，如公交车的视频监控。

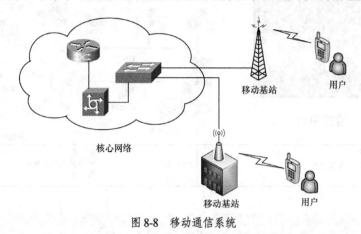

图8-8　移动通信系统

3. 应用层

应用层主要确定物联网系统的功能、服务要求。应用层通过分析处理感知层接收到的数据，为用户提供特定服务，如智能家居、智能医疗、智能交通、智能环保、智能电网、智能物流、智慧城市等。

物联网把感应器装备到电网、铁路、桥梁、隧道、公路、居民建筑、供水系统、大坝、输油管道等中，然后与现有的互联网整合起来，实现人类社会与物理系统的整合。在这个整合的网络中，存在能力超强的中心计算机群（云计算），能够对整合网络内的人员、机器、设备和基础设施进行实时的管理和控制。人类因此能以更加精细和动态的方式管理生产及生活，从而实现智能医疗、智慧农业、智能交通、智能家居、智能环保等。

8.1.3　物联网的应用

物联网广泛应用于智能家居、智能医疗、智能交通、智能环保、智能电网、智能物流、智慧城市等多个领域。

1. 智能家居

智能家居是指利用先进的计算机技术、网络通信技术、综合布线技术、自动控制技术，依照人体工程学原理，融合个性需求，将与家居生活有关的各个子系统连接起来的家居设施。人们通过智能家居，可以智能控制和管理如热水器、空调、洗衣机、冰箱、电视机、灯光等各种家居设备，构建高效的家居管理系统，提升家居的安全性、便利性、舒适性，创造节能环保的居住环境。智能家居系统主要包括一个家庭网关以及多个通信子节点，每一个子节点包含一个设备终端并都能够与网关连接。人们通过网关完成对各个子节点家电的管理，如图8-9所示。

图8-9　智能家居

2．智能交通

智能交通系统（Intelligent Transportation System，ITS）是将先进的信息技术、数据通信传输技术、电子传感技术、控制技术及计算机技术等有效地集成运用于整个地面交通管理系统而建立的一种在大范围内、全方位发挥作用的，实时、准确、高效的综合交通运输管理系统，它是未来交通系统的发展方向。智能交通系统如图 8-10 所示。

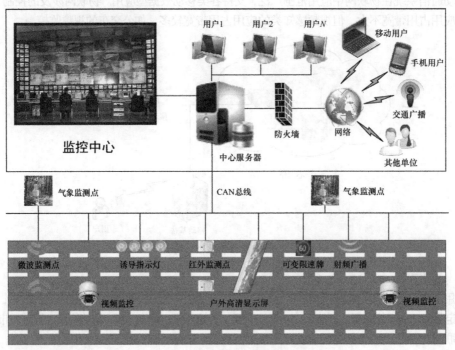

图 8-10　智能交通系统

8.2 云计算

8.2.1　云计算概述

在云计算诞生之前，很多公司通过互联网提供服务，如订票、导航、搜索等。随着服务内容和用户规模的不断增加，对于互联网服务的可靠性、可用性的要求急剧增加，这种需求变化通过集群方式难以得到满足，于是各公司在各地建设了数据中心。较大规模的公司建设的分散于全球各地的数据中心，在满足其业务发展需求的同时还有富余的可用资源，于是这些公司将这些基础设施作为服务提供给相关用户，这就是早期的云计算。

云计算是一种按使用量付费的业务模型，可以随时随地、便捷、按需地从可配置的计算资源共享池中获取所需的计算资源，包括网络、服务器、存储、应用程序及服务，资源可以快速供给和释放，只需投入较少的管理工作。

目前比较知名的云服务提供商有阿里云、腾讯云、华为云、亚马逊的 AWS、微软的 Azure 等。

云计算的业务模型可简单划分 3 大类服务：基础设施即服务（Infrastructure-as-a-Service，IaaS）、平台即服务（Platform-as-a-Service，PaaS）、软件即服务（Software-as-a-Service，SaaS）。如图 8-11 所示，它们分别对应于传统 IT 中的"硬件""平台"和"应用软件"。

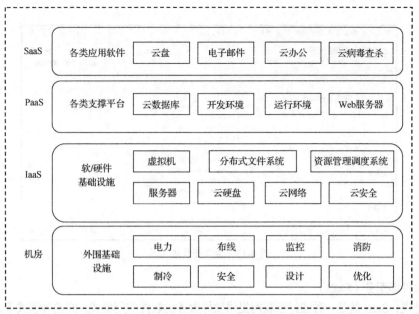

图 8-11　云计算的业务模型

（1）基础设施即服务（IaaS）

IaaS 主要包括计算机服务器、通信设备、存储设备等，能够按需向用户提供计算能力、存储能力或网络能力等 IT 基础设施类服务。

通俗理解 IaaS 就是通过 Web 浏览器直接租用服务器、存储设备和通信设备。对于用户而言，可节省硬件维护成本和场地，同时还可以随时扩展所需要的硬件资源能力。

目前阿里云、华为云、腾讯云、百度云等都提供 IaaS 业务。图 8-12 所示为阿里云服务器产品。

图 8-12　阿里云服务器产品

（2）平台即服务（PaaS）

对比传统计算机架构中"硬件+操作系统/开发工具+应用软件"，PaaS 平台层提供类似操作系统和开发工具的功能，也就是通过互联网为用户提供一整套开发、运行和运营应用软件的支撑平台方案。用户无须购买硬件和软件，只需要利用 PaaS 平台，就可以创建、测试、部署和运行应用和服务。

图 8-13 所示为微信开发者工具，实现云函数、数据库、云存储、云托管等云开发功能。

图 8-13　微信开发者工具

（3）软件即服务（SaaS）

简单地说，SaaS 就是一种通过互联网提供软件服务的软件应用模式。在这种模式下，用户不需要再花费大量投资用于硬件、软件和开发团队的建设，只需要支付一定的租赁费用，就可以通过互联网享受到相应的服务，而且整个系统的维护也由厂商负责。图 8-14 所示为阿里钉钉，提供即时沟通、组织、智能人事、OA 审批、邮箱等功能。

图 8-14　阿里钉钉

8.2.2　云计算相关技术

与传统个人计算机系统相似，云计算系统也包括计算、存储和通信 3 个设备（子系统），分别提供数据运算、数据存储和数据通信三个服务。

（1）计算设备

在云计算系统中，计算设备常统称为主机（Host），是支撑系统运行的最基础的设施。其主要包括服务器、大型机、服务器集群、笔记本电脑、台式计算机、平板电脑、智能手机、虚拟机等。

（2）存储设备

大量数据的存储与管理是整个云计算流程中的重要任务，云计算系统中配置了大量存储设备，用于数据的云存储。

（3）网络通信

云计算系统中各式各样的数据通信技术可以实现网络间的互连，网络通信设备及部件都是连接到网络中的物理实体。

云计算的两个核心技术分别是分布式技术和虚拟化技术。

1. 分布式技术

云计算的底层硬件包括大量的服务器集群。当把每个服务器看作一个计算机节点时，云计算系统由许多计算机节点通过互联网技术连接在一起构成。在进行云计算、云存储时，将任务通过网络分配到各个节点上，数据中心负责调度，共同完成任务。其中的关键就是分布式技术。图 8-15 所示为分布式文件系统。

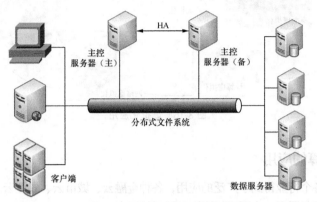

图 8-15 分布式文件系统示意图

随着海量数据的出现，要处理的数据量远远超出单个计算机的处理能力。为了保证数据处理的即时性，通过使用分布式技术可以将大量数据分割成多个小块，由多台计算机分工计算，然后将结果汇总。

目前分布式计算经典的商业应用解决方案是采用 Hadoop MapReduce。Hadoop 是一套海量数据计算存储的基础平台架构，包括并行计算模型 Map/Reduce、分布式文件系统 HDFS，以及分布式数据库 Hbase，同时 Hadoop 的相关项目也很丰富，包括 ZooKeeper、Pig、Chukwa、Hive、Hbase、Mahout、Flume 等。比较知名的分布式计算解决方案还有 Spark 框架、Impala 查询系统、Storm 实时流式分布式处理框架等。

2. 虚拟化技术

虚拟可以理解为虚化和模拟，就是把物理世界存在的实体虚拟化处理，然后在虚拟化环境中模拟其实际运行功能和状态。通过虚拟化技术，可将多台计算机（如几十台、几百台、几千台甚至上万台计算机）整合配置在一起，形成一个巨大的资源池，包括计算资源池、存储资源池等。

虚拟化技术作为一种资源管理技术，将计算机的各种实体资源，如服务器、网络、内存以及存储等，抽象、转换后呈现出来，打破实体间不可分割的障碍，使用户可以更好地应用这些资源。用户可以构建出最适应需求的应用环境，从而节省成本，并使这些资源的利用率得到最大化。

虚拟化技术包括硬件虚拟化和软件虚拟化两大类。硬件虚拟化技术主要是指计算能力、存储能力和网络能力的各种硬件的虚拟化技术，包括计算资源硬件相关的 CPU、GPU 计算虚拟化技术，存储硬件相关的光盘、磁盘等资源存储虚拟技术，网络硬件相关的虚拟网络技术等。软件虚拟化技术是指把软件应用对底层系统和硬件依赖抽象出来的技术，主要包括桌面虚拟化技术以及一些云平台（如容器技术）等。

如图 8-16 所示，常见的虚拟化应用包括计算虚拟化、存储虚拟化、网络虚拟化、桌面虚拟化和服务器虚拟化。

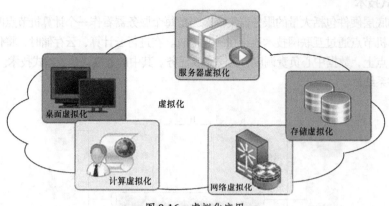

图 8-16　虚拟化应用

8.2.3　云计算的应用

云计算已经在各个行业得到了广泛的应用，各种金融云、城市云、农业云、交通云、政务云、工业云、商贸云等不断涌现，为国民经济注入了新的活力。

1．云计算与工业制造

随着信息化技术的发展，发展工业互联网/工业云也成为各个国家的国家发展战略。例如，美国在 2012 年提出国家制造业创新网络，德国在 2013 年提出工业 4.0 计划，欧盟提出智能制造路线图计划。我国也正式提出了大力发展工业互联网的计划，从而实现"互联网+先进制造业"的深度融合。表 8-1 所示为中国与德国有关工业智能互联的特点对比。

表 8-1　中国与德国工业智能互联特点对比

国家	目标	主要特征
中国	智能制造	基于泛在网络，借助新兴制造技术、新兴信息技术、智能科学技术及制造应用领域技术 4 类技术深度融合的数字化、网络化、智能化技术新手段，构成以用户为中心的、统一经营的智能制造资源及产品与能力的服务云（网），使用户通过智能终端及制造服务平台，便能随时随地按需获取制造资源、产品与能力服务
德国	智能工厂、智能生产	基于 CPS（信息物理系统）实现 3 个集成： • 纵向集成，解决企业内部不同层面各系统之间的集成，提高生产线柔性； • 横向集成，实现全价值链上所有企业之间集成和社会化协作； • 端到端集成，满足客户的定制化需求，实现"按需生产"

目前世界主流的工业云平台包括中国航天云网工业智能云系统平台，美国通用电气公司 Predix 平台以及德国西门子 MindSphere 平台。

2．云计算与融媒体

随着微博、微信、抖音、快手等社交媒体的兴起，传统纸媒体和广播电视媒体遇到了很大的挑战。5G 移动通信技术投入商用，未来的新闻将更加多元化。近几年传统媒体结合信息技术，充分利用互联网的优势，形成了"互联网+媒体"的产业格局。融媒体是指充分利用媒介载体，把广播、电视、报纸等既有共同点又存在互补性的不同媒体，在人力、内容、宣传等方面进行全面整合，实现"资源通融、内容兼融、宣传互融、利益共融"的新型媒体。图 8-17 所示为融媒体平台的基本架构。

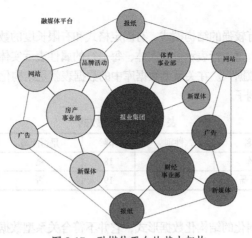

融媒体平台

图 8-17　融媒体平台的基本架构

在互联网技术方面，云计算是最基础的、最重要的技术储备之一。2017 年腾讯云联合《人民日报》共同发布了我国首个媒体融合云服务平台——中国媒体融合云，意在为媒体融合发展消除技术瓶颈。中国媒体融合云直接应用腾讯云丰富且强大的功能，包括计算、网络、存储、数据库、安全、域名服务、移动与通信、监控与管理、视频点播与直播、大数据与 AI 等方面的技术功能，而且这些功能还在不断地升级、扩展中。

8.3　大数据

8.3.1　大数据概述

进入 21 世纪以来，随着互联网应用的迅猛发展，物联网、云计算逐渐走近大众，各种传感器、移动设备每时每刻都产生大量数据。数据从 Web 2.0 阶段的用户自主原创生成阶段，进入到由感知系统自动生成的阶段，数据成为企业最有价值的资产。

从计算机科学的角度来看，数据是所有输入计算机并被计算机程序处理的符号的总称，是具有一定意义的数字、字母、符号和模拟量的统称。数据的爆发式增长使数据的存储单位的规模越来越大，从 MB、GB、TB 到 PB、EB、ZB、YB，所存储的数据越来越多。

海量数据的获取方式主要有以下三种。

（1）应用程序生成数据

应用程序在使用过程中会产生大量数据，如股票交易系统、库存管理系统、办公自动化系统等计算机应用系统。数据的产生是被动的，只有当实际业务发生时，才会产生新的记录并存入数据库。例如，在股票交易系统中，当发生一笔股票交易时会生成相关记录。

（2）用户原创产生数据

在 Web 2.0 时代，UGC（User Generate Content，用户产生内容）以及移动终端设备普及应用，数据开始由用户自主原创生成，数据产生的速度大大加快。例如，上网用户可以随时随地发微博、传照片等，这些都是由用户原创产生的数据。

（3）数据感知

随着物联网的普及，数据开始由感知系统自动生成阶段，进入数据感知阶段。传感器、监控等主动数据采集设备的大范围应用，使得数据的产生量级发生了飞跃。

通过以上三种方式生成并获取的数据主要包含三种类型。

（1）结构化数据

结构化数据指的是具有较强的结构模式，有固定格式和有限长度的数据。结构化数据通常表现为一组二维形式的数据集，每一行表示一个实体，每一行的属性表示实体的某一方面。这类数据本质上是"先有结构，后有数据"。在关系型数据库中的数据表就是结构化数据。例如，表 8-2 中的数据是一个结构化数据的例子。

表 8-2　结构化数据

学生编号	姓名	性别	年龄	是否团员	籍贯
2018100201	赵军	男	18	是	湖南长沙
2017100202	刘石磊	男	19	否	湖北武汉

（2）半结构化数据

半结构化数据是一种弱化的结构化数据形式，它并不符合关系型数据模型的要求，但仍有明确的数据结构甚至层次结构，包括相关标记，用来分割实体以及实体属性。这类数据中的结构特征相对容易获取和发现，通常采用 XML、JSON 等标记语言来表示。HTML 也可以认为是一种半结构化的数据。例如，表 8-2 的结构化数据用 XML 格式表示如下。

```xml
<?xml version="1.0" encoding="utf-8"?>
    <学生>
        <学生编号>2018100201</学生编号>
        <姓名>赵军</姓名>
        <性别>男</性别>
        <年龄>18</年龄>
        <是否团员>是</是否团员>
        <籍贯>湖南长沙</籍贯>
    </学生>
    <学生>
        <学生编号>2017100202</学生编号>
        <姓名>刘石磊</姓名>
        <性别>男</性别>
        <年龄>19</年龄>
        <是否团员>否</是否团员>
        <籍贯>湖北武汉</籍贯>
    </学生>
```

（3）非结构化数据

非结构化数据是指不遵循统一的数据模式或者模型，不定长、无固定格式的数据。人们在日常生活中接触的大多数数据属于非结构化数据。这类数据没有固定的数据结构，或难以发现统一的数据结构。各种存储在文本文件中的系统日志、文档、图像、音视频等数据都属于非结构化数据。

数据的爆炸性增长不仅使世界充斥着比以往更多的信息，而且其增长速度也在加快，已经积累到了一个开始引发变革的程度。人们无法在一定时间范围内利用常规软件工具进行捕捉、管理和处理的数据，需要采用新的处理模式处理，才能具有更强的决策力、洞察发现力和流程优化能力的海量、高增长率和多样化的信息资产称为大数据。大数据具有容量大（Volume）、类型繁多（Variety）、价值密度低（Value）和速度快（Velocity）的特性（4V 特征）。

1. 数据容量大

大数据的计量单位至少是 PB、EB。与人类信息密切相关的非结构化数据容量的增长规模远超结构化数据增长速度，容量达到甚至超过传统数据库的 50 倍。

2. 数据类型繁多

大数据的类型可以包括文本、图片、音频、视频、地理位置、人体姿态信息等。数据结构没有明显的结构模式，具有异构性和多样性的特点。数据内容没有连贯的语法和语义。多类型的数据必须借助分布式处理方法（如 MapReduce 等）进行数据处理。

3. 数据价值密度低

海量数据存在大量不相关信息，价值密度相对较低。以视频数据为例，连续不间断监控过程采集的视频数据，具有价值的有用数据可能只是很短的瞬间。

通过人工智能算法完成海量数据的价值提炼，预测未来趋势与模式并进行决策，进行深度复杂的数据挖掘分析，是大数据时代亟待解决的难题。

4. 速度快

大数据需要进行实时分析而非批量式分析，要求处理速度快，时效性高。其不同于传统数据挖掘的最显著的特征是：需要在大数据的输入、处理和挖掘分析等环节进行连贯性处理。

面对大数据的全新特征，大数据时代对人类的数据驾驭能力提出了新的挑战，摒弃既有技术架构和路线，采用分布式开源框架高效地处理海量数据，及时处理反馈，获得更为深刻、全面的洞察能力是必然选择。

8.3.2 大数据的处理过程

大数据的处理过程可以理解为：在合适工具的辅助下，对异构的数据源进行采集和集成，然后按照一定的标准进行存储，并利用适当的数据分析技术对存储的数据进行分析，从中提取有益的价值并利用恰当方式将结果展现给终端用户。具体来说，可以概括为数据采集与预处理、数据管理、数据处理和数据可视化。

1. 数据采集与预处理

如果要从数据中获取价值，首先需要从现实世界中采集信息，并计量和记录信息。大数据的来源多种多样，而不同来源的数据的采集方式也不相同。

（1）大数据的来源

大数据的数据获取来源主要有以下 3 种。

① 对现实世界的测量

这类数据是通过感知设备获得的，例如，医疗影像数据，二维码或条形码扫描数据，摄像头监控数据，用于监测天气、水、智能电网的传感数据以及应用服务器日志等。

② 人类的记录

这类数据是由人将数据录入计算机而形成的，主要包括关系型数据库中的数据和数据仓库中的数据，如企业资源计划（ERP）系统、客户关系管理（CRM）系统等产生的数据。

另一类典型的数据来源就是用户在使用信息系统，包括微博、微信、搜索引擎、电子商务平台等过程中被记录的行为。

③ 计算机生成

这类数据是计算机通过模拟现实世界生成的数据。例如，通过计算机动态模拟城市交通、生成噪声、流量等信息。

（2）大数据的采集方法

根据数据源特征的不同，数据的采集方法多种多样。常用的数据采集方法有以下几种。

① 传感器

传感器常用于测量物理环境变量并将其转化为可读的数字信号以待处理，这是采集物理世界信息的重要途径。如图 8-18 所示，在智能交通中，数据的采集有基于卫星定位系统的定位信息采集、基于交通摄像头的视频采集、基于交通卡口的图像采集等。

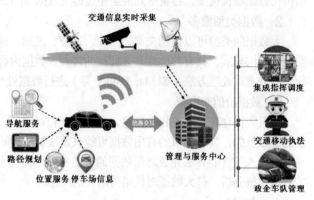

图 8-18　智能交通工作示意图

② 系统日志

系统日志是人们广泛采用的数据获取方法之一。系统日志由系统运行产生，以特殊的文件格式记录系统的活动，包含系统的行为、状态以及用户与系统的交互等。

③ 网络爬虫

网络爬虫是指为搜索引擎下载并存储网页的程序，是互联网信息采集的重要方式。网络爬虫顺序地访问初始队列中的一组网页链接，并为所有网页链接分配一个优先级。网络爬虫从队列中获得具有一定优先级的 URL，下载该网页，随后解析网页中包含的 URLs，并将这些新 URLs 添加到队列中。这个过程一直重复，直到网络爬虫停止为止。

④ 众包

众包指的是一个公司或机构把过去由员工执行的工作任务，以自由、自愿的形式外包给非特定的（而且通常是大型的）大众志愿者的做法。众包的任务通常由个人来承担，但如果涉及需要多人协作完成的任务，也有可能以依靠开源的个体生产的形式出现。众包可以用作数据采集，将搜集数据的任务外包给其他人来完成，通过大量参与的用户来获取恰当数据。

（3）大数据的预处理

现实世界中的数据经常是不完整、不一致的"脏"数据，无法直接进行数据挖掘，或挖掘结果不尽如人意。数据的预处理是指对所采集的数据进行分类，或分组前进行审核、筛选、排序等必要的处理。数据预处理有多种方法，包括数据清洗、数据集成、数据变换和数据归约等。

① 数据清洗，去掉噪声和无关数据。

② 数据集成，将多个数据源中的数据结合起来进行统一存储。

③ 数据变换，把原始数据转换成适合进行数据挖掘的形式。

④ 数据归约，主要方法包括数据立方体聚集、维度归约、数据压缩、数值归约、离散化和概念分层等。

以上这些数据预处理技术在数据挖掘之前使用，可大大提高数据挖掘模式的质量，减少实际挖掘所需要的时间。

2．数据管理

数据管理是指对数据进行分类、编码、存储、索引和查询。数据管理技术是大数据处理流程中的关键技术，负责数据从落地存储（写）到查询检索（读）。在大数据时代，随着处理的数据量急剧增多，数据类型繁杂多样，数据的价值密度相对较低，对数据的处理速度、时效性要求不断提高，分布式文件系统、NoSQL 数据库、SQL on Hadoop 等新技术应运而生。

3．数据处理

随着大数据技术的迅猛发展，采用大数据处理的手段分析和解决各类实际问题越来越得到重视。

在大数据环境下，需要处理的数据量由 TB 级迈向 PB 级甚至 ZB 级，传统的基于单机模式的数据处理显得越来越力不从心，分布式的大数据处理逐渐成为业界主流。面向大数据处理的数据查询、统计、分析、挖掘等需求，催生了不同的计算模式，适用于不同领域的产品。其主要的计算模式包括批处理计算、流计算、图计算和查询分析计算。

4．数据可视化

数据可视化是理解、探索、分析大数据的重要手段。通过数据可视化，将数据转化为图形图像提供交互，以帮助用户更有效地完成数据的分析。常见的柱状图、饼状图、直方图、散点图、折线图等都是最基本的统计图表，也是数据可视化最为常见和基础的应用。因为这些原始统计图表只能呈现数据的基本统计信息，所以在面对复杂或大规模结构化、半结构化和非结构化数据时，数据可视化的设计与编码就要复杂得多。

大数据可视化可以理解为数据量更加庞大、结构更加复杂的数据可视化。大数据可视化侧重于发现数据中蕴含的规律特征，其表现形式也多种多样。因此，在海量数据的背景下，大数据可视化将推动大数据技术得到更为广泛的应用。

▶提示

　本章的实验一是数据分析和可视化练习，内容是完成对 2020 年部分关闭公司数据的分析，并将分析结果可视化展示。

8.3.3　大数据的应用

我国已开始大力推动互联网、大数据、人工智能和实体经济的深度融合。大数据相关技术已被广泛应用在企业生产、政府管理、社会治理及民生改善等各个领域。大数据的应用领域可大致分为政务大数据、金融大数据、工业大数据、营销大数据和健康医疗大数据等。

1．政务大数据

就政府而言，大数据必将成为国家治理、社会管理的信息基础。政务大数据领域在大数据应用领域一直占据重要地位，它集中了 80%的高价值数据。

（1）通过将政务大数据的资源汇聚、规范整合、开放共享，以实际业务应用为导向，实施政务大数据解决方案的数据分析，可以研究社会运转模式及规律，洞悉社会问题，有效帮助政府高效化、科学化地开展工作。

（2）应用大数据技术，盘活各地闲置公共资产，把原来大规模投资建设的产业园改造成智慧工程。

（3）在民生领域应用大数据技术，政府可提升服务能力和运作效率，以及个性化的服务；在安防领域应用大数据技术，政府可提高应急处置能力和安全防范能力。

图 8-19 所示是政务大数据中心系统总体架构。

2．金融大数据

金融大数据推动了金融创新，以余额宝为代表的互联网货币基金、宽客技术引领的量化投资的金融大数据的应用产品服务和经营模式已进入金融领域的各个环节。

要解决在金融领域的数据分析的问题，一方面，可以通过应用金融大数据技术对海量数据进行专业的挖掘和分析，从而更好地判断资产价格走势、评估机构个人信用、分配资金流向、把控金融风险；另一方面，可以应用金融大数据技术实现更完善的市场监管。

目前，金融大数据已经被广泛应用在银行、保险、量化投资、资产管理、金融监管等领域。图 8-20 所示为保险行业大数据应用结构。

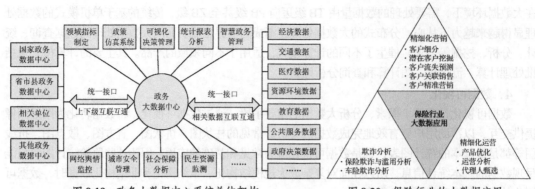

| 图 8-19 政务大数据中心系统总体架构 | 图 8-20 保险行业的大数据应用 |

3．工业大数据

新一代信息技术向工业领域深入渗透，我国有针对性地提出了工业的转型升级计划。

各类工业生产应用系统中所产生的海量数据，实时性较强，通常面向具体需求，互用性和价值密度较低，因此可以借助大数据的数据挖掘和分析技术进行问题洞察，实现实时决策和流程优化。

工业大数据的应用领域可细化为智能运维、智慧工厂、流程优化、机器人技术、自动驾驶等。图 8-21 所示为工业大数据驱动下的企业运行分析与决策支持。

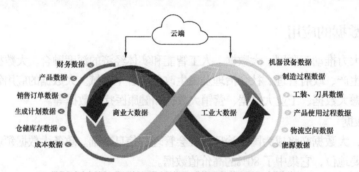

图 8-21　工业大数据驱动下的企业运行分析与决策支持

8.4　人工智能

8.4.1　人工智能概述

数千年来，人们一直试图理解人类是如何思考的，用如此少的物质却能感知、理解、预测和操纵如此宏大而且复杂的世界。人工智能（Artificial Intelligence，AI）领域对此的研究更加深入，不但试图理解智能体，还尝试创建并操纵智能体。

1936 年 5 月，英国科学家阿兰·麦席森·图灵（Alan Mathison Turing）在论文《论可计算数及其在判定问题中的应用》（*On Computational Numbers: with an application to the Enscheidungs problem*）中奠定了计算机科学的理论和实践基础，推进了相关的哲学思考。1950 年，图灵发表论文《计算机机器与智能》（*Computing Machinery and Intelligence*），提出了关于机器思维的问题。这篇论文被认为是人工智能学科的源头。由于这些划时代的文章和其他相关的前沿工作，图灵被称为"人工智能之父"。

现代人工智能公认起源于 1956 年的达特茅斯会议。1956 年的夏天，约翰·麦卡锡（John McCarthy）将十余位对自动机理论、神经网络和智能研究感兴趣的学者召集在一起，在达特茅斯大学召开了为期两个月的研讨会。这一会议被认为是人工智能领域诞生的标志，如图 8-22 所示为会议原址。

到目前为止，还没有一个统一的、精确的、能被所有人认可的人工智能的定义。常见的人工智能定义有两种。马文·李明斯基（Marvin Lee Minsky）提出"人工智能是一门科学，它使机器去做那些由人来做并需要智能的工作"；尼尔斯·J. 尼尔森（Nils J. Nilsson）在《人工智能》一书中给出了更为专业的定义：人工智能是关于知识的科学——怎样表示知识以及怎样获得知识并使用知识的科学。这个定义已被众多专业人士所认可。

人工智能在其发展过程中，棋类游戏中人工智能技术的应用一直备受重视，借助人机对弈研究人工智能，模拟人类活动，达到甚至超过人类水平，可以吸引大众的关注并投身人工智能的研究和应用中。在人工智能的发展史上有非常著名的三盘棋——西洋跳棋、国际象棋和围棋。

1．西洋跳棋

1952 年，阿瑟·萨缪尔（Arthur Samuel）在 IBM 公司研制了一个具有自主学习能力的西洋跳棋程序。1962 年，该程序战胜了美国西洋跳棋最强的选手之一的罗伯特·尼雷，在当时引起很大的轰动，如图 8-23 所示。阿瑟·萨缪尔首次提出"机器学习"的概念，即不需要显式地编程，让机器具有学习的能力。因此，他被认为是"机器学习之父"。

图 8-22　会议原址：达特茅斯楼　　　　图 8-23　西洋跳棋 AI 击败人类选手

2．国际象棋

1997 年 5 月 11 日，IBM 研究团队打造的"深蓝"计算机以 3.5∶2.5 的战绩战胜了国际象棋世界冠军卡斯帕罗夫，如图 8-24 所示。

3．围棋

2016 年 3 月，DeepMind 公司的 AlphaGo 围棋 AI 程序，以 4∶1 的总比分战胜了韩国围棋世界冠军九段棋手李世石，如图 8-25 所示。2017 年 5 月，在乌镇围棋峰会上，AlphaGo 又以 3∶0 战胜了排名世界第一的围棋世界冠军中国棋手柯洁。

图 8-24　深蓝战胜国际象棋世界冠军　　　图 8-25　AlphaGo 战胜围棋世界冠军

这 3 次对弈，AI 程序一步步战胜人类棋手，也引发了人工智能发展的浪潮，引领了新一轮的人工智能研究领域的热点。

8.4.2 人工智能相关技术

人工智能在发展过程中，主要发展出了五大核心技术。

1. 计算机视觉技术

计算机视觉是指计算机从图像中识别出物体、场景和活动的能力，是使用计算机及相关设备对生物视觉的模拟。计算机视觉技术运用由图像处理及其他技术组成的序列，将图像分析任务分解为便于管理的小块任务。使用各种成像系统代替视觉器官作为输入敏感手段，由计算机来代替人的大脑完成处理和解释。

计算机视觉的最终研究目标就是使计算机能像人那样通过视觉观察和理解世界，具有自主适应环境的能力。人们希望通过计算机视觉建立的视觉系统可以像人眼识别事物那样对事物进行识别，并进行相应的智能反馈。图 8-26 所示为计算机识别街景中的事物。

计算机视觉技术被用于许多领域的自动化图像分析。人们通过计算机视觉系统识别图像并通过计算机逻辑推理进行相应

图 8-26　计算机视觉识别

决策。计算机视觉技术有着广泛的应用，其中包括：医疗成像分析技术，被用来提高疾病预测、诊断和治疗；人脸识别技术，在安防及监控领域被广泛使用；在自动驾驶方面，可以帮助自动驾驶系统识别周围物体；在购物方面，消费者现在可以用智能手机拍摄下产品以获得更多购买信息和选择。

计算机视觉技术应用，在实现中主要包括如下几个步骤。

（1）图像获取

通过各种光敏摄像机，包括摄像机、照相机、遥感设备、X 射线断层摄影仪、雷达、超声波接收器等，获取需要识别的图像。

（2）图像预处理

在对图像实施具体的计算机视觉方法来提取某种特定的信息前，需要对图像进行预处理，例如，图像坐标轴修订、图像灰度调整、图像尺寸调整等。

（3）特征提取

从图像中提取各种复杂度的特征，例如，边缘提取、局部化的特征点检测等。

（4）检测分割

在图像处理过程中，有时需要对图像进行分割来提取更有价值的部分，例如，特征点筛选、分割图像等。

（5）图像识别

对处理好的图像数据通过视觉系统进行识别，并验证识别结果是否符合特定要求。

2. 机器学习

机器学习是人工智能的一个子集，其目的是研究计算机怎样模拟或实现人类的学习行为，以获取新的知识或技能，重新组织已有的知识结构，不断改善自身的性能。核心在于，机器学习是从提供的大量数据中自动发现模式和规律，并将发现的模式和规律应用于各种预测活动。

阿瑟·萨缪尔提出"机器学习"的概念后，机器学习领域的发展主要经过以下几个阶段。

（1）20 世纪 60 年代中到 70 年代末，发展几乎停滞。

（2）20 世纪 80 年代，使用神经网络反向传播（BP）算法训练的多参数线性规划（MLP）理念的提出，将机器学习带入复兴时期。

（3）20世纪90年代，提出了"决策树"（ID3算法），再到后来的支持向量机（SVM）算法，将机器学习的思路从知识驱动转变为数据驱动。

（4）21世纪初，杰弗里·辛顿（Geoffrey Hinton）提出深度学习（Deep Learning），使得机器学习研究从低迷期进入蓬勃发展期。

（5）2010年后，随着算力提升以及海量训练样本的支持，深度学习成为机器学习的研究热点，并带动了产业界的广泛应用。

机器学习包括如聚类、分类、决策树、贝叶斯、神经网络、深度学习等算法。而按照学习模式的不同，分为监督学习、半监督学习、无监督学习和强化学习。

（1）监督学习

监督学习是从有标签的训练数据中学习模型，然后对某个给定的新数据利用模型预测它的标签。如果分类标签精确度越高，则学习模型准确度越高，预测结果越精确。监督学习主要用于解决回归和分类问题。

常见的监督学习的回归算法有线性回归、回归树、K邻近、Adaboost、神经网络等。常见的监督学习的分类算法有朴素贝叶斯、决策树、SVM、逻辑回归、K邻近、Adaboost、神经网络等。

（2）半监督学习

半监督学习是利用少量标注数据和大量无标注数据进行学习的模式。半监督学习侧重于在有监督的分类算法中加入无标记样本来实现半监督分类。

常见的半监督学习算法有Pseudo-Label、II-Model、Temporal Ensembling、Mean Teacher、VAT、UDA、MixMatch、ReMixMatch、FixMatch等。

（3）无监督学习

无监督学习是指从未标注数据中寻找隐含结构的过程，主要用于关联分析、聚类和降维。

常见的无监督学习算法有稀疏自编码、主成分分析、K-Means算法、DBSCAN算法、最大期望算法等。

（4）强化学习

强化学习类似监督学习，但未使用样本数据进行训练，是通过不断试错进行学习的模式。在强化学习中，有两个可以进行交互的对象：智能体和环境，还有四个核心要素：策略、回报函数、价值函数和环境模型。

强化学习常用于机器人避障、棋牌类游戏、广告和推荐等应用场景中。

▶提示

本章的实验二是对数据进行建模和预测的练习，内容是对给定的某城市房价样本数据集使用线性回归模型进行训练，将训练后的模型用于该城市房价数据预测。

3．自然语言处理技术

自然语言处理是人工智能领域的一个重要分支，主要研究人与计算机之间，使用自然语言进行有效通信的理论和方法。自然语言处理的目的是让计算机拥有像人类一样处理文本的能力。其目的不仅是让计算机了解每个词的含义，更是让计算机了解一个长句子所代表的含义。

2010年以后，随着机器学习技术的发展，自然语言处理技术借助机器学习技术也得到了较为明显的提升。

运用自然语言处理技术在进行自然语言分析时，通常分为三个层次。

（1）词法分析

词法分析是自然语言处理的技术基础，也是自然语言理解过程的第一层，因此词法分析的性能直接影响到后面句法和语义分析的成果。词法分析主要包括自动分词、词性标注、中文命名实体标注三方面内容。

（2）句法分析

句法分析的目标是自动推导出句子的句法结构。实现这个目标首先要确定语法体系，不同的语法体系会产生不同的句法结构。常见语法体系有短语结构语法、依存关系语法。

（3）语义分析

语义分析就是指分析话语中所包含的含义，根本目的是理解自然语言。分为词汇级语义分析、句子级语义分析、段落/篇章级语义分析，即分别理解词语、句子、段落的意义。

4. 机器人技术

机器人是一种能够半自主或全自主工作的智能机器。机器人能够通过编程和自动控制来执行诸如作业或移动等任务。随着人工智能技术的发展和传感器技术的进步，机器人可以完成的工作也越来越复杂，而且有越来越多的机器人走入人们的日常生活中，如无人机、扫地机器人、无人驾驶汽车等。

机器人技术主要经过了以下几个发展阶段。

（1）第一代机器人：示教再现型机器人

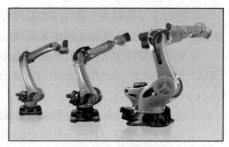

1947年，为了搬运和处理核燃料，美国橡树岭国家实验室研发了世界上第一台遥控机器人。1962年，美国又研制成功 PUMA 通用示教再现型机器人。这种机器人通过一个计算机来控制一个多自由度的机械。通过示教存储程序和信息，工作时把信息读取出来，然后发出指令，这样机器人可以重复地根据人当时示教的结果，再现出这种动作。这一代机器人只是简单重复设置好的命令，更像是一台机器。图 8-27 所示为示教再现型机器人。

图 8-27　示教再现型机器人

（2）第二代机器人：感觉型机器人

示教再现型机器人只能重复设置好的命令，并不能对外界环境进行感知。因此，在 20 世纪 70 年代后期，人们开始研究第二代感觉型机器人。这种机器人拥有类似人在某种功能上的感觉，如力觉、触觉、视觉、听觉等，它能够通过感觉来感受和识别工件的形状、大小、颜色。

（3）第三代机器人：智能型机器人

这主要指 20 世纪 90 年代以来发明的机器人。这种机器人带有多种传感器，可以进行复杂的逻辑推理、判断及决策，在变化的内部状态与外部环境中自主决定自身的行为。

机器人技术目前已经应用于人类生产和生活的各个领域。例如，无人驾驶汽车。我们可以把无人驾驶汽车看作是一个懂得形式规则的、四轮驱动的机器人。

又如，人机协作机器人，通过灵活的协同式双臂以及配合最先进的软件控制系统，可以实现从机械手表的精密部件安装到手机、平板电脑以及台式机零件的安装。再如，用于医疗、军事、工业和消费市场的机械化服装，通过这些可穿戴机械装可以实现交替步态，能够站立和步行。其不仅可以用于军事，同样可以被瘫痪或腿部残疾的人使用，如图 8-28 所示。

图 8-28　可穿戴机械装

5．语音识别技术

语音识别通常称为自动语音识别，主要是将人类语音中的词汇内容转换为计算机可读的输入，一般都是可以理解的文本内容，也有些是二进制编码或者字符序列。语音识别技术是一项融合多学科知识的前沿技术，覆盖了数学与统计学、声学与语言学、计算机与人工智能等基础学科和前沿学科，是人机自然交互技术中的关键技术。

语音识别在技术上主要经历了 3 个发展阶段。

（1）1993—2009 年

语音识别一直处于高斯混合—隐马尔科夫时代，语音识别率提升缓慢，尤其是 2000—2009 年，语音识别率基本处于停滞状态。

（2）2009—2015 年

随着深度学习技术，特别是循环神经网络的兴起，语音识别框架变为循环神经网络—隐马尔科夫，并且使得语音识别进入了神经网络深度学习时代，语音识别率得到了显著提升。

（3）2015 年以后

由于"端到端"技术兴起，语音识别进入了百花齐放时代，语音界都在训练更深、更复杂的网络，同时利用端到端技术进一步大幅提升语音识别的性能。2017 年，微软在 Switchboard 上达到词错误率 5.1%，从而让语音识别的准确性首次超越了人类，当然这是在一定限定条件下的实验结果，还不具有普遍代表性。

语音识别技术主要包括特征提取技术、模式匹配准则及模型训练技术。

（1）特征提取技术

特征提取技术是将语音信号中有用的特征参数信息从所有信息中提取出来的技术。通过分析处理，删除冗余信息，留下关键信息。

（2）模式匹配准则

模式匹配则是根据一定准则，使未知模式与模型库中的某一个模型获得最佳匹配。

（3）模型训练技术

模型训练技术是指按照一定的准则，从大量已知模式中获取表征该模式本质特征的模型参数的技术。

语音识别技术发展至今，在识别精度上已经达到了相当高的水平。目前语音识别准确度已经能够满足人们日常应用的需求，很多手机、智能音箱、计算机都已经带有语音识别功能，十分便利。

8.4.3　人工智能的应用

目前人工智能相关技术广泛应用在无人驾驶、人脸识别、机器翻译、智能客服等众多应用场景中。

1．无人驾驶

随着技术的发展与时代的进步，汽车行业正在朝着智能化方向发展。无人驾驶汽车就是最重要的一个方向。国内外许多公司纷纷投入到自动驾驶和无人驾驶的研究中。例如，百度启动了"百度无人驾驶汽车"研发计划，华为公司在无人驾驶技术的研发中投入了大量人力和物力。

无人驾驶汽车是一种智能汽车，也可以称之为轮式移动机器人，主要依靠车内的以计算机系统为主的智能驾驶设备来实现无人驾驶。无人驾驶汽车是计算机科学、模式识别和智能控制技术高度发展的产物，也是衡量一个国家科研实力和工业水平的一个重要标志。

无人驾驶车系统是一个集环境感知、规划决策和多等级辅助驾驶等功能于一体的综合系统，是充分考虑车路合一、协调规划的车辆系统，也是智能交通系统的重要组成部分。根据我国工信部制定的标准，将驾驶自动化分成 0～5 级。其中，L3 级别是指在自动驾驶系统所规定的运行条件下，车辆本身就能完成转向和加减速，以及路况探测和反应的任务，是汽车自动化的一次跃升。

自动驾驶功能的实现有赖于感知、定位、决策、执行四个层级的高效配合。感知层通过多维传感器模拟人眼识别道路上的人、物及标识等，决策层通过算法融合、特征提取等预处理，数据融合后做出评估和决策，输出给各种执行层的控制单元，最终通过执行层的硬件机构做出反馈动作，实现全套自动驾驶操作。图 8-29 所示为华为首辆自动驾驶实测车。

图 8-29　华为首辆自动驾驶实测车

2. 人脸识别

人脸识别技术是一种依据人的面部特征（如统计或几何特征等），自动对人进行身份识别的一种生物识别技术。人脸识别技术基于人脸特征，输入人脸图像或视频流，对其中可能出现的人脸信息进行识别，并通过与数据库信息比对，确认人的身份。

人脸识别技术利用摄像机或摄像头采集含有人脸的图像或视频流，并自动在图像中检测和跟踪人脸，进而对检测到的人脸图像进行一系列的相关应用操作。人脸识别在技术上包括图像采集、特征定位、身份的确认和查找等。简单来说，人脸识别就是从照片中提取人脸中的特征，如眉毛高度、嘴角特征等，再通过特征的对比输出结果。

人脸识别技术已广泛应用于金融、司法、军队、公安、边检、政府、航天、电力、工厂、教育、医疗及众多企事业单位等领域和机构。随着技术的进一步成熟和社会认同度的提高，人脸识别技术将应用在更多的领域。图 8-30 所示为人脸识别闸机。

图 8-30　人脸识别闸机

3. 机器翻译

机器翻译是计算语言学的一个子领域，是研究如何将输入的文本或语音从一种语言翻译到另一种语言的过程、技术和方法。机器翻译技术的发展与计算机技术、信息论、语言学等学科的发展紧密相关。从早期的词典匹配，到词典结合语言学专家知识的规则翻译，再到基于语料库的统计机器翻译，随着计算机能力的提升，机器翻译技术逐渐开始为普通用户提供实时便捷的翻译服务。特别是进入 21 世纪后，随着硬件能力的提升和算法的优化，机器翻译迎来了空前繁荣时期。

目前，机器翻译研究主要以语料库法为主，其中又以神经网络法最为典型。神经网络是通过对人脑的基本单元——神经元的建模和连接，探索模拟人脑神经系统功能的模型。神经网络机器翻译模拟人脑神经的层级结构，可以自动从语料库中学习翻译知识。其相比之前的机器翻译技术，质量有飞跃式的提升。

目前，各大 IT 公司纷纷推出了自己的翻译平台，比较有名的有百度翻译、讯飞翻译、有道翻译和火山翻译等。图 8-31 所示为科大讯飞翻译机 4.0，支持 80 多种语言的在线翻译、16 种语言的离线翻译，支持中文与全球主要语言的即时互译，覆盖近 200 个国家和地区，平均 0.5 秒出翻译结果。

4. 智能客服

人们追求更高质量的生活，对服务也提出了更高的要求，能不能

图 8-31　科大讯飞翻译机 4.0

及时、准确地解决生活中遇到的问题，是人们评价提供的服务好坏的重要标准。然而面对大数据化的信息，仅仅依靠传统的人工客服解决用户问题已经无法满足用户的需求。人工智能技术的进步，语音识别技术、自然语言处理等技术的成熟，智能客服的发展很好地承接当下传统人工客服所面临的挑战。智能客服能够 24 小时在线为不同用户同时解决问题，工作效率高等优势，是传统人工客服不能替代的，能为公司节省大量的人工客服成本。

智能客服机器人起源于人机对话系统。最早的人机对话系统只能根据系统中词库的内容来回答问题，对话生硬呆板，而且可回答内容非常有限。随着计算机和人工智能技术的发展，语义识别技术推进了智能客服机器人的进步。

智能客服机器人的发展主要经历了四个阶段，从刚开始的依托单个关键词进行匹配阶段，到可以依靠多个关键词匹配，具备一定的模糊查询的功能阶段，到第三阶段通过关键词匹配，并具备一定的搜索技术阶段，到目前依托神经网络技术，应用深度学习理解用户的意图来解决用户的问题阶段。

借助语音识别技术和语音合成技术，智能客服机器人不仅可以以文本的方式与用户进行交流，还可以以语音对答的方式和用户沟通。

8.5 新一代信息技术的相互关系

物联网、云计算、大数据、人工智能是近年来计算机领域的热点，四者之间紧密联系又互相依存、相互影响。

（1）物联网是信息采集的源头，可以为云计算、大数据和人工智能提供数据基础；物联网需要云计算来提供算力支持，需要大数据技术来实现数据分析；人工智能在物联网的应用也会越来越多，因此物联网的发展离不开云计算、大数据和人工智能的发展。

（2）大数据无法使用单台的计算机进行处理，而必须采用分布式架构。它的特点在于对海量数据的分布式数据进行挖掘，必须依托云计算的分布式处理、分布式数据库和云存储、虚拟化技术。

（3）人工智能是基于各类算法处理数据的程序，是大数据应用的动力，同时大数据也能够为人工智能提供数据支持。

（4）人工智能、大数据、云计算是天然结合在一起的。人工智能体现了计算的力量，可以借助机器学和深度学习实现，深度学习需要的数据没有上限；大数据体现了数据的价值，可以借助数据挖掘算法实现；云计算体现了计算环境硬件的支撑，可以借助池化技术实现。

实验

实验一

一、实验目的

（1）掌握大数据分析和可视化的应用。

（2）实验数据说明：对 2020 年部分关闭公司数据进行分析，并将分析结果可视化。

关闭公司.csv 文件中包括 2020 年部分关闭公司的公司信息，分别包括：公司名称、关闭时间、成立时间、行业、地点、获投状态、存货天数、行业标签、关闭原因。

二、实验内容

（1）导入数据。

```
import matplotlib.pyplot as plt          # 绘制图形库
import pandas as pd                      # 数据分析库
df = pd.read_csv("关闭公司.csv", encoding="gbk")
print(df.head(5))
```

可以看到数据前 5 行，如图 8-32 所示。

	公司名称	关闭时间	成立时间	行业	地点	获投状态	存活天数	行业标签	关闭原因
0	公司_1	2020/12/21	2014/4/1	企业服务	地点A	不明确	2456	微信营销、CRM、企业服务、销售营销、开发商、互联网移动平台、通用型SaaS、销售与营销、企业营销	烧钱、行业竞争
1	公司_2	2020/12/17	2014/9/1	游戏	地点A	A+轮	2299	游戏开发商、游戏、手机游戏、咨询服务、画画购物、游戏/电竞、游戏开发者服务、游戏广告营销	烧钱、行业竞争
2	公司_3	2020/12/11	2003/1/1	广告营销	地点A	已结权益	6554	展示广告、SEO/SEM、社会化营销、广告代理、广告营销、整合营销传播、广告/平台、学习培训	现金流断裂、转型问题、行业竞争、战略转向
3	公司_4	2020/12/8	2013/12/1	电子商务	地点A	B轮	2564	垂直电商、食品、大公司新产品、农业电商、电子商务、生鲜食品、连锁、移动餐饮、生鲜电商、零售业、啥	烧钱、现金流断裂、行业竞争
4	公司_5	2020/12/2	2011/3/1	汽车交通	地点C	尚未获投	3564	电动车、汽车交通、新能源汽车、电动汽车、分时租赁、新能源汽车、新能源汽车制造、新车制造	业务调整、烧钱、行业竞争

图 8-32　数据前 5 行

（2）查看数据情况。

```
print(df.info())
```

可以看到数据中没有缺失值，共有 1 005 行。

（3）统计关闭公司中各行业的数量，并绘制图表。

```
df_hangye_counts = df["行业"].value_counts().sort_values()
plt.style.use("seaborn")
plt.rcParams['font.sans-serif'] = ['SimHei']    # 为了让图表中显示中文
plt.figure(figsize=(9, 7))
bar = plt.barh(df_hangye_counts.index, df_hangye_counts.values)
plt.bar_label(bar, labels=df_hangye_counts.values, label_type="edge")
plt.title("关闭公司所属行业数量", fontsize=16)
plt.xlabel("关闭数量", fontsize=14)
plt.xticks(fontsize=12)
plt.show()
```

如图 8-33 所示，从图中可以看出金融、电子商务、企业服务这三个行业关闭的公司最多。

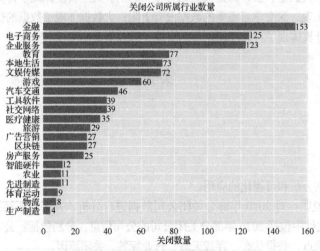

图 8-33　行业与关闭数量关系

（4）统计关闭公司中各地区的数量，并绘制图表。

```
df_didian_counts = df["地点"].value_counts().sort_values()
plt.style.use("seaborn")
plt.rcParams['font.sans-serif'] = ['SimHei']   # 为了让图表中显示中文
plt.figure(figsize=(9, 7))
bar = plt.barh(df_didian_counts.index, df_didian_counts.values)
plt.bar_label(bar, labels=df_didian_counts.values, label_type="edge")
plt.title("关闭公司所属省份数量", fontsize=16)
plt.xlabel("关闭数量", fontsize=14)
plt.xticks(fontsize=12)
plt.show()
```

如图 8-34 所示，从图中可以看出，地点 B、地点 F、地点 A 的关闭公司数量最多，主要是由于一些初创企业集中于经济较为发达的地区。

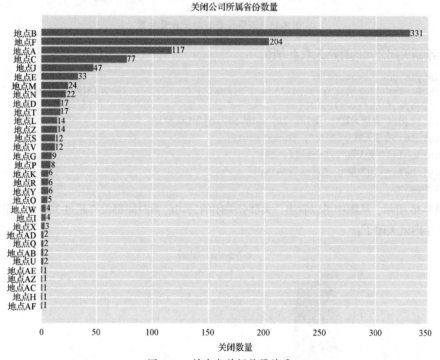

图 8-34　地点与关闭数量关系

（5）统计关闭公司中不同获投状态的数量，并绘制图表。

```
df_huotouzhuangtai_counts = df["获投状态"].value_counts().sort_values()
plt.style.use("seaborn")
plt.rcParams['font.sans-serif'] = ['SimHei']   # 为了让图表中显示中文
plt.figure(figsize=(9, 7))
bar = plt.barh(df_huotouzhuangtai_counts.index, df_huotouzhuangtai_counts.values)
plt.bar_label(bar, labels=df_huotouzhuangtai_counts.values, label_type="edge")
plt.title("关闭公司获投状态数量", fontsize=16)
plt.xlabel("关闭数量", fontsize=14)
plt.xticks(fontsize=12)
plt.show()
```

如图 8-35 所示，从图中可以看出，尚未获投而关闭的公司数量占关闭公司总数的绝大比例，因为初创企业并不是都能获得投资，导致很多未获得投资的公司关闭。

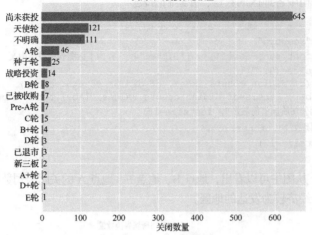

图 8-35　获得投资与关闭数量关系

（6）绘制关闭公司的存活天数直方图。

```
plt.style.use('seaborn')
plt.rcParams['font.sans-serif'] = ['SimHei']          # 为了让图表中显示中文
plt.figure(figsize=(12, 6))
plt.hist(df["存活天数"], bins=20, edgecolor="black")
plt.title("存活天数分布情况", fontsize=16)
plt.xlabel("存活天数", fontsize=14)
plt.ylabel("关闭数量", fontsize=14)
plt.show()
```

如图 8-36 所示，从图中可以看出，大部分关闭的公司经营时间都没有超过 300 天，即很多公司在创办一年内就关闭了。

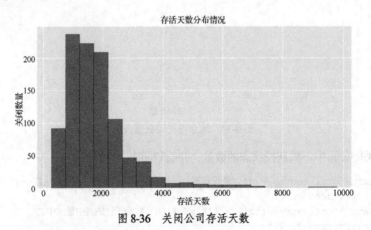

图 8-36　关闭公司存活天数

（7）统计关闭公司中关闭原因前十的原因，并绘制图表。

```
df_guanbiyuanyin_counts = df["关闭原因"].value_counts()
plt.style.use("seaborn")
plt.rcParams['font.sans-serif'] = ['SimHei']          # 为了让图表中显示中文
plt.figure(figsize=(9, 7))
bar = plt.barh(df_guanbiyuanyin_counts.index[:10][::-1], df_guanbiyuanyin_counts.
values[:10][::-1])
plt.bar_label(bar, labels=df_guanbiyuanyin_counts.values[:10][::-1], label_type="edge")
```

```
plt.title("关闭公司关闭原因数量", fontsize=16)
plt.xlabel("关闭数量", fontsize=14)
plt.xticks(fontsize=12)
plt.show()
```

如图 8-37 所示，从图中可以看出，大部分关闭的公司因烧钱、融资能力不足、行业竞争而关闭，即很多公司由于自身发展缺乏相应资金支持、对资金使用不当或行业竞争激烈而关闭。

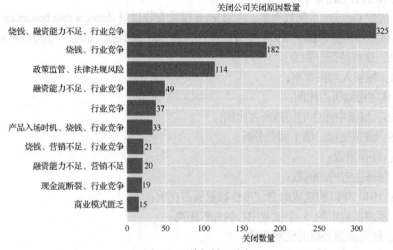

图 8-37　关闭原因分析

（8）统计 2020 年每个月关闭公司的数量，并绘制图表。

```
df["关闭月份"] = df["关闭时间"].apply(lambda x: x.split("/")[1])
df["关闭月份"] = df["关闭月份"].astype(int)
df_yuefenguanbi = df["关闭月份"].value_counts().sort_index()
plt.style.use("seaborn")
plt.rcParams['font.sans-serif'] = ['SimHei']              # 为了让图表中显示中文
plt.figure(figsize=(10, 4))
plt.plot(df_yuefenguanbi.index, df_yuefenguanbi.values, color="red", marker="o")
plt.title("2020 年每个月关闭公司数量", fontsize=16)
plt.xlabel("死亡数量", fontsize=14)
plt.xticks(range(1, 13), fontsize=12)
plt.show()
```

如图 8-38 所示，从图中可以看出，2020 年上半年关闭的公司数量多于 2020 年下半年。

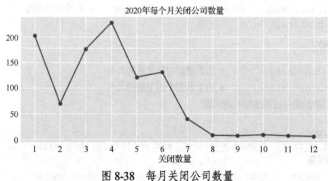

图 8-38　每月关闭公司数量

实验二

一、实验目的

（1）掌握线性回归模型在某城市房价预测中的应用。

（2）实验数据说明：对给定的某城市房价样本数据集使用线性回归模型进行训练，将训练后的模型用于该城市房价数据预测。

sklearn 中内置 datasets 示例数据集，在 sklearn 模块安装目录 datasets/data/boston.csv 提供某城市房价数据集。该城市房价数据于 1978 年开始统计，共 506 条数据，涵盖了该城市不同郊区房屋的14 种特征信息，这些特征分别为：

① CRIM：城镇人均犯罪率；

② ZN：住宅用地所占比例；

③ INDUS：城镇中非住宅用地所占比例；

④ CHAS：虚拟变量，用于回归分析；

⑤ NOX：环保指数；

⑥ RM：每栋住宅的房间数；

⑦ AGE：1940 年以前建成的自住单位数量所占比例；

⑧ DIS：距离该城市的 5 个就业中心的加权距离；

⑨ RAD：距离高速公路的便利指数；

⑩ TAX：每一万美元的不动产税率；

⑪ PTRATIO：城镇中的教师学生比例；

⑫ B：城镇中的黑人所占比例；

⑬ LSTAT：地区中有多少房东属于低收入人群；

⑭ MEDV：自住房屋房价中位数。

这 14 个特征中前 13 个用来描述与房屋有关的信息，最后一个为要预测的房价信息。

二、实验内容

（1）导入数据。

```
import matplotlib.pyplot as plt                      # 绘制图形库
import numpy as np                                   # 科学计算库
import pandas as pd                                  # 数据分析库
from sklearn.datasets import load_boston             # 从 sklearn 数据集中导入该城市数据
from sklearn.model_selection import train_test_split # 训练数据拆分
from sklearn.linear_model import LinearRegression    # 线性回归模型
boston = load_boston()
```

（2）查看数据情况。

```
print(boston.data.shape)        # 查看数据中自变量的大小
print(boston.target.shape)      # 查看数据中因变量的大小
3. 拆分数据集，将数据集分成训练集和测试集
x = boston.data
y = boston.target
x_train,x_test,y_train,y_test = train_test_split(x,y,test_size=0.2, random_state=3)
# 拆分训练集和测试集
print(x_train.shape, x_test.shape, y_train.shape, y_test.shape)
```

（3）创建并训练模型，得出模型的训练集得分和测试集得分。

```
model = LinearRegression()                        # 线性回归模型
model.fit(x_train, y_train)                        # 使用训练集训练模型
train_score = model.score(x_train, y_train)        # 训练集得分
predict_score = model.score(x_test, y_test)        # 测试集得分
print("train_score: {}".format(train_score))
print("predict_score: {}".format(predict_score))
```

从训练集和测试集的得分来看，均超过了 0.7，且测试集得分超过训练集，说明线性回归模型在该城市房价预测中具有一定效应，但模型还可以通过调参进一步优化。

习题

一、单项选择题

1. （　　）将宽度不等的多个黑条和白条，按照一定的编码规则排列，由于黑条和白条的光线反射率不一样，这些黑条和白条就组成了一定的数据信息。

  A. 条形码　　　　　B. 二维码　　　　　C. RFID　　　　　D. GPS

2. 以下选项中，（　　）不是物联网的基本特征。

  A. 全面感知　　　　B. 可靠传递　　　　C. 智能处理　　　　D. 数据挖掘

3. 物联网体系结构不包括（　　）。

  A. 感知层　　　　　B. 网络层　　　　　C. 中间层　　　　　D. 应用层

4. （　　）主要是各种传感器等数据采集设备的连接、感知、控制与信息化交流，其功能是辨别物体和收集信息。

  A. 感知层　　　　　B. 网络层　　　　　C. 传输层　　　　　D. 应用层

5. 无线射频识别技术的基本理论是电磁理论，利用（　　）传输特效，实现对被识别物体的自动识别。

  A. 射频信号和空间耦合　　　　　　　B. 激光

  C. 电波　　　　　　　　　　　　　　D. 声波

6. RFID 属于物联网的（　　）。

  A. 应用层　　　　　B. 网络层　　　　　C. 业务层　　　　　D. 感知层

7. 以下选项中，（　　）不是无线射频识别技术 RFID 的组成部分。

  A. 读写器　　　　　B. 外置天线　　　　C. 电子标签　　　　D. 电子计算机

8. （　　）是按一定规律在平面（二维方向上）分布的、黑白相间的、记录数据符号信息的图形标识符。

  A. 条形码　　　　　B. 二维码　　　　　C. RFID　　　　　D. 传感器

9. 无线定位系统由（　　）和无线信号接收站两部分组成。

  A. 无线信号发射站　B. 天线　　　　　　C. 网络　　　　　　D. 计算机

10. （　　）是我国自主研发的全球有源三维卫星定位系统与通信系统。

  A. GPS 全球定位系统　　　　　　　　B. 北斗卫星导航系统

  C. GLONASS 系统　　　　　　　　　D. 伽利略卫星导航系统

11. （　　）是一种按使用量付费的模型，可以随时随地、便捷、按需地从可配置的计算资源共享池中获取所需的计算资源。

  A. 物联网　　　　　B. 云计算　　　　　C. 大数据　　　　　D. 人工智能

12. 云计算的业务模型不包括（　　）。

    A. 基础设施即服务 B. 平台即服务   C. 软件即服务   D. 基础电力服务

13. IaaS 模式的含义是（　　）。

    A. 基础设施即服务 B. 数据即服务   C. 安全即服务   D. 提供数据

14. 云计算采用的业务处理系统是（　　）。

    A. 分布式系统   B. 集中式系统   C. 管理系统   D. 负载平衡系统

15. 分布式计算可以解释为（　　）。

    A. 将任务分配到多个节点计算   B. 将任务分成多个任务分步处理

    C. 将计算任务发到网上计算   D. 将任务给很多人一起计算

16. （　　）作为一种资源管理技术，将计算机的各种实体资源抽象、转换后呈现出来，打破实体间不可分割的障碍，使用户可以更好地应用这些资源。

    A. 虚拟化   B. 模拟化   C. 分布化   D. 智能化

17. 在（　　）阶段，库存管理系统、办公自动化系统等计算机应用系统，伴随着生产经营活动而产生数据。

    A. 应用程序生成数据   B. 用户原创产生数据

    C. 数据感知   D. 人工记录

18. 用户原创产生数据阶段的用户原创数据以（　　）为代表。

    A. CRM   B. UGC   C. Linux   D. CAI

19. 随着物联网的普及，数据开始由（　　）阶段，进入数据感知阶段。

    A. 感知系统自动生成   B. 爬虫获取

    C. 应用程序生成   D. UGC 生成

20. 以下选项中，（　　）是结构化数据。

    A. HTML   B. 系统日志   C. JSON   D. 二维表

21. 以下选项中，（　　）是半结构化数据。

    A. Word 文档   B. XML   C. 图像   D. 二维表

22. 以下选项中，（　　）不是非结构化数据。

    A. Word 文档   B. XML   C. 图像   D. 视频

23. 以下选项中，（　　）不是大数据处理流程的环节。

    A. 数据采集与预处理   B. 数据管理

    C. 数据提取   D. 数据可视化

24. 以下选项中，（　　）不是常用的大数据采集方法。

    A. 传感器   B. 系统日志   C. 网络爬虫   D. 人工录入

25. 将原始数据进行清洗、集成、变换、归约，归约是（　　）步骤的任务。

    A. 频繁模式挖掘   B. 分类和预测   C. 数据预处理   D. 数据流挖掘

26. 将获取的数据中的无关信息清除，属于大数据预处理中的（　　）。

    A. 数据清洗   B. 数据集成   C. 数据变换   D. 数据归约

27. （　　）通过将数据转化为图形图像提供交互，以帮助用户更有效地完成数据的分析和理解。

    A. 数据采集与预处理   B. 数据管理

    C. 数据处理   D. 数据可视化

28. （　　）被称为人工智能之父。

    A. 图灵   B. 冯·诺依曼   C. 罗森·布拉特   D. 麦卡锡

29. （　　　）被认为是现代人工智能的起源，于1956年召开。

　　　A. 达特茅斯会议　　　B. 巴黎和会　　　C. 人工智能大会　　　D. 雅尔塔会议

30. （　　　）不是人工智能发展过程中的核心技术。

　　　A. 计算机视觉　　　B. 机器学习　　　C. 自然语言处理　　　D. 文本编辑技术

31. （　　　）不是计算机视觉在实现时的处理步骤。

　　　A. 图像获取　　　B. 图像预处理　　　C. 图像打印　　　D. 图像识别

32. （　　　）不是机器学习的学习模式。

　　　A. 监督学习　　　B. 无监督学习　　　C. 强化学习　　　D. 自动学习

33. （　　　）不是自然语言处理的三个层次。

　　　A. 语调分析　　　B. 词法分析　　　C. 句法分析　　　D. 语义分析

34. 机器人发展阶段中，第二代机器人是（　　　）。

　　　A. 示教再现型机器人　　　　　　　　　　B. 感觉型机器人

　　　C. 智能型机器人　　　　　　　　　　　　D. 生产型机器人

35. 语音识别中，（　　　）是将语音信号中有用的特征参数信息从所有信息中提取出来的技术。

　　　A. 特征提取技术　　　B. 模式匹配准则　　　C. 模型训练技术　　　D. 自动翻译

二、简答题

1. 简述物联网的含义。

2. 简述物联网的体系结构。

3. 简述 RFID 系统的组成和工作原理。

4. 简述卫星定位系统的组成结构。

5. 简述物联网在智能家居领域的应用。

6. 简述云计算的概念。

7. 简述云计算的 3 种业务模型。

8. 简述云计算的 2 种核心技术。

9. 简述数据获取的 3 种方式。

10. 简述数据的 3 种类型，并举例。

11. 简述大数据的 4V 特征。

12. 简述大数据的数据来源，并举例说明。

13. 简述常见的大数据采集方法。

14. 简述大数据预处理的主要方法，并举例说明。

15. 简述数据预处理的主要方法。

16. 简述人工智能的定义。

17. 简述计算机视觉在实现中的主要步骤。

18. 简述机器学习的几种模式。

19. 简述自然语言处理在进行自然语言分析时的 3 个层次。

20. 简述机器人技术的发展的 3 个阶段。

21. 简述语音识别技术包含的 3 个方面。

22. 简述目前人工智能技术的主要应用领域。

23. 简述物联网、云计算、大数据、人工智能之间的关系。

第9章 数据库技术

数据处理是计算机应用的重要方向，数据库技术是存储数据、管理信息、共享资源的常用技术。本章主要介绍数据库的基本概念，使用 SQLite Studio 管理和操作 SQLite 数据库，以及使用 SQL 语言进行数据操作内容。数据库的基本思维是计算机在各个领域中应用的常用思维方法。

9.1 数据库概述

9.1.1 数据库体系结构

1. 数据库

数据库（DataBase，DB）是指存储在计算机内、有组织的、统一管理的相关数据的集合。它不仅描述事物本身，还包括相关事物之间的联系。数据库可以直观地理解为存放数据的仓库，只不过这个仓库是在计算机的存储设备上，而且数据是按一定格式存放的。

2. 数据库管理系统

数据库管理系统（DataBase Management System，DBMS）是用于建立、使用、管理和维护数据库的系统软件，是数据库系统的核心组成部分。数据库系统中各类用户对数据库的操作请求，都由数据库管理系统来完成。它运行在操作系统上，将数据独立于具体的应用程序、单独组织起来，成为各种应用程序的共享资源。目前，广泛使用的大型数据库管理系统有 Oracle、Sybase、SQL Server、DB2 等，中小型数据库管理系统有 SQLite、MySQL、Access 等，我国自主研发的数据库系统主要有蚂蚁集团的 OceanBase 和华为的 GaussDB 等。

数据库管理系统具有以下主要功能。

（1）数据定义功能：定义数据库的对象，包括数据库、表、视图等。

（2）数据处理功能：实现对数据库中数据的基本操作，如插入、删除、修改和查询等。

（3）数据库的控制和管理功能：实现对数据库的控制和管理，确保数据正确有效和数据库系统的正常运行，是数据库管理系统的核心功能。其主要包括数据的并发性控制、完整性控制、安全性控制和数据库的恢复。

（4）数据库的建立和维护功能：数据库的建立包括数据库初始数据的输入、转换等；数据库的维护包括数据库的转储、恢复、重组织与重构造、性能监视与分析等。这些功能通常由数据库管理系统的一些实用程序完成。

3. 数据库系统

数据库系统（DataBase System，DBS）是指带有数据库并利用数据库技术进行数据管理的计算机系统。它是在计算机系统中引入了数据库技术后的系统，实现了有组织地、动态地存储大量相关数据，提供了数据处理和共享的便利手段。

一般在不引起混淆的情况下，经常把数据库系统简称为数据库。数据库系统的结构如图 9-1 所示。

4．数据库系统的软件

数据库系统中的软件主要包括以下几类。

（1）数据库管理系统：用于数据库的建立、使用和维护等。

（2）操作系统：支持数据库管理系统的运行。

（3）应用系统：以数据库为基础开发的、面向某一实际应用的软件系统，如人事管理系统、财务管理系统、商品进销存管理系统、图书管理系统等。

（4）应用开发工具：用于开发应用系统的实用工具，如 C、Python、Java、PHP、Delphi、VB 等编程语言，SQLite 数据库的可视化工具 SQLite Studio 等。

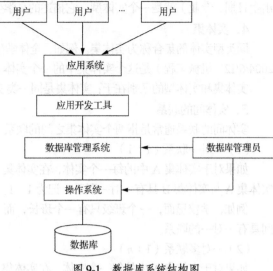

图 9-1　数据库系统结构图

5．用户

数据库系统中的用户主要包括以下几类。

（1）终端用户：通过应用系统使用数据库的各级管理人员及工程技术人员，一般为非计算机专业人员。他们直接使用应用系统中已编制好的应用程序间接使用数据库。

（2）应用程序员：使用应用开发工具开发应用系统的软件设计人员，负责为用户设计和编制应用程序，并进行调试和安装。

（3）数据库管理员（DataBase Administrator，DBA）：专门负责设计、建立、管理和维护数据库的技术人员或团队。DBA 熟悉计算机的软、硬件系统，具有较全面的数据处理知识，熟悉本单位的业务、数据及流程。DBA 不仅要有较高的技术水平，还应具备了解和阐明管理要求的能力。

9.1.2　概念模型

数据库中存储和管理的数据都来源于现实世界的客观事物，计算机不能直接处理这些具体事物。为此，人们必须把具体事物转换成计算机能处理的数据，这个转换过程分两步：先将现实世界抽象为信息世界，建立概念模型；再将信息世界转换为计算机世界，建立数据模型。

人们经常使用实体联系模型来表示概念模型。

1．实体

客观存在并且可以相互区别的事物称为实体。实体可以是具体的人、事、物，如一名学生、一本书、一门课程等；也可以是事件，如学生的一次选课、一场比赛、一次借书等。

2．实体的属性

实体所具有的某一特性称为属性。如学生实体有学号、姓名、性别、出生日期、专业等多个属性。属性包括属性名和属性值，例如，学号、姓名、性别、出生日期、专业等为属性名，（22801103、申国华、男、2004/6/12、机械工程）为某个学生实体的属性值。

3．实体型

用实体名及其属性名来抽象描述同一类实体，称为实体型。例如，学生（学号、姓名、性别、出生日期、专业）就是一个实体型，它描述的是学生这一类实体。

4. 实体集

同类型实体的集合称为实体集。例如，全体学生就是一个实体集，而（22801103、申国华、男、2004/6/12、机械工程）是这个实体集中的一个实体。

实体集和实体型的区别在于：实体集是同一类实体的集合；而实体型是同一类实体的抽象描述。

5. 实体间的联系

实体间的联系通常是指两个实体集之间的联系，联系有以下3种类型。

（1）一对一联系（1:1）

如果对于实体集 A 中的每一个实体，在实体集 B 中至多有一个实体与之联系，反之亦然，则称实体集 A 与实体集 B 具有一对一联系，记为 1:1。

例如，学校里面，一个班级只有一个班长，而一个班长只能在一个班级任职，则班级和班长之间具有一对一的联系。

（2）一对多联系（1:n）

如果对于实体集 A 中的每一个实体，在实体集 B 中有 n 个实体（n≥0）与之联系，反之，对于实体集 B 中的每一个实体，实体集 A 中至多只有一个实体与之联系，则称实体集 A 与实体集 B 有一对多联系，记为 1:n。

例如，一个班级有多个学生，而每个学生只在一个班级中学习，则班级与学生之间具有一对多的联系。

（3）多对多联系（m:n）

如果对于实体集 A 中的每一个实体，在实体集 B 中有 n 个实体（n≥0）与之联系，反之，对于实体集 B 中的每一个实体，在实体集 A 中也有 m 个实体（m≥0）与之联系，则称实体集 A 与实体集 B 具有多对多联系，记为 m:n。

例如，一门课程同时有多个学生选修，而一个学生也可以同时选修多门课程，则课程与学生之间具有多对多的联系。

6. E-R 图

概念模型的表示方法有很多，其中最常用的是实体—联系（Entity-Relationship，E-R）方法，该方法用 E-R 图来描述概念模型。E-R 图中包含实体、属性和联系，表示方法如下。

（1）实体：用矩形框表示，框内写明实体名。

（2）属性：用椭圆形框表示，框内写明属性名，并用无向边将其与对应实体连接起来。

（3）联系：用菱形框表示，框内写明联系名，并用无向边分别与有关实体连接起来，同时在无向边的旁边标注联系的类型（1:1，1:n 或 m:n）。

例如，学生与课程之间的联系的 E-R 图，如图 9-2 所示，该实例较为简单，其中只包括两个实体；而一个实际应用系统的 E-R 图要复杂得多，会包括系统中所有的实体、实体所有的属性和实体间所有的联系。

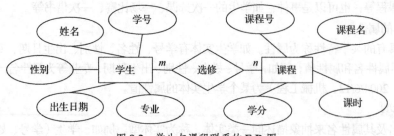

图 9-2 学生与课程联系的 E-R 图

9.1.3 关系模型

数据模型是用来抽象和表示现实世界中事物与事物之间联系的结构模式。它将数据库中的数据按照一定的结构组织起来，以反映事物本身及事物之间的各种联系。任何一个数据库管理系统都是基于某种数据模型的。

用二维表结构表示实体及实体间联系的数据模型称为关系模型。一个关系对应一个二维表，无论实体还是实体之间的联系都用关系来表示。例如，学生基本信息用关系来表示，如表 9-1 所示。

表9-1 学生表

学号	姓名	性别	出生日期	专业	生源地	民族	政治面貌	入学成绩
22801101	孙振纲	男	2004/9/9	机械工程	北京	汉族	团员	490
22801102	周春美	女	2005/11/9	机械工程	北京	汉族	团员	530
22801103	申国华	男	2004/6/12	机械工程	北京	汉族	党员	507
22801104	郭海银	男	2005/1/10	机械工程	北京	汉族	团员	441
22801105	苏长青	男	2005/5/28	机械工程	北京	汉族	党员	536
22801106	赵明善	男	2004/8/2	机械工程	北京	汉族	团员	470

9.2 关系数据库

关系数据库是建立在关系模型上的数据库，借助于集合代数等数学概念和方法来处理数据库中的数据，现实世界中的各种实体以及实体之间的各种联系都可以用关系模型来表示。在关系数据库中，数据存储在二维结构的表中，而一个关系数据库中，包含多个数据表。

1．关系术语

（1）关系

关系是一张规范化的二维表，表名称为关系名，表 9-1 所示的学生表就是一个关系。

（2）元组

表中的一行称为关系的一个元组（也称为记录）。元组是指包含数据的行，不包括标题行。在表 9-1 的关系中，一名学生的信息占一行，有多少名学生则关系中就有多少个元组。

（3）属性

表中的一列称为关系的一个属性（也称为字段），每一列的标题称为属性名。在表 9-1 所示的关系中共有 9 列，所以该关系共有 9 个属性，属性名分别为学号、姓名、性别、出生日期、专业、生源地、民族、政治面貌、入学成绩。

（4）域

属性的取值范围称为域。如性别属性的域为文本（男，女），入学成绩属性的域为 0~600 的数字。

（5）关键字

关系中能唯一标识元组的一个或一组属性称为关键字。例如，表 9-1 的学生表中的学号属性。在一个关系中可能有多个关键字。

（6）主关键字

主关键字是在关系中指定的唯一标识元组的关键字。一个关系中只能有一个主关键字，例如表 9-1 的学生表中，学号是主关键字。

（7）外部关键字

如果一个关系 R 中的某个属性不是本关系的主关键字，而是另一个关系 S 的主关键字，则称该

属性为本关系 R 的外部关键字，R 为参照关系，S 为被参照关系。

例如，表 9-2 成绩表中课程号是表 9-3 课程表的主关键字，学号是表 9-1 学生表的主关键字，所以课程号和学号都是成绩表的外部关键字，成绩表是参照关系，课程表和学生表是被参照关系。

表 9-2　成绩表

课程号	学号	成绩
10010203101	22801101	93
10010203101	22801102	52
10010203101	22801103	74
10010203101	22801104	81
10010203101	22801105	78
10010203101	22801106	97

表 9-3　课程表

课程号	课程名	课时	学分	校区
10010203101	C 语言	48	3	泰达
10010303101	数据库技术与应用	48	3	泰达
10012303101	Python 语言	48	3	泰达
10012303102	Python 语言	48	3	泰达西院
10013301101	信息与智能科学导论	32	2	泰达
10013302101	大学信息技术与应用	32	2	泰达
10013303101	计算思维与智能科学导论	32	2	泰达西院

（8）关系模式

关系的描述称为关系模式，一般表示为：关系名（属性名 1，属性名 2，…，属性名 n）。例如，表 9-3 课程表的关系模式为：课程（课程号，课程名，课时，学分，校区）。

2．关系完整性

关系模型的完整性规则用于定义和保护表内部或表之间的数据关系，是对关系的某种约束条件。关系模型中有 3 类完整性约束：实体完整性、参照完整性、用户定义完整性。其中实体完整性和参照完整性是关系模型必须满足的完整性约束条件。

（1）实体完整性

实体完整性也称行完整性。实体完整性规定：关系中所有元组的主关键字值不能为空值。

例如，表 9-1 学生表中的学号为主关键字，所有学生的学号不能为空。

（2）参照完整性

参照完整性规定：若一个关系 R 的外部关键字 F 是另一个关系 S 的主关键字，则 R 中的每一个元组在 F 上的值必须是 S 中某一元组的主关键字的值，或者取空值。

例如，表 9-2 成绩表中课程号是外部关键字，它是表 9-3 课程表的主关键字，所以成绩表中的所有课程号都必须是课程信息表中的某个课程号。

（3）用户定义完整性

任何关系数据库系统都应该支持实体完整性和参照完整性。除此之外，有些关系数据库系统根据其应用环境的不同，往往还需要一些特殊的约束条件。

用户定义完整性是针对某一具体关系的约束条件，它反映某一具体应用所涉及的数据必须满足的语义要求。在表中是指列（字段）的数据类型、宽度、精度、取值范围、是否允许空值（NULL）。例如，成绩表中的成绩应为数值型数据，取值范围可规定为 0~100；学生表中，性别为字符型数据，取值范围为（男，女）。

9.3 SQLite 简介

SQLite 是部署广泛的 SQL 数据库引擎之一，它是由 C 和 C++语言开发实现，无须任何服务、任何配置的轻型、绿色关系型数据库管理系统，支持 SQL92 标准大多数查询语言功能。

SQLite 使用嵌入式 SQL 数据库引擎，各引擎不与程序进程进行独立通信，而是被集成在用户程序中。SQLite 被广泛应用于消费电子、医疗、工业控制、军事等各领域。

9.3.1 SQLite 安装

1．SQLite 的下载

SQLite3 是当前的最新版本，安装包可以从官方网站下载，SQLite3 支持 32 位和 64 位 Windows、Linux、Mac 和 Android 等操作系统平台。本章的案例和实验基于 64 位 Windows 操作系统进行，可以下载 sqlite-dll-win64-x64-3400100.zip 和工具包 sqlite-tools-win32-x86-3400100.zip 两个文件，如图 9-3 所示。

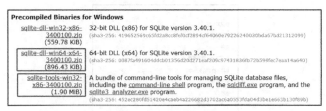

图 9-3　下载文件界面

2．SQLite 的安装

将下载的两个压缩文件分别解压缩，sqlite-dll-win64-x64-3400100 解压缩完成后包括 sqlite3.def 和 sqlite3.dll 两个文件，sqlite-tools-win32-x86-3400100 解压缩完成后包括 sqldiff.exe、sqlite3.exe 和 sqlite3_analyzer.exe 三个文件。将以上五个文件复制到一个文件夹中，如 D:\SQLite，SQLite 数据库即安装完成，如图 9-4 所示。

3．SQLite 的使用

在 Windows 平台下，打开命令提示符窗口，切换到 SQLite 安装目录，如 D:\SQLite，输入 sqlite3，按回车键，就可以进入到 SQLite 数据库管理系统。在 sqlite>提示符下，通过命令完成创建数据库、创建表和视图，以及表中数据记录的增加、删除、修改和查询等操作，图 9-5 所示为 SQLite 安装完成界面。

名称	修改日期	类型	大小
sqldiff.exe	2022/12/28 22:27	应用程序	570 KB
sqlite3.def	2022/12/29 2:38	DEF 文件	8 KB
sqlite3.dll	2022/12/29 2:38	应用程序扩展	2,115 KB
sqlite3.exe	2022/12/28 22:28	应用程序	1,098 KB
sqlite3_analyzer.exe	2022/12/28 22:28	应用程序	2,050 KB

图 9-4　安装完成界面

图 9-5　SQLite 安装完成界面

9.3.2 SQLite Studio 安装与使用

SQLite Studio 是 SQLite 数据库的可视化工具，软件内部集成了 SQLite 数据库，安装包可以从官方网站下载。下载完成后，Windows 用户直接双击安装包，根据提示，选择下一步安装，直至安装完成，如图 9-6 所示。

图 9-6　SQLite Studio 安装完成界面

9.3.3　创建数据库

打开 SQLite Studio，选择"数据库→添加数据库"命令或者单击"添加数据库 "
按钮，打开"数据库"对话框，如图 9-7 所示，"数据库类型"为"SQLite3"、"文
件"为该数据库的存储位置、"名称"为该数据库的名称，单击"OK"按钮，完成
数据库的创建。

图 9-7　创建数据库

9.3.4　创建表

在 SQLite 数据库中，表是整个数据库系统的基础，是数据库存放数据的对象实体，所有的原始
数据都存储在表中，数据的增加、删除、修改和查询等操作也都在表的基础上进行。创建表的工作
包括创建字段、字段命名、定义字段的数据类型和设置字段属性等。

在创建表之前先要完成数据库的连接，选择"数据库→连接到数据库"命令。

选择"结构→新建表 "命令或者单击"新建表 "按钮，在"表名"框中填写表的名称（如
"课程"），如图 9-8 所示。

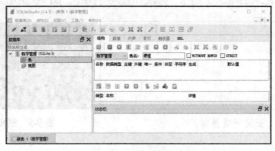

图 9-8　创建数据表

▶注意

数据表建成后，数据库并没有执行建表相关的操作，表中至少要有一个列，也就是一个字段
名，系统才会执行建表和添加列的操作。

数据表创建完成后，需要向数据表中添加列。单击"添加列 📇"按钮，打开"列"对话框，如图 9-9 所示，填写列的相关内容，单击"OK"按钮；单击"提交结构修改 ✅"按钮，完成列的添加。创建一个列的操作包括设定列的名称、数据类型和约束等。

图 9-9　数据表中添加列

1. 数据类型

表中的列可以存储不同类型的数据。SQLite 数据表的列属于动态数据类型，每一列的类型由存储的值的数据类型决定。SQLite 包括以下几种类型。

① Text：文本（Text）是字符数据，存储使用的编码方式为 UTF-8、UTF-16，字符串的最大值在编译和运行时可以调整，默认最大值是 1 000 000 000 字节。

② Integer：整数值，包括正数和负数，正数的最大值可以是 8 个字节，SQLite 根据数值大小自动控制整数所占的字节数。

③ Real：浮点数，采用 8 个字节存储的实数。

④ Blob：以二进制进行存储，二进制数据可以是任意类型的数据，Blob 最大值在编译和运行中可以调整，默认最大值为 1 000 000 000 字节。

⑤ Numeric：Numeric 是数值类型，该类型可以存储整数、小数和定点数，具体取决于所存储的值。该类型在插入文本数据时，SQLite 会根据数据信息转换为 Integer 或者是 Real 类型数据，如果转换失败，则仍会以 Text 文本存储，对于 Null 和 Blob 不做类型转换。

⑥ Null：表示该值为 Null 值，表示缺失信息的占位，可以根据输入数据的类型决定数据类型。

数据表中某一列可能包含多种数据类型，它们也可以排序。SQLite 实现了完善的定义规则，不同数据类型可以通过它各自类的"类值"进行排序，NULL 存储类具有最低的类值，Integer 或 Real 存储类的类值高于 NULL，Text 存储类的值比 Integer 和 Real 高，Blob 存储类具有最高的类值。

SQLite 数据库根据数据亲缘性与其他系统或数据库中的数据进行类型转换。常用类型转换如表 9-4 所示。

表 9-4　数据类型亲缘性转换表

传统数据库数据类型	亲缘类型
INTEGER、SMALLINT、BIG INT、UNSIGNED BIG INT	INTEGER
CHARACTER、VARCHAR、NCHAR、NVARCHAR、TEXT	TEXT
REAL、DOUBLE、DOUBLE PRECISION、FLOAT	REAL
BLOB	BLOB
DECIMAL、BOOLEAN、DATE、DATETIME	NUMERIC

▶提示

　　SQLite 数据库没有单独的 Boolean 存储类，布尔值被存储为整数 0（false）和 1（true），Date 与 Time 也没有单独的存储类，这两种类型可以转换为 Text、Real 或者 Integer。

2. 列的约束

（1）主键：主键用于保证数据实体的完整性，主键可以是单列，也可以是多列的组合。一个表只能定义一个主键，主键所在列或组合列不允许输入重复值、不允许取空值。如果未指定主键，默认主键为 rowid，它的默认值按照增序自动生成。例如，表 9-5 中，"课程号"字段为"课程"表的主键，图 9-10 所示的课程表中"课程号"字段的主键列有一个"🔑"图标，表示该字段为主键。

表 9-5 "课程"表

字段名称	数据类型	字段大小
课程号（主键）	Text	3
课程名	Text	15
学分	Real	—

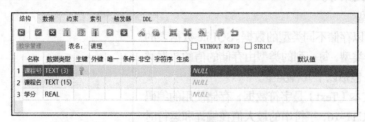

图 9-10 表结构

（2）外键：外键用于保证数据的参照完整性，即相关表中数据的一致性。外键引用其他表中主键字段，说明表与表之间的关系。例如，表 9-6 和表 9-7 中，学号为"选课"表的一个字段，同时学号为"学生"表的主键，学号为"选课"表的外键。根据参照完整性原则，"选课"表中的一条记录可以对应"学生"中的多个学号字段。

表 9-6 "学生"表

字段名称	数据类型	字段大小
学号（主键）	Text	8
姓名	Text	10
性别	Text	2
出生日期	Text	—
系部	Text	8
贷款否	Text	—
照片	Blob	—

表 9-7 "选课"表

字段名称	数据类型	字段大小
编号（主键）	Integer	—
学号	Text	8
课程号	Text	3
成绩	Real	—

在更新或删除主键时，可能会破坏参照完整性。此时如果选择"RESTRICT（限制）"，则会报错，不执行改数据操作；如果选择"CASCATE（级联）"，则会将外键一起更新或删除。

【例 9.1】 将"选课"表的"学号"字段设置为"学生"表中"学号"主键的外键，并限制更新操作、级联删除操作。

操作方法如下。

① 双击"选课"表的"学号"字段，打开"列"对话框，如图 9-11（a）所示；选中"外键"复选框，单击"配置"按钮，打开"编辑约束"对话框，如图 9-11（b）所示。

② 在对话框中，选择外部表为"学生"，外部字段为"学号"。"响应"中的"ON UPDATE"选择"RESTRICT"选项，"ON DELETE"选择"CASCADE"选项。

③ 将表 9-1 中一行记录的学号"22801101"改为"2280110x"时，因为在"选课"表中有学号为"22801101"的记录，所以会报错，如图 9-11（c）所示，修改不生效。

④ 删除表 9-1 中学号为"22801101"的记录，会自动将"选课"表中所有学号为"22801101"的记录全部删除。

（3）唯一：确保该列中的所有值都不重复。

（4）条件：条件约束用于保证用户定义完整性，即约束列的所有值满足一定条件，例如，表 9-7 中，成绩字段的值大于等于 0 且小于等于 100。

（a）"列"对话框　　　　　（b）"编辑约束"对话框

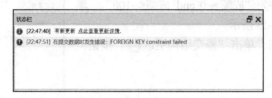

（c）修改记录报错

图 9-11　列的约束的操作

【例 9.2】 为"学生"表增加一个新的"电话号码"列，该列的长度必须为 11 位。

操作方法如下。

① 打开"学生"表，单击"添加列"按钮，打开"列"对话框，如图 9-12（a）所示，填入列名为"电话号码"，数据类型为"TEXT"。

② 选中"条件"复选框，单击"配置"按钮，在"编辑约束"对话框中配置条件为"length(电话号码)=11"，从而限定电话号码的位数为 11 位，如图 9-12（b）所示，单击"应用"按钮。

③ 单击"OK"按钮，单击"提交结构修改"按钮，完成列添加的操作。

（a）列添加　　　　　　　　　　　　（b）条件

图 9-12　增加新的列操作

SQLite 有许多内置函数用于处理字符串数据，函数对字母大小写不敏感，常用的函数有 COUNT、MAX、MIN、AVG、SUM、LENGTH 等，如表 9-8 所示。

表9-8　常用函数表

函数名称	数据类型函数功能
COUNT	计算一个数据表中的行数
MAX	选择某一列的最大值
MIN	选择某一列的最小值
AVG	计算某一列的平均值
SUM	计算一个数值列的总和
LENGTH	返回字符串的长度

【例9.3】 将"选课"表中的成绩值限制在0~100分。

① 打开"选课"表，选择"成绩"列，单击"编辑列 📝"按钮，打开"列"对话框。

② 选中"条件"复选框，单击"配置"按钮，在"编辑约束"对话框中配置条件为"成绩>=0 and 成绩<=100"，单击"应用"按钮，如图9-13所示。

③ 单击"OK"按钮，单击"提交结构更改 ✅"按钮，完成列修改的相关操作。

3. 索引

索引是在数据表中的列上建立的一种数据库对象，它保存着列的排序，并记录索引列在表中的物理存储位置，从而实现快速查找数据，提高查询的效率。一张表的存储由数据页面和索引页面组成，索引存放在索引页面上。进行数据检索时，系

图9-13　成绩介于0~100分的约束

统先搜索索引页面，从中找到数据的指针，再通过指针从数据页面中读取数据。索引不改变数据表记录的物理顺序，它是按照某一关键字建立记录的逻辑顺序。下面以"学号"为关键字，学号降序进行排序创建索引，索引与物理数据表之间的关系如图9-14（a）所示。

在"教学管理"数据库中，学生表的索引如图9-14（b）所示，可以创建、编辑和删除索引。

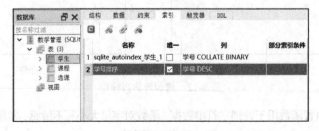

数据表

记录号	学号	姓名	性别	……
1	22801103	申国华	男	……
2	22801106	赵明普	男	……
3	22801101	孙振纲	男	……
4	22801104	郭海银	男	……
5	22801102	周春美	女	……
6	22801107	饶立	女	……
7	22801105	苏长青	男	……
8	22801108	宫晓艳	女	……

索引

记录号	学号
3	22801101
5	22801102
1	22801103
4	22801104
7	22801105
2	22801106
6	22801107
8	22801108

（a）索引与数据表的关系

（b）学生表的索引

图9-14　索引

9.3.5 修改表结构

在数据表创建完成后，还可以根据需要修改表的结构，设置字段类型、约束等。

【例9.4】 将表9-1学生表中"出生日期"的数据类型从原来的"Text"类型更改为"Integer"类型。

打开学生表，单击"结构"选项卡，选择"出生日期"字段，单击"编辑列▣"按钮，打开"名称和类型"对话框，如图9-15所示；设置数据类型为"INTEGER"，单击"OK"按钮，单击"提交结构更改✓"按钮，提交修改结果。单击"刷新结构🔁"按钮，查看修改结果。

图9-15 修改字段类型

9.3.6 数据记录操作

在数据表的维护过程中，可以增加、删除和修改表的记录。

1. 增加记录

【例9.5】 向表9-1学生表添加一条学生信息。

打开表9-1学生表，单击"数据"选项卡，单击"插入行➕"按钮，依次填写学号、姓名、性别、出生日期、系部、贷款否、照片、电话号码，单击"提交✓"按钮，最后再单击"刷新表数据🔁"按钮，如图9-16所示。

图9-16 向学生表中添加记录

2. 修改记录

双击数据表中的字段，该字段变为可编辑状态，可以直接修改内容。修改完毕后，单击"提交✓"按钮，完成修改。单击"刷新表数据🔁"按钮，查看修改结果。

3. 删除记录

选中数据行，单击"删除行➖"按钮，即可删除记录。单击"刷新表数据🔁"按钮，查看结果。

9.4 SQL

9.4.1 SQL 简介

SQL（Structured Query Language，结构化查询语言）是一种通用的且功能强大的关系数据库语言，也是关系数据库的标准语言，它具有数据定义、数据处理、数据控制等功能，包括了对数据库的所有操作。

1. SQL 分类

（1）数据定义语言（Data Definition Language，DDL），用于定义和建立数据库的表、视图等对象。

（2）数据处理语言（Data Manipulation Language，DML），用于处理数据库数据，如查询、插入、删除和修改记录。

（3）数据控制语言（Data Control Language，DCL），用于控制 SQL 语句的执行。

2．SQL 中常量的表示方法

（1）数字型常量：直接输入数值，如 25、−25、12.4。

（2）文本型常量：用西文的单/双撇号括起来，如英语'和"英语"。

（3）二进制常量：直接以二进制进行存储。

3．SQL 中表达式的表示方法

（1）算术运算符

算术运算符用于进行算术运算，SQLite 数据库中支持的算术运算符如表 9-9 所示。

表 9-9　算术运算符

运算符	含义	举例 a=10，b=20
+	加法	a+b 值为 30
−	减法	a−b 值为−10
*	乘法	a*b 值为 200
/	除法	b/a 值为 2
%	取模，求两个数相除的余数	a%b 值为 10

（2）关系运算符

关系运算符用于比较两个操作数的关系，SQLite 数据库中常用的关系运算符如表 9-10 所示。

表 9-10　关系运算符

运算符	运算	举例 a=3，b=4，c='xyz'
== 和 =	当左数与右数相等时，值为真，否则为假	a==b 值为假
!= 和 <>	当左数与右数不相等时，值为真，否则为假	a!=b 值为真
>	当左数大于右数时，值为真，否则为假	a>b 值为假
<	当左数小于右数时，值为真，否则为假	a<b 值为真
>=	当左数大于或等于右数时，值为真，否则为假	a>=b 值为假
<=	当左数小于或等于右数时，值为真，否则为假	a<=b 值 True
Between…And	当数值是否在两个数据之间时，值为真，否则为假	a between 1 and 10 值为真 a between 5 and 12 值为假
In	当数值包含在一系列指定列表的值中时，值为真，否则为假	a in (3, 6, 8) 值为真 c in ('yyy','zzz') 值为假
Like	指定的字符串比较，字符串中可以使用通配符。"%"表示匹配 0 个或多个字符，"_"表示匹配任意单个字符。	c like 'x%' 值为真 c like 'x__' 值为真 c like '%x' 值为假 c like 'x_' 值为真
Is Null Is Not Null	空值比较，Is Null 表示为空，Is Not Null 表示不为空	

（3）逻辑运算符

逻辑运算符用于对操作数进行逻辑运算，SQLite 数据库中常用的逻辑运算符有 and（与，并且）、or（或，或者）和 not（非，取反），其含义见表 9-11。

表 9-11　逻辑运算符

运算符	含义	举例（a=3）
and	与（并且）	1<=a and a<15 值为真
or	或（或者）	a<=1 or a>=20 值为假
not	非（取反）	not (a<4) 值为假

4．SQL 中函数的表示方法

函数是一种能够完成某种特定操作或功能的数据形式，函数的返回值称为函数值。函数调用的格式：

```
函数名([参数1][,参数2][,…])。
```

例如：

```
max(12,34,56,38,30)
```

这一函数的函数值为 56。

5. 在 SQLite Studio 中运行 SQL 语句的方法

在 SQLite Studio 中，使用查询编辑器编写和运行 SQL 语句，方法如下。

① 选择"工具→打开 SQL 编辑器"命令或者单击"打开 SQL 编辑器 ▢"按钮，打开"查询编辑器"窗口，如图 9-17 所示。在查询编辑器中编写 SQL 语句，如果语句有语法错误，将会显示红色下画线。

② 单击上方的"执行语句 ▶"按钮，执行 SQL 语句。在中间的"网格视图"和"表单视图"窗口中会显示 SQL 语句执行的结果，在下方的"状态栏"中显示查询的运行状态。

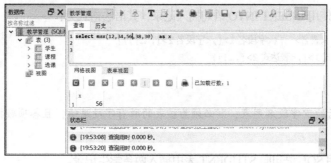

图 9-17　查询编辑器

9.4.2　CREATE TABLE 语句

在 SQL 语言中，使用 CREATE TABLE 语句定义表。其语法格式为：

```
CREATE TABLE <表名>
  ( <字段名1> <数据类型1>[(<大小>)] [NOT NULL] [PRIMARY KEY | UNIQUE ]
  ,<字段名2> <数据类型2>[(<大小>)] [NOT NULL] [PRIMARY KEY | UNIQUE ]
  [,…] )
```

▶说明

（1）数据类型：字段的数据类型必须用字符表示。

（2）PRIMARY KEY：字段为主键。

（3）UNIQUE：字段的唯一约束，每条记录的值都必须是唯一的，不允许出现重复值。

（4）NOT NULL：字段不允许为空。

【例9.6】 使用 SQL 语句定义一个名为 STUDENT 的表，结构如下。

学号（文本型，8字符）、姓名（文本型，20字符）、性别（文本型，2字符）、出生日期（文本）、贷款否（整型）、简历（文本）、照片（BLOB），学号为主键，姓名不允许为空值。

打开查询编辑器，编写如下 SQL 语句。

```
CREATE TABLE STUDENT
( 学号 TEXT(8) PRIMARY KEY , 姓名 TEXT(20) NOT NULL,    性别 TEXT(2),
  出生日期 TEXT,   贷款否 INT,   简历 TEXT,   照片 BLOB )
```

语句编写完成后，单击"执行语句▶"按钮，运行该 SQL 语句，即可创建 STUDENT 表，如图 9-18 所示。

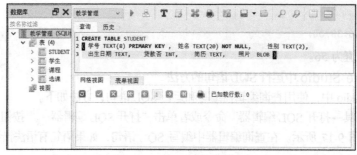

图 9-18　创建 STUDENT 表

9.4.3　INSERT INTO 语句

SQL 语言中，使用 INSERT INTO 语句插入记录，其语法格式为：

```
INSERT  INTO  <表名>  [(<字段名 1>[,<字段名 2>[, …]])]
VALUES  (<表达式 1>[,<表达式 2>[,…]])
```

▶说明

　　如果 INTO 后缺少字段名列表，则必须为该表的所有字段赋值，且各项数据和表中的字段顺序一一对应。

【例 9.7】使用 SQL 语句向 STUDENT 表中插入两条学生记录。

```
INSERT  INTO  STUDENT VALUES("22801109","朱晓","女","2004/9/26","是",null,null)
INSERT  INTO  STUDENT  (学号,姓名,性别)  VALUES("22801110","彭宇","男")
```

SQL 语句运行后，即向 STUDENT 表中插入了两条新记录，如图 9-19 所示。

图 9-19　插入两条新记录

▶提示

　　在查询编辑器中一次只能输入和执行一条 SQL 语句。已经执行过的语句可以在"历史"窗口中查看。

9.4.4　UPDATE 语句

在 SQL 语言中，使用 UPDATE 语句更新记录，其语法格式为：

```
UPDATA  <表名> SET <字段名 1>=<表达式 1>
[,<字段名 2>=<表达式 2>[, …]]  [WHERE <条件>]
```

如果不带 WHERE 子句，则更新表中所有的记录；如果带 WHERE 子句，则只更新表中满足条件的记录。

【例 9.8】使用 SQL 语句将"学生"表中所有女生的"贷款否"字段改为"否"。

```
UPDATE 学生 SET 贷款否="否" WHERE 性别="女"
```

▶注意

如该语句不带 WHERE 子句，则数据表中所有记录的"贷款否"字段都改为"否"。

9.4.5 DELETE 语句

在 SQL 语言中，使用 DELETE 语句删除记录，其语法格式为：

```
DELETE FROM <表名> [WHERE <条件>]
```

如果不带 WHERE 子句，则删除表中所有的记录；如果带 WHERE 子句，则只删除表中满足条件的记录。

【例 9.9】使用 SQL 语句删除"学生"表中学号为"22801110"的学生记录。

```
DELETE FROM 学生 WHERE 学号="22801110"
```

▶提示

执行完插入、更新、删除等操作，单击"刷新表数据🔄"按钮，将显示执行完 SQL 语句后的数据表。

9.4.6 SELECT 语句

在 SQL 语言中，使用 SELECT 语句从数据库中选取数据，其语法格式为：

```
SELECT [ALL|DISTINCT] [TOP <数值> [PERCENT]] <目标列> [[AS] <列标题>]
FROM <表或查询 1>[[AS] <别名 1>],<表或查询 2>[[AS]<别名 2>]
[ WHERE <连接条件> AND <筛选条件> ]
[ GROUP BY <分组项> [ HAVING <分组筛选条件>] ]
[ ORDER BY <排序项> [ ASC|DESC ] ]
[ LIMIT N ]
```

关系运算是一种抽象的查询语言，它用对关系的运算来表达查询，包括投影、选择、连接等。

1. 单表查询

单表查询仅涉及从一个表中的查询数据。

（1）投影

在关系运算中，从关系中挑选若干属性组成新的关系称为投影。这是从列的角度进行的运算，相当于对关系进行垂直分解。查询表中的若干列，从表中选择需要的目标列。语法格式为：

```
SELECT [DISTINCT] <目标列 1>[,<目标列 2>[, …]] FROM <表或查询>
```

① 查询指定的字段：在目标列中指定要查询的各字段名。

② 查询所有的字段：在目标列中使用"*"。

③ 消除重复的记录：在字段名前加上 DISTINCT 关键字。

④ 查询计算的值。

【例9.10】 查询"学生"表中所有学生的姓名、性别和出生日期。

```
SELECT 姓名,性别,出生日期 FROM 学生
```

SQL 语句的运行结果如图 9-20 所示。

（2）选择

在关系运算中，从关系中找出满足给定条件的那些元组称为选择。条件是逻辑表达式，值为真的元组将被选取。这种运算是从水平方向抽取元组，也是选择查询，从表中选出满足条件的记录。其语法格式为：

```
SELECT <目标列> FROM <表名> WHERE <条件>
```

WHERE 子句中的条件是一个逻辑表达式，由多个关系表达式通过逻辑运算符连接而成。

【例9.11】 查询"选课"表中成绩在 80～90 分的记录。

```
SELECT * FROM 选课 WHERE 成绩 BETWEEN 80 AND 90
```

SQL 语句的运行结果如图 9-21 所示。

图 9-20　例 9.10 查询结果

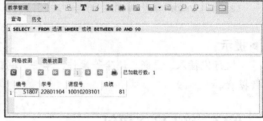

图 9-21　例 9.11 查询结果

【例9.12】 查询"学生"表中出生日期在"2004/1/1"之后的女生。

```
SELECT * FROM 学生 WHERE 出生日期>="2004/1/1" and 性别="女"
```

SQL 语句的运行结果如图 9-22 所示。

（3）排序

排序使用 ORDER BY 子句对查询结果按照一个或多个列的升序（ASC）或降序（DESC）排列，默认是升序。

【例9.13】 查询成绩在 50～90 分的记录，同一门课程按成绩降序排。

```
SELECT * FROM 选课 WHERE 成绩 BETWEEN 50 AND 90
ORDER BY 课程号, 成绩 DESC
```

SQL 语句的运行结果如图 9-23 所示。

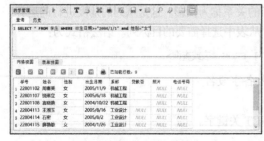

图 9-22　例 9.12 查询结果

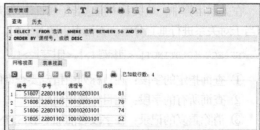

图 9-23　例 9.13 查询结果

使用 LIMIT 子句可以选出排在前面的若干记录。

【例 9.14】 查询"选课"表中成绩排在前 5 名的记录。

```
SELECT * FROM 选课  ORDER BY 成绩 DESC  LIMIT 5
```

SQL 语句的运行结果如图 9-24 所示。

（4）分组查询

使用 GROUP BY 子句可以对查询结果按照某一列的值分组。分组查询通常与 SQL 聚合函数一起使用，先按指定的字段分组，再对各组进行合计。如果未分组，则聚合函数作用于整个查询结果。常用聚合函数如表 9-12 所示。

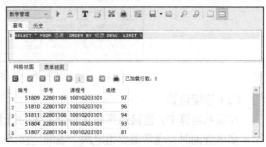

图 9-24 例 9.14 查询结果

表 9-12 常用聚合函数

函数	说明	函数	说明
COUNT（*）	计数	MIN（字段名）	求最小值
AVG（字段名）	求平均值	MAX（字段名）	求最大值
SUM（字段名）	求和		

【例 9.15】 统计"学生"表中各系的学生人数。

```
SELECT 系部, COUNT(*) AS 各系人数 FROM 学生 GROUP BY 系部
```

SQL 语句的运行结果如图 9-25 所示。

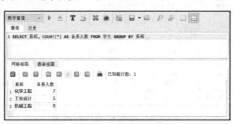

图 9-25 分组统计结果

▶ 提示

AS 子句的作用是改变查询结果的列标题。

2．多表查询

多表查询指的是从多个表中查询数据。

（1）笛卡儿积

笛卡儿积是指在数学中，两个集合 X 和 Y 的笛卡儿积（Cartesian Product），又称直积，表示为 $X×Y$。在关系运算中，笛卡儿积指的是 X 关系的每一条记录和 Y 关系的每一条记录连接构成新关系的记录。

【例 9.16】 查询"学生"表和"选课"表的笛卡儿积。

```
SELECT *  FROM 学生,选课
```

"学生"表中有 20 条记录，"选课"表有 8 条记录，查询结果将有 160 条记录。SQL 语句的运行结果如图 9-26 所示。

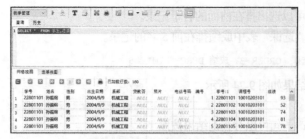

图 9-26　笛卡儿积查询结果

（2）连接运算

在关系运算中，连接运算是从两个关系的笛卡儿积中选择属性间满足一定条件的元组。

多表查询时，通常需要指定两个表的连接条件，连接条件中的连接字段一般是两个表的公共字段或语义相同的字段，该条件放在 WHERE 子句中，语法格式为：

```
SELECT <目标列> FROM <表名1>,<表名2>
WHERE <表名1>.<字段名1> = <表名2>.<字段名2>
```

【例9.17】　查询所有学生的学号、性别、姓名，及其选修的课程的课程号、课程名、成绩。

```
SELECT 学生.学号,性别,姓名,课程.课程号,课程名,成绩 FROM 学生,课程,选课
WHERE  学生.学号=选课.学号 and 课程.课程号=选课.课程号
```

SQL 语句的运行结果如图 9-27 所示。

图 9-27　连接运算运行结果

9.5　视图

视图（View）是在数据库中根据一个或者多个表的查询结果生成的虚拟表。视图由一组数据行和列构成，它建立在查询的基础上，数据库中只存储视图的定义，不存储数据；当表中的数据发生了变化，视图中查询出来的数据也会随之改变。

9.5.1　视图的创建

在 SQLite Studio 中，可以通过菜单命令创建视图，或者使用 SQL 语句创建视图。

1．使用菜单命令创建视图

在 SQLite Studio 中，选择"结构→创建视图"命令或者单击"创建视图 ![icon] "按钮，打开"创建视图"窗口，如图 9-28 所示。在其中填写视图名称，编写 SQL 语句。

【例9.18】　创建视图，视图名称为"学生成绩"，查询学生的学号、性别、姓名，及其选修的课程的课程号、课程名、成绩。

①　打开"创建视图"窗口，如图 9-28 所示。

② 填写视图名称为"学生成绩"。

③ 在编辑框中填写查询语句：

```
SELECT 学生.学号,性别,姓名,课程.课程号,课程名,成绩 FROM 学生,课程,选课
WHERE  学生.学号=选课.学号 and 课程.课程号=选课.课程号
```

单击"提交视图更改☑"按钮，执行添加视图操作，单击"数据"选项卡，查看视图的数据。

图 9-28　创建视图

2. 使用 CREATE VIEW 语句创建视图

在 SQLite Studio 中，打开查询编辑器，编写创建例 9.18 视图的 SQL 语句如下：

```
CREATE VIEW 学生成绩 AS
SELECT 学生.学号,性别,姓名,课程.课程号,课程名,成绩 FROM 学生,课程,选课
WHERE  学生.学号=选课.学号 and 课程.课程号=选课.课程号
```

单击"执行语句▶"按钮，执行 CREATE VIEW 语句，完成创建视图。

9.5.2　视图的使用

视图的操作和表中操作是一样的，可以对视图进行查询、修改、删除、更新操作，当对视图进行修改时，其对应的数据表的数据也会同步发生改变，同样，修改数据表中的数据也会在视图中体现。通过视图访问数据，可以隐藏表的底层结构，简化数据访问操作，增强数据的安全性。

【例 9.19】通过"学生成绩"视图，查询所有女生的学号、性别、姓名，选修的课程的课程号、课程名，成绩。

打开查询编辑器，在其中输入以下 SQL 语句：

```
select * from 学生成绩 where 性别="女"
```

SQL 语句的运行结果如图 9-29 所示。

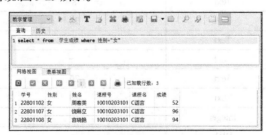

图 9-29　例 9.19 查询结果

实验

一、实验目的

（1）掌握创建、修改数据表的方法。

（2）掌握在表中插入、修改、删除记录的方法。

（3）掌握 SQL 语句的编写和运行方法。

二、实验内容

1．创建文件

打开 SQLiteStudio，选择"数据库→添加数据库"命令，在"文件"中选择任课教师提供的"数据库.db"文件，名称更改为"学号+姓名+数据库.db"。

2．创建表结构

创建表 9-13 所示的结构的 student 表。选择"结构→新建表"命令或者单击"新建表📇"按钮，打开"新表"窗口，如图 9-30 所示；添加列，并设定列的相关内容，单击"提交结构修改✔️"按钮。

表 9-13 student 表结构

字段名称	数据类型	字段大小	主键
学号	Text	8	是
姓名	Text	20	否
性别	Text	2	否
出生日期	Text	—	否
专业	Text	20	否
贷款金额	Integer	—	否
简历	BLOB	—	否
照片	BLOB	—	否

图 9-30 添加 student 表

3．插入数据

打开 student 数据表，录入 3 名同学（包括学生本人）的信息。选择"数据"选项卡，单击"插入行➕"按钮，填写各个字段的具体内容，单击"提交✔️"按钮，完成数据插入；单击"刷新表数据"按钮 🔁，查看插入结果。

4．CREATE TABLE 语句

打开查询编辑器，使用 CREATE TABLE 创建 teacher 表，结构如表 9-14 所示。

表 9-14 teacher 表结构

字段名称	数据类型	字段大小	主键
教师号	Text	8	是
姓名	Text	20	否
性别	Text	2	否
入职日期	Text	—	否
学院	Text	20	否
职称	Text	10	否
职务津贴	Integer	—	否
简历	Blob	—	否

5．INSERT 语句

（1）编写 SQL 语句，向 teacher 表插入一条新记录：教师号为 20020101，姓名为张岩，性别为男，入职日期为"2017-1-1"，学院为人工智能，职称为副教授，职务津贴为 4100。

（2）编写 SQL 语句，向"Book"表中插入使用的一本教材的信息。

6．UPDATE 语句

（1）编写 SQL 语句，修改"Book"表中，所有"电子工业出版社"的图书价格增加 10 元。

（2）编写 SQL 语句，将"学生"表中男生的贷款金额设为 0。

7．DELETE 语句

（1）编写 SQL 语句，删除"Book"表中所有出版社为"中国轻工业出版社"的图书记录。

（2）删除"学生"表中所有"计算机应用"专业的学生。

8．SELECT 语句

（1）编写 SQL 语句，查询"Book"表中所有出版社为"高等教育出版社"、价格超过 20 元的图书的书号、书名、作者、出版社、价格、是否有破损，按照价格排序。

（2）查询"学生"表中所有性别为男的学生，显示学号、姓名、性别，按照姓名排序。

9．分组统计

（1）编写 SQL 语句，统计"学生"表中男、女生的人数。

（2）编写 SQL 语句，统计"Book"表中，各个出版社图书价格的平均值。

（3）编写 SQL 语句，统计"学生"表中，各个专业的学生数。

10．创建视图

（1）创建视图，视图名称为"学生成绩"。

（2）编写 SQL 语句，从"学生""课程""选课"三张表中查询学号、姓名、课程名、成绩，并按学号降序排序。

参考 SQL 语句：

```
CREAT VIEW 学生成绩 AS
SELECT 学生.学号, 学生.姓名, 课程.课程名, 选课.成绩
FROM 学生,选课,课程
WHERE 学生.学号 = 选课.学号 and 课程.课程号=选课.课程号
ORDER BY 学生.学号 desc;
```

习题

一、单项选择题

1. 存储在计算机中按一定的结构和规则组织起来的相关数据的集合称为（ ）。

    A．数据库管理系统 B．数据结构   C．数据库   D．数据库系统

2. 以下选项中，（ ）是数据库系统的核心组成部分。

    A．数据库管理系统 B．用户   C．操作系统   D．应用程序

3. 数据库系统通常由 5 部分组成，分别是硬件系统、数据库、数据库管理系统、应用系统和（ ）。

    A．数据结构   B．网络   C．用户   D．操作系统

4. 一门课程同时有多个学生选修，而一个学生也可以同时选修多门课程，则学生和课程之间是（ ）。

    A．一对一   B．一对多   C．多对多   D．多对一

5. 关系数据库是以（ ）的形式组织和存放数据的。

    A．链   B．一维表   C．二维表   D．指针

6. 关系完整性规则是对关系的某种约束条件，关系模型中有 3 类完整性约束，以下选项中（ ）不是完整性约束。

    A．实体完整性   B．参照完整性   C．用户定义完整性 D．数据完整性

7. 在 SQLite Studio 中，数据库的所有对象都存放在一个文件中，该文件的扩展名是（　　）。
   A. .db
   B. .dbf
   C. .accdb
   D. .mdb

8. 表是数据库的核心与基础，它存放着数据库的（　　）。
   A. 部分数据
   B. 全部数据
   C. 全部对象
   D. 全部数据结构

9. 以下选项中，（　　）不是 SQLite 的数据类型。
   A. Text
   B. Real
   C. Float
   D. Integer

10. 二维表由行和列组成，每一行表示关系的一个（　　）。
    A. 属性
    B. 字段
    C. 集合
    D. 记录

11. 关系表中的一列被称为（　　）。
    A. 元组
    B. 记录
    C. 字段
    D. 数据

12. 在工资表中查询工资在 1000～2000 元（不包括 1000 元）的职工，正确的条件是（　　）。
    A. 工资>1000 Or　工资< 2000
    B. 工资 Between 1000 And 2000
    C. 工资>1000 And 工资<=2000
    D. 工资 In(1000,2000)

13. 在学生表中，要求输入的学生学号为 8 位，正确的约束条件是（　　）。
    A. 学号=8
    B. Text=8
    C. Length(学号)==8
    D. 8

14. 在学生成绩表中，查询姓"陈"的男同学，正确的 SQL 语句是（　　）。
    A. select * from 学生 where 姓名 like "陈%" and 性别="男"
    B. select * from 学生
    C. select * from 学生 where 姓名="陈" and 性别="男"
    D. select * from 学生 where 姓名="陈*" and 　性别="男"

15. SQL 语言的数据操作语句不包括（　　）。
    A. DELETE
    B. UPDATE
    C. INSERT
    D. CHANGE

16. SQL 语句中，创建表的语句是（　　）。
    A. DELETE
    B. UPDATE
    C. INSERT
    D. CREATE TABLE

17. SELECT 命令中，条件短语的关键词是（　　）。
    A. GROUP BY
    B. ORDER BY
    C. WHERE
    D. ORDER BY

18. 在 SELECT 查询中，（　　）子句用于指定排序方式。
    A. GROUP BY
    B. ORDER BY
    C. WHERE
    D. HAVING

19. 在学生表中查找女学生的全部信息的 SQL 语句是（　　）。
    A. SELECT　FROM 学生表 IF 性别="女"
    B. SELECT 性别 FROM 学生表 IF 性别="女"
    C. SELECT * FROM 学生表 WHERE 性别="女"
    D. SELECT　FROM 学生表 WHERE 性别="女"

20. 以下选项中，（　　）是正确的插入记录的 SQL 语句。
    A. INSERT <数据表名>　INTO　<数据>
    B. INSERT　INTO　<数据表名>
    C. INSERT　INTO　<数据表名>　<数据>
    D. INSERT　INTO　<数据表名>　VALUES　<数据>

21. 在 SQL 语句中，插入字段值的数据类型为 Text 类型，正确表示该字段信息的是（　　）。
    A. 字段值
    B. "字段值"
    C. "字段值"
    D. <字段值>

22. 在数据库中，将学生表中男生贷款金额设定为 0，正确的 SQL 语句是（　　）。
    A. UPDATE 学生 SET 贷款金额=0
    B. UPDATE 学生 SET 贷款金额=0 where 性别="男"
    C. UPDATE 学生 where 性别="男" SET 贷款金额=0
    D. UPDATE 学生 SET 贷款金额=0 where 性别=男

23. 以下选项中，（　　）能描述姓"王"且姓名总共有 2 个汉字的条件。
    A. 姓名 like "王__"　　　　　　　　　　B. 姓名 like "王%"
    C. 姓名 like "王*"　　　　　　　　　　D. 姓名 like "王?"

24. 以下选项中，（　　）能统计学生表中男生和女生的人数。
    A. select 性别, AVG(*) as 人数 from 学生 group by 性别
    B. select 性别, SUM(*) as 人数 from 学生 group by 性别
    C. select 性别, COUNT(*) as 人数 from 学生 group by 性别
    D. select 性别, MAX(*) as 人数 from 学生 group by 性别

25. 关于视图，以下说法错误的是（　　）。
    A. 视图是由查询语句定义生成的一个虚拟表
    B. 与真正的数据表相同，视图也是一张二维表
    C. 数据库只存储视图的定义，而不存储对应的数据
    D. 当数据表发生变化时，从视图中查询出来的数据也随之变化

二、简答题

1. 简述数据库的定义。
2. 简述数据库系统的定义及其组成。
3. 简述数据库管理系统的定义及其主要功能。
4. 简述关系的 3 种完整性的含义。
5. 简述索引的定义及其功能。
6. 已知"Book"表结构如表 9-15 所示，参考命令，编写 SQL 语句完成以下工作。

表 9-15　Book 表结构

字段名称	数据类型	字段大小	主键
书号	Text	5	是
书名	Text	20	否
作者	Text	3	否
出版社	Text	10	否
价格	Real	—	否
有破损	Text	—	否
备注	Blob	—	否

（1）编写 SQL 语句，创建上述"Book"表。

（2）编写 SQL 语句，插入一条新记录：书号为"ISBN978-7-115-4257X-X"，书名为"大学计算机基础"，作者为"张小燕"，出版社为"人民邮电出版社"，价格为"39.8 元"，有破损为"否"。

（3）假设"Book"表中有几万条记录，编写 SQL 语句，将作者为"张小燕"的书的价格减少 20 元。

（4）编写 SQL 语句，删除"Book"表中所有出版社为"人民邮电出版社"的图书记录。

（5）编写 SQL 语句，查询"Book"表中所有出版社为"中国铁道出版社"、价格超过 30 元的图书的书号、书名、作者、出版社、价格，按照价格排序。

（6）编写 SQL 语句，统计"Book"表中，各个出版社分别有多少种书。

第 10 章 WPS 文字处理

WPS Office 是一款集成了文字处理、电子表格、电子文档演示、PDF 阅读等功能的办公软件套装，拥有强大的文档处理能力，符合现代中文办公的需求，并具有内存占用低、运行速度快、支持在线存储功能等优点。

本章主要介绍 WPS 的高级文字处理和排版技术，使得读者掌握进行长文档排版的能力，养成使用计算机技术高效、准确完成工作的思维。

10.1 文字处理操作

10.1.1 文字处理基本操作

打开 WPS，选择"文件→新建"命令，创建空白文档，如图 10-1 所示。在"开始"菜单的"剪贴板"选项卡中有复制、剪切、粘贴、格式刷等按钮；"字体"选项卡中有字体、字号、加粗、倾斜、下画线、上标、下标等按钮；"段落"选项卡有项目符号、编号、缩进、对齐等按钮。单击右下角的" 」"按钮，可以打开该选项卡的完整操作的对话框，图 10-2 所示为"字体"对话框。

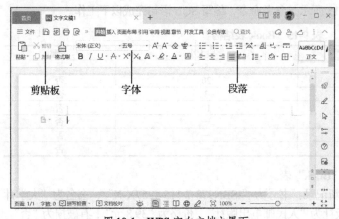

图 10-1 WPS 空白文档主界面　　　　　　　图 10-2 "字体"对话框

10.1.2 查找与替换

在大量文字中查找、替换或定位某些文字时，如果靠人工操作将会费时、费力，且不够准确。在 WPS 中，可以使用查找、替换、定位等操作，迅速完成对应操作。单击"开始→查找替换"按钮可打开"查找替换"下拉菜单，如图 10-3 所示，菜单里包括"查找""替换""定位"和"批量替换"命令。

1．查找

选择"查找"命令，打开"查找和替换"对话框，如图10-4所示。在"查找"选项卡中输入查找的文字，如"窗口"，单击"查找上一处"或"查找下一处"按钮，光标将定位到查找到的文字的位置。

图10-3 "查找替换"下拉菜单

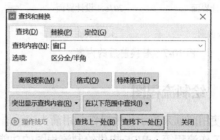

图10-4 "查找"选项卡

单击"高级搜索"按钮，如图10-5所示，可以设定复杂的查找条件，如搜索范围、区分大小写、区分全/半角等。

2．替换

单击"替换"选项卡，如图10-6所示，输入"查找内容"和"替换为"的内容，单击"替换"或"全部替换"按钮，可以完成替换。单击"高级搜索"按钮，可以设定"查找内容"和"替换为"内容的条件和格式等。

图10-5 高级搜索

图10-6 替换

【例10.1】查找文档中所有的文字"2015"，替换成红色、倾斜的"2016"。

操作步骤如下。

（1）在"查找和替换"对话框，单击"替换"选项卡。在"查找内容"文本框中输入"2015"，在"替换为"文本框中输入"2016"。

（2）单击"高级搜索"按钮，再单击"替换为"文本框，使光标停留在"替换为"文本框中，选择"格式→字体"命令，在弹出的"替换字体"对话框中设置字体颜色为深红、倾斜，单击"确定"按钮。

（3）单击"全部替换"按钮，完成整篇文档的替换。设置前后效果对比如图10-7所示。

3．定位

单击"定位"选项卡，如图10-8所示，可指定页号、节号、行号、书签、批注、脚注、公式、表格、图形、对象、标题等，并定位到相应位置。

工作计划表　　　　　　工作计划表
2015.1 分析项目需求　　*2016.1 分析项目需求*
2015.2 设计系统详细功能　*2016.2 设计系统详细功能*
2015.3 设计数据库　　　*2016.3 设计数据库*
2015.4 设计界面　　　　*2016.4 设计界面*

（a）替换前　　　　　　（b）替换后

图 10-7　替换前后的内容

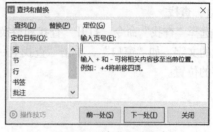

图 10-8　"定位"选项卡

10.1.3　绘制流程图

流程图使用图框来表示各种操作，用箭头表示语句的执行顺序，经常用于算法设计，也可以用于描述各种工作流程等，WPS 提供绘制流程图的功能。

【例 10.2】绘制算法流程图，判断输入的整数 x 是奇数还是偶数。

操作步骤如下。

（1）选择"插入→在线流程图"命令，打开"流程图"对话框，单击"新建空白"按钮，打开"新建流程图"窗口，如图 10-9 所示。

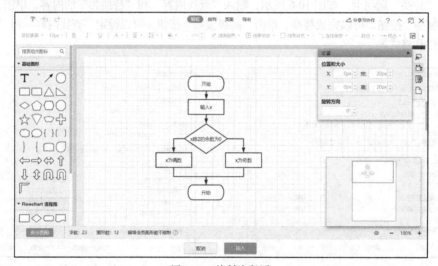

图 10-9　绘制流程图

（2）使用鼠标拖曳左侧的图例到编辑区，调整其位置、宽和高，并插入相关文字。

（3）拖曳图形四边的句柄点，将箭头连接其他图形。

（4）流程图绘制完成后，单击"插入"按钮，可以将流程图以图片的形式插入到文档中。

10.1.4　绘制思维导图

思维导图是一种用图文并重的方式表达发散性思维的有效图形思维工具，能简单、高效地将各级主题的关系用相互隶属与相关的层级图表现出来。WPS 提供绘制思维导图的功能。

【例 10.3】创建思维导图。

操作步骤如下。

（1）选择"插入→在线脑图"命令，打开"思维导图"对话框，单击"新建空白"按钮，打开"新建思维导图"窗口，如图 10-10（a）所示。

（2）单击"子主题 ⬚"、"同级主题 ⬚"、"父主题 ⬚"、"概要 ⟩概要"、"外框 ⬚外框"等按钮，生成并编辑主题的文字，从而生成思维导图，如图 10-10（b）所示。单击"插入"按钮，就可以将思维导图插入文档中。

（a）创建思维导图

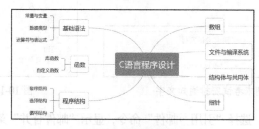

（b）生成的思维导图

图 10-10　制作思维导图

10.1.5　邮件合并

邮件合并用于实现批量且按指定格式生成多份统一样式的文档，帮助用户节省大量的时间和精力。生成的文档具有相同布局、格式、文本和图形，每个文档只有某些特定部分具有个性化内容。用户可以使用标签、信函、信封和电子邮件等邮件合并选项，批量创建文档；还可以创建大量内容基本相同、数据略有变化的文档，如通知单、准考证、工资条等。

选择"引用→邮件"命令，显示"邮件合并"菜单，如图 10-11 所示。

图 10-11　"邮件合并"菜单

邮件合并的基本操作步骤如下。

（1）建立主文档。主文档是普通文档，其中包括普通内容。

（2）准备数据源。数据源用 Access、Excel 等数据记录表，其中包含字段名和记录。

（3）在主文档中打开数据源，插入合并域。

（4）合并到新文档。将数据源中的数据记录与主文档合并生成新文档，文档的数量取决于数据源中记录的条数。

【例 10.4】　制作图 10-12 所示的期末考试安排通知单。

图 10-12　期末考试安排通知单

操作步骤如下。

（1）创建主文档，内容是通知单的文字信息，如图 10-13 所示。

（2）准备数据源文件。建立 Excel 文档"考试通知.xlsx"，如图 10-14 所示。

图 10-13　期末考试安排通知文字

	A	B	C	D
1	课程	考试时间	考试地点	考试形式
2	高等数学	12月13日	9-3阶	闭卷
3	大学物理	12月15日	10-211	闭卷
4	英语	12月16日	8-5阶	开卷
5	计算机基础	12月18日	11-310	闭卷
6				

图 10-14　数据源文件

（3）在主文档窗口中，选择"引用→邮件"命令，显示"邮件合并"菜单，选择"打开数据源"命令，选择"考试通知.xlsx"。

（4）将光标放在主文档中的某个空白位置，如"课程："前，单击"插入合并域"按钮，如图 10-15 所示，选中某个数据域，如"课程"。依次插入相应数据域，完成后如图 10-16 所示。

（5）单击"合并到新文档"按钮，选择"全部"记录，生成考试通知单新文档如图 10-12 所示。

图 10-15　插入合并域

图 10-16　主文档中插入对应域

10.2　样式

10.2.1　创建样式

样式是预先定义好的指定名称的格式。WPS 内置了一些预设样式供用户使用，在"开始→样式"选项卡中列出了一些样式，如图 10-17 所示。

图 10-17　快速样式集

（1）单击"样式"分组右下角的 ▾ 按钮，打开"预设样式"窗格，如图 10-18 所示，这里列出文档中所有的样式。

（2）选择"新建样式"命令，打开"新建样式"对话框，如图 10-19 所示。在对话框中设定样式的名称、样式类型、样式基准、后续段落样式、格式等。

图 10-18　"预设样式"窗格

图 10-19　"新建样式"对话框

10.2.2　应用样式

在新建样式后，就可以将该样式应用到文本中，具体操作如下。

选择文字或者将光标置于段落中，在"样式"列表或者"预设样式"窗格中，单击某个样式，选择已有样式应用到文本中。

10.2.3　修改样式

1．修改样式

在文档中，可以修改已有的样式，操作步骤如下。

在"样式"列表或者"预设样式"窗格中，使用鼠标右键单击要修改的样式，如图 10-20 所示，在弹出的快捷菜单中选择"修改样式"命令，打开"修改样式"对话框，如图 10-21 所示，在对话框中可以设置修改样式的各项内容。

2．清除格式

选中需要取消格式的文字或段落，按照前文所述步骤，打开"预设样式"窗格，单击"清除格式"按钮，可以清除所选文字的所有格式，保留纯文本。

【例 10.5】 将图 10-22 所示的文字中的两个自然段落分别设置不同样式。第一段格式为宋体、小四号、居中、段前距为 1 行，样式名为"第一段"；第二段格式为仿宋、五号、左对齐、段前段后距均为 1 行，样式名为"第二段"。将这两种样式应用在各自段落中。

图 10-20 "修改样式"快捷菜单　　　　图 10-21 "修改样式"对话框

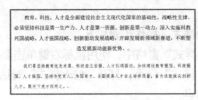

图 10-22 原文档格式

操作步骤如下。

（1）单击"样式"选项卡右下角的 ▾ 按钮，打开"预设样式"窗格。

（2）选择"新建样式"命令，打开"新建样式"对话框，进行图 10-23 所示设置，选择"格式→段落"命令，打开"段落"对话框，如图 10-24 所示，进行相应设置。

图 10-23 "新建样式"对话框

图 10-24 "段落"对话框

（3）选中第一自然段文字，单击样式列表中的"第一段"样式，完成第一段文字的样式设定。

（4）按以上方法设定并应用"第二段"样式。最终效果如图 10-25 所示。

图 10-25 应用样式结果

10.3 页眉页脚

10.3.1 分页符和分节符

在 WPS 中，分隔符包括分页符和分节符。当用户想要设置文档的一部分内容另起一页时，可以在另起一页的位置插入分页符，如图 10-26 所示。

在 WPS 文档的一个节中的所有页，关于页面方向、页边距、页眉和页脚等的格式完全相同。在文档中，插入分节符后可以将文档分为多个节，可以为每个节分别设置不同格式，分节符如图 10-27所示。

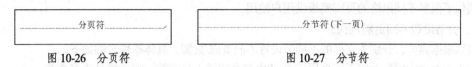

图 10-26　分页符　　　　　　　　　　　　　　　图 10-27　分节符

1．插入分页符和分节符

选择"页面布局→页面设置"选项卡中的"分隔符"命令，如图 10-28 所示，在下拉菜单中根据需要选择插入分页符或分节符命令。

2．显示和隐藏分页符、分节符标记

选择"开始→段落"选项卡中的"显示/隐藏编辑标记"命令，进行显示或隐藏分页符、分节符和段落标记等操作。

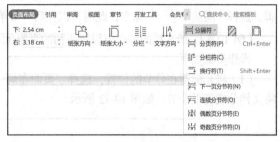

图 10-28　"分隔符"下拉菜单

10.3.2　设置页眉页脚

在 WPS 中，选择"插入→页眉页脚"命令，文档进入页眉、页脚编辑状态，显示页眉、页脚操作的工具栏，如图 10-29 所示。

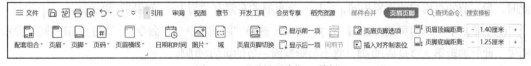

图 10-29　"页眉页脚"工具栏

1．页眉

如图 10-30 所示，在列表中选择一个页眉模板，进入页面编辑界面，如图 10-31 所示。可以向页眉中插入文字、页码、日期和时间、文档图片、剪贴画等，还可以根据需要设置页眉选项、页眉位置。

图 10-30　"页眉"列表　　　　　　　　　　　　图 10-31　页眉和页脚设置

单击"关闭"按钮，或者按 Esc 键，可以结束页眉编辑状态。

在文档的页眉位置双击鼠标左键，进入页面编辑状态，就可以修改页眉了。

2．页脚

插入页脚的方法与页眉的操作相似。WPS 内置页脚模板有"空白"页脚、"三栏页脚"等，同时也提供了很多不同风格的页脚模板供用户使用。

3．分节设置不同页眉/页脚

可以根据需要，分别为文档的不同节设置不同页眉/页脚。具体操作步骤如下。

（1）在文档中需要设置不同页眉/页脚的内容之间插入分节符，将文档分为多个节。

（2）在文档中设置页眉/页脚，此时后一节将沿用前一节的页眉/页脚。单击进入后一节页眉/页脚，选择"同前节 🗐"命令，此时可以在后一节单独设置页眉/页脚了。

【例 10.6】 给文档的各个节设置不同的页眉/页脚。

操作步骤如下。

（1）将光标落在分节的位置，选择"页面布局→分隔符→下一页分节符"命令，插入分节符，将文档分成若干个节，如图 10-32 所示。

图 10-32　插入分节符

（2）选择"插入→页眉页脚"命令，进入页眉编辑状态，编辑第 1 节的页眉，如图 10-33 所示。此时，后一节的页眉与前页眉相同，在后一节页眉的右侧有"与上一节相同"提示。

（3）单击下一节的页眉，如图 10-34 所示。选择"同前节 🗐"命令，"与上一节相同"提示消失。此时编辑第 2 节页眉/页脚，将不会影响前一节的页眉/页脚。

图 10-33　设置第 1 节页眉

图 10-34　设置第 2 节页眉

（4）页脚的操作方法与页眉的操作方法相同。

10.3.3　设置页码

页码就是文档中页的编码，有汉字、数字、字母等形式。设置页码的具体操作步骤如下。

1．确定页码的格式

选择"插入→页码 🔢"命令，打开"预设样式"窗格，如图 10-35（a）所示，选择"页码"命令，打开"页码"格式对话框，如图 10-35（b）所示。

（1）设置页码的样式，包括是否包含章节号，页码编号是续前节还是设定起始页码，以及应用范围等。

（2）选择页码的位置，包括顶端和低端的居左、居中、居右、内侧、外侧等，单击"确定"按钮，插入页码。

（a）"页码"命令　　　　　（b）"页码格式"对话框

图 10-35　确定页码的格式

2．删除页码

选择"插入→页码→删除页码"命令，删除页码。

10.4 其他文档排版方法

10.4.1 多级列表

为了使文档结构清晰、条理化，通常将长文档划分为章、节、段落等。在 WPS 中，可以通过"多级列表"方式来快速地添加分级的序列编号，样例如图 10-36（a）所示。操作步骤如下。

选择"开始→段落"功能分组中的"编号 ⋮⋮"命令，在"编号"窗格中包括多种系统提供的多级编号。选择"自定义编号"命令，可以根据需要自行设置多级列表，如图 10-36（b）所示。

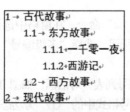

1 → 古代故事
　1.1 → 东方故事
　　1.1.1 一千零一夜
　　1.1.2 西游记
　1.2 → 西方故事
2 → 现代故事

（a）多级列表　　　　　（b）"编号"窗格

图 10-36　设置多级列表

【**例 10.7**】 建立图 10-36（a）所示的多级列表。

操作步骤如下。

（1）选择"开始→段落"选项卡中的"编号 ∷⁀"命令，在窗格中的"多级编号"中选择一种多级列表样式，当前行出现第一级第一个编号，一级编号，录入文字后按 Enter 键，将显示与前一段级别相同的编号 2，样例如图 10-37（a）所示。

（2）光标置于编号"2"之后，按 Tab 键，输入内容。每按一次 Tab 键，编号级别向下降一级，继续操作，至三级编号，样例如图 10-37（b）所示。

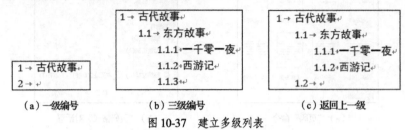

（a）一级编号　　　　　（b）三级编号　　　　　（c）返回上一级

图 10-37　建立多级列表

（3）在出现 1.1.3 时，如需要返回上一级，按 Shift+Tab 组合键，将当前编号调整为第二级，如图 10-37（c）所示。之后每按一次 Shift+Tab 组合键，当前编号就提升一级。

（4）按上述步骤，依次建立需要的其他编号。

【**例 10.8**】 使用 Tab 键快速建立多级列表。

操作步骤如下。

（1）录入各个级别的文字。注意第一级顶头写，第二级内容前加一个 Tab 键，第三级内容前加两个 Tab 键，依次类推，如图 10-38（a）所示。

（2）选中文字，选择"开始→段落"选项卡中的"编号 ∷⁀"命令，选择一种多级编号，快速生成多级列表，样例如图 10-38（b）所示。

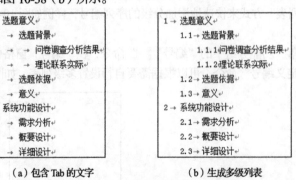

（a）包含 Tab 的文字　　　　　（b）生成多级列表

图 10-38　使用 Tab 键快速建立多级列表

【**例 10.9**】 自定义多级列表。

操作步骤如下。

（1）选择"开始→段落"功能分组中的"编号 ∷⁀"命令，在窗格中选择"自定义编号"命令，打开"项目符号和编号"对话框，如图 10-39（a）所示，选择"多级编号"选项卡，单击某一个预设多级编号。

（2）单击"自定义"按钮，打开"自定义多级编号列表"对话框，如图 10-39（b）所示，设置每一级文字的编号格式、编号样式、字体等。注意，编号格式中的"①"为动态编号，不能删除或修改。

（3）在"自定义多级编号列表"对话框中，单击"高级"按钮，出现高级选项内容，如图 10-39（c）所示，可以设置更复杂的格式，包括对齐方式和对齐位置、文本位置和缩进位置。设置将编号级别链接到样式，如将编号级别 1 链接到"标题 1"样式，则文档中所有"标题 1"样式的文字都会按照其先后顺序以级别 1 进行编号。

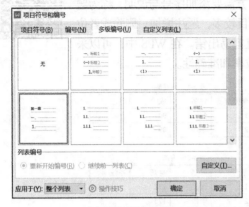
（a）项目符号与编号

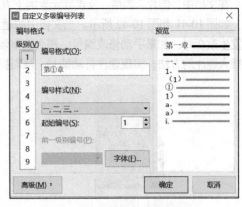
（b）"自定义多级编号列表"对话框

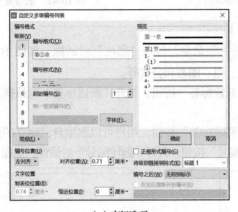
（c）高级选项

图 10-39　自定义多级列表

【例 10.10】　利用多级列表设置毕业设计中的章节编号。

操作步骤如下。

（1）分别录入章节文字，如图 10-40（a）所示，并分别应用样式"标题 1"和"标题 2"。

（2）设定第一级的章编号，并将编号级别链接到样式"标题 1"，如图 10-39（c）所示。

（3）设定第二级的节编号，并将编号级别链接到样式"标题 2"。

（4）此时，章节自动按照设定情况进行编号，如图 10-40（b）所示。

（a）录入标题章节文字

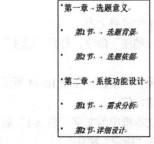
（b）标题文字样式

图 10-40　设置自动编号

10.4.2　题注

在文档中，图片、表格、公式等元素的上方或下方需要添加序号与说明，称为题注，如图 10-41 和图 10-42 所示。当文档中的题注数目较多，题注增加、删除或者位置发生改变时，如果手动修改编号，那么效率较低且容易出错。在 WPS 中，可以采用插入题注的方法，实现题注自动编号，从而提高效率和准确性。

图1　校训石

图 10-41　图片题注示例

表 a-1　成绩单

学号	姓名	成绩	备注
1	张三	90	
2	李四	89	

表 a-2　身高

学号	姓名	身高	备注
1	张三	172	
2	李四	175	

图 10-42　表格题注示例

插入题注的操作步骤如下。

（1）选择"引用→题注"命令，打开"题注"对话框，如图 10-43 所示。在"标签"列表中列出了可用的标签，如表、图、图表和公式等。

（2）新建标签：单击"新建标签"按钮，打开"新建标签"对话框，如图 10-44 所示，用户可以自己定义标签。

（3）删除标签：单击"删除标签"按钮，用户可以删除自己建立的标签。

（4）题注编号：单击"编号"按钮，打开"题注编号"对话框，如图 10-45 所示，设置编号格式。

图 10-43　"题注"对话框

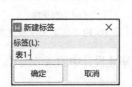

图 10-44　"新建标签"对话框

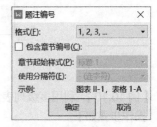

图 10-45　"题注编号"对话框

题注的编号由软件自动生成，按照文档中题注出现的位置自动编号。如果题注增加、删除或者位置发生改变，只需要选中该题注或选中全部文档，按 F9 键就可自动更新编号。

【例 10.11】 给图 10-42 中的成绩单表插入题注。

操作步骤如下。

（1）光标置于第 1 个表格上方。

（2）选择"引用→题注"命令，打开"题注"对话框，如图 10-43 所示。

（3）单击"新建标签"按钮，在图 10-44 所示"新建标签"对话框中输入"表 a-"，新建标签。

（4）在"题注"文本框中的文字"表 a-1"后面输入"成绩单"，如图 10-46 所示，单击"确定"按钮。

（5）重复第（4）步，创建第 2 个表格的题注。

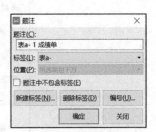

图 10-46　新建题注

10.4.3 脚注与尾注

在编辑文档时，有时候需要对一些内容进行注释，这就需要用到脚注或尾注。脚注是指在一页的底端对本页指定内容的注释，尾注是指在文档的结尾对文档中指定内容的注释。

1. 脚注

插入脚注的操作步骤如下。

将光标置于需要注释的位置；选择"引用→脚注和尾注→插入脚注"命令；在当前页面底部出现脚注，如图10-47所示，输入相应的注释内容，结果如图10-48所示。

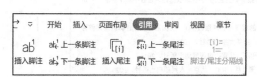

图 1 校训石[1]

[1] 天津科技大学校训

图 10-47 "脚注和尾注"功能分组　　　　图 10-48 脚注

2. 尾注

插入尾注的操作步骤如下。

将光标置于需要注释的位置；单击"插入尾注"按钮，在文档的尾部出现尾注，输入对应的注释内容，结果如图10-49所示。

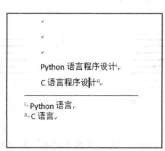

Python 语言程序设计[i]

C 语言程序设计[ii]

[i] Python 语言
[ii] C 语言

图 10-49 尾注

10.4.4 交叉引用

用户经常需要在文档中的适当位置引用题注，如"如图 1 所示，……""如表 10-1 所示，……"。使用"交叉引用"操作，可以方便地将题注内容引用到文档中，当题注改变时，题注的引用也会随之改变，从而提高工作效率。操作步骤如下。

选择"引用→题注→交叉引用  交叉引用"命令，打开"交叉引用"对话框，如图10-50所示。在对话框中设置引用类型、引用内容、引用哪一个题注，单击"插入"按钮，完成后显示题注的引用。

当题注改变时，选中题注的引用或选中全部文本，按 F9 键，则引用会自动更新。

图 10-50 "交叉引用"对话框

10.4.5 参考文献

在撰写论文时，往往会引用一些文献资料，此时需要列出具体的参考文献，并在具体引用内容处加以标注。在 WPS 中，可以使用自定义编号和交叉引用来完成参考文献及其标注的设置。操作步骤如下。

（1）参考文献内容如图 10-51 所示。选中参考文献的全部内容，选择"开始→段落→编号"命令，在出现的窗格中选择"自定义编号"命令，打开"项目符号和编号"对话框。在"编号"选项卡中选择一个编号样式，单击"自定义"按钮，打开"自定义编号列表"对话框，如图 10-52 （a）所示，设定编号格式，如图 10-52 （b）所示，单击"确定"按钮，参考文献设定结果如图 10-53 所示。

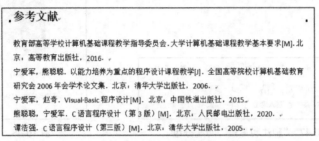

图 10-51　参考文献内容

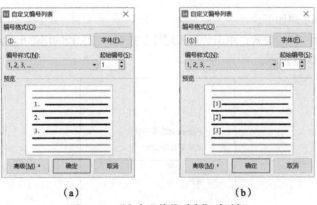

（a）　　　　　　　　　　　（b）

图 10-52　"自定义编号列表"对话框

图 10-53　参考文献结果

（2）将光标置于在文档中需要引用参考文献的位置，选择"引用→交叉引用→交叉引用"命令，打开"交叉引用"对话框，如图 10-54 所示，设置引用某参考文献格式。单击"插入"按钮，完成设置，参考文献引用结果如图 10-55 所示。

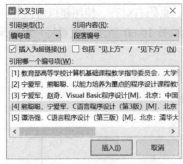

图 10-54 "交叉引用"对话框 　　　　图 10-55 设置结果截图

（3）通常情况下，需要将参考文献的引用设置成上标格式。单击"开始→字体"选项卡中的" $\times^2$ "按钮。

10.4.6　自动生成目录

在 WPS 中，可以按照标题样式、大纲级别为长文档自动生成目录，以及更新目录。

1．按照标题样式自动生成目录

在 WPS 中，可以指定依据文字的样式第 1、2、3、…级，创建多级标题的目录。在制作目录时，需要使用具有样式的文字。

【例 10.12】 如图 10-56 所示，章标题的样式是"标题 1"样式、级别为 1 级，节的样式是"标题 2"样式、级别为 2 级，"一、项目名称含义"样式是"标题 3"样式、级别为 3 级。创建三级标题的目录如图 10-57 所示。

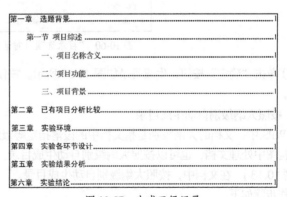

图 10-56　多级标题文字的样式 　　　　图 10-57　生成三级目录

操作步骤如下。

（1）将章、节标题等文字分别应用各自的样式，如图 10-56 所示。其中章标题的样式是"标题 1"样式、级别为 1 级，节的样式是"标题 2"样式、级别为 2 级，"一、项目名称含义"样式是"标题 3"样式、级别为 3 级。

（2）选择"引用→目录→目录"命令，打开"目录"窗格，如图 10-58 所示。选择某个预设的目录样式，可以直接生成目录。选择"自定义目录"命令，打开"目录"对话框，如图 10-59 所示。

（3）设置目录的制表符前导符、显示级别、显示页码、页码右对齐、使用超级链接等。

（4）单击"选项"按钮，打开"目录选项"对话框，如图 10-60 所示，设置每一级目录对应的样式。

图 10-58 "目录"窗格

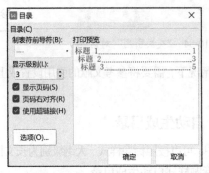

图 10-59 "目录"对话框

图 10-60 "目录选项"对话框

（5）单击"确定"按钮，生成目录如图 10-57 所示。按住 Ctrl 键、单击某个目录可以跳转到相应位置。

2. 按照大纲级别自动生成目录

在 WPS 中，文档的大纲级别是指文档中的段落指定等级结构（1 级至 9 级），并在大纲视图或文档结构图中处理文档，也可以按照大纲级别自动生成目录。

【例 10.13】 在文档中，按照大纲级别自动生成目录。

操作步骤如下。

（1）鼠标右键单击选中标题文字（如章标题），在弹出的快捷菜单中选择"段落"命令，如图 10-61 所示。

（2）在"段落"对话框中，"大纲级别"设为 1 级，如图 10-62 所示。

（3）重复（1）（2）步，设置节标题的大纲级别为 2 级。

（4）将光标置于需要插入目录的位置，选择"引用→目录→自定义目录"命令，打开"目录"对话框，如图 10-59 所示。

（5）单击"选项"按钮，在弹出的"目录选项"对话框中，选中"大纲级别"复选框，如图 10-63 所示，单击"确定"按钮，就可以实现按照大纲级别自动生成目录了。

图 10-61　快捷菜单

图 10-62　大纲级别设置

图 10-63　"目录选项"对话框

3．更新目录

在 WPS 中，当文档内容或页码发生变化的时候，可以更新或删除自动生成的目录。

操作步骤如下。

（1）选择"引用→更新目录"命令，打开"更新目录"对话框，如图 10-64 所示，可以选择"只更新页码"或"更新整个目录"。

选择"只更新页码"命令，在更新目录时只更新页码，不更新目录标题；选择"更新整个目录"命令，在更新目录时目录标题和页码一起更改。

（2）也可以鼠标右键单击文档中的目录，在弹出的快捷菜单中选择"更新域"命令，如图 10-65 所示，也会打开"更新目录"对话框，进行更新目录的操作。

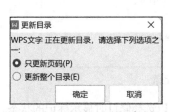

图 10-64　"更新目录"对话框

图 10-65　快捷菜单

10.5　审阅文档

在审阅别人的文档时，可以使用批注和修订。批注是指对文档提出的注释、问题、建议等。批注不会集成到文本编辑中。修订是一种模式，将保留文档的删除、插入和修改等痕迹，其他人可以接受或拒绝文档中保留的修订。

10.5.1　批注

在审阅文档时，可以使用批注为内容添加与审阅文档有关的注释。在 WPS 中，操作步骤如下。

（1）打开需要审阅的文档，选中需要加批注的内容，如图10-66所示。

（2）选择"审阅→插入批注"命令，如图10-67所示。

图10-66　待批注内容　　　　　　图10-67　"审阅"工具栏

（3）此时会显示批注栏，如图10-68所示，在批注栏中可以输入批注的内容。

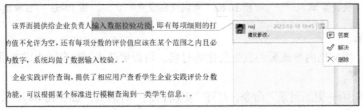

图10-68　编辑"批注"内容

（4）单击批注右上角的编辑批注"≣"按钮，可以选择答复、解决或删除批注。

10.5.2　修订

在审阅文档时，启动修订模式，将记录用户对于文档的所有修改记录。操作步骤如下。

（1）选择"审阅→修订→修订 📝"命令，启动修订模式。

（2）此时，增加、删除、修改内容以及修改格式等操作，都将被记录，如图10-69所示。

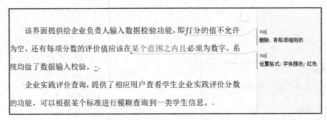

图10-69　修订记录

（3）在"审阅"工具栏，如图10-70（a）所示，可以选择修订时显示标记的状态。

（4）其他用户在审阅文档时，可以单击"接受"按钮，选择接受所选修订、格式的修订、所有修订，如图10-70（b）所示。也可以单击"拒绝"按钮，选择拒绝所选修订、格式的修订、所有修订等，如图10-70（c）所示。

（a）显示修订状态　　　　　（b）接受修订　　　　　（c）拒绝状态

图10-70　修订模式

实验

实验一

一、实验目的

（1）掌握文档页面布局设置的操作方法。

（2）掌握图片的编辑方法。

（3）掌握文字格式排版方法。

二、实验内容

打开 WPS，新建空白文档，录入文字并排版，效果如图 10-71 所示，保存文档，文件名为"学号+姓名+wps 文档.docx"。

（1）输入文字。在文档中输入党的二十大报告中关于"科教兴国"内容的部分节选文字，格式为：宋体，小四号。

（2）页面设置。纸张大小为 A4，上边距为 2.54cm，下边距为 2.54cm，上边距为 3.18cm，下边距为 3.18cm。

（3）设置艺术字。在文档的首部插入艺术字"实施科教兴国战略，强化现代化建设人才支撑"，格式：宋体，小三号，艺术字样式 3，自行设置阴影效果。

（4）插入图片。在第一自然段中插入图片（封面.jpg），图片环绕方式为四周型，高为 6 厘米，向左旋转一定角度。

（5）样式。创建新样式"2 正文样式"，格式：仿宋体、五号，1.25 倍行距，段前段后距为 0.5 行；将新样式应用于文中所有文字。

（6）第一段格式。设置第一段中的第二句话"教育是国之大计、党之大计"的格式：红色，加粗，双下画线，着重号。

图 10-71　实验一效果

（7）替换。将文档中的所有"加强"全部替换成"加强"，格式：隶书、加粗、红色、着重号。

（8）分栏。将第二自然段分成两栏，栏间距为 2 字符，添加分隔线。

（9）边框与底纹。最后一个自然段设置边框，样式为曲线，宽度为 0.75 磅；设置底纹颜色为红色，图案样式为 15%。

（10）使用图片（封面.jpg），为文档设置水印。

（11）脚注与尾注。

① 插入脚注。在第 3 自然段中文字"加快实施创新驱动发展战略。"插入脚注"加快实施创新驱动发展战略"。

② 插入尾注。在第 1 自然段的开头，插入尾注"实施科教兴国战略，强化现代化建设人才支撑"。

实验二

一、实验目的

（1）掌握长文档自动化排版的方法。

（2）掌握样式、多级列表操作。

（3）掌握页眉和页脚操作方法。

（4）掌握插入题注的方法。

（5）掌握自动生成目录的方法。

（6）掌握参考文献及其标注的方法。

二、实验准备

任课教师提供的一篇长论文文档，包括封面、摘要、正文、参考文献。

三、章、节加编号

（1）打开任课教师提供的长论文文档。

（2）查找替换。查找所有文字"汽车"，将其替换为"Car"，替换文字格式为"加粗、倾斜、红色"。（参考10.1.2小节）

（3）根据表10-1创建两种样式，分别是"章标题"和"节标题"。（参考10.2.1小节）

表10-1　文档样式

样式名	示例	要求
章标题	**第一章** ××××	小三号黑体居中，段前距一行，级别1
节标题	第一节 ××××	小四号宋体居中，段前距、段后距各一行，级别2

（4）将"章标题"和"节标题"样式分别应用到正文中各章、节标题文字上。（参考10.2.2小节）

（5）设定章节的多级列表，实现章、节自动编号。（选择"开始→段落→编号→自定义编号"命令，参考10.4.1小节）

四、页眉与页脚

（1）插入分节符。在"封面"与"摘要"之间、"摘要"与"ABSTRACT"之间、"ABSTRACT"与"目录"之间、"目录"与"正文"之间、"正文"与"参考文献"之间，分别插入下一页分节符，使得各部分内容属于不同节，并且每一部分都从新的一页开始。（选择"页面布局→分隔符→下一页分节符"命令，参考10.3.1小节）

（2）插入页眉。逐一设置各节的不同页眉（选择"插入→页眉页脚→页眉"命令，参考10.3.2小节），要求如下。

① "封面"部分无页眉。

② "摘要"部分页眉文字为"摘要"，居中显示。"ABSTRACT"部分页眉文字为"ABSTRACT"，居中显示。

③ "目录"部分页眉文字为"目录"，居中显示。

④ "正文"部分页眉文字为"计算机基础"，居中显示。

⑤ "参考文献"部分页眉文字为"参考文献"，居中显示。

（3）插入页脚。逐一设置各节的页脚（选择"插入→页眉页脚→页脚"命令，参考10.3.2小节），要求如下。

① "封面""摘要"和"ABSTRACT"部分无页脚。

② 目录部分页脚为页码，格式是罗马数字，页码从1开始，靠右显示。

③ "正文"与"参考文献"部分页脚为页码，阿拉伯数字格式，从1开始按照顺序编号，居中显示。

五、插入题注（参考 10.4.2 小节、10.4.4 小节）

（1）在文档中图的下方，插入形式如"图 1-1 xxxx"的题注，在文档中的适当位置引用该题注。

（2）在文档中首图与末图之间插入一张图片，自动插入题注，更新图下方的题注及与引用处的编号。

（3）在文档中的表格上方插入形式如"表 1-1 xxxxx"的题注，在文中的适当位置引用该题注。

六、生成目录（参考 10.4.6 小节）

（1）将光标置于"目录"所在页。

（2）插入包括章和节标题（两个级别）的目录。（选择"引用→目录"命令）

（3）按住 Ctrl 键，单击章或节的条目，尝试跳转到论文的相应页面。

（4）更新目录。任意修改一处标题或正文内容，使页数发生变化，更新目录。（选择"引用→目录→更新目录"命令）

七、参考文献列表与引用（参考 10.4.5 小节）

（1）给文中的"参考文献"部分列出的文献增加自动编号，形式如[1]、[2]。

（2）在正文中适当位置，引用参考文献。如图 10-72 所示的文字的上标。

（3）在[1]和[2]之间增加一个文献，使得[2]自动变成[3]。

（4）在正文中引用新增的参考文献，并更新其他上标。

> "书店是一个比较稳定的行业，书本的价格一般不随市场变动，只会因自身价值、纸张、出版社等而变动，这就造成了它很难应对房租增长和不断上涨的人力成本[1]。"

图 10-72　引用参考文献上标

习题

一、单项选择题

1. WPS 文字文档的默认扩展名为（　　）。

    A．.wps   B．.docx   C．.doc   D．.xls

2. 在 WPS 中，要将文档中的多处相同的文字更改为成另一段文字，最好的方法是（　　）。

    A．查找   B．替换   C．定位   D．逐个更正

3. 在一个几百页的 WPS 文档中，要迅速定位到某一页号，最好的方法是（　　）。

    A．查找   B．替换   C．定位   D．手动翻页

4. 在 WPS 中，要将文档中多处文字设置成同一格式，最简单有效的办法是（　　）。

    A．将格式定义为样式，应用在文字上   B．依次逐个设置

    C．选择"开始→查找"命令   D．选择"插入→艺术字"命令

5. 以下关于 WPS 的样式的说法中，正确的是（　　）。

    A．样式建立好后不可以修改   B．样式只可以应用一次

    C．用户自定义的样式可以多次使用   D．用户不能修改 WPS 内置样式

6. 在一个 WPS 文档中的多处文字应用了同一样式，当修改了此样式的格式后，这些文字的（　　）。

    A．格式不变   B．格式随着新样式改变

    C．格式消除   D．当前位置的格式改变

7. 在 WPS 中，要将多个文档合并，应执行的操作是（　　）命令。

    A．插入→文本   B．插入→文本框   C．插入→文字   D．插入→对象

8. 在 WPS 中，要迅速地为章节标题进行分级编号，可以使用（　　　）。

    A. 项目符号　　　　　B. 编号　　　　　C. 多级编号　　　　　D. 样式

9. 在 WPS 中，要迅速地为各章的图形进行如"图×-××"的自动编号，方法是（　　　）。

    A. 插入题注　　　　　B. 插入尾注　　　　　C. 插入表目录　　　　　D. 交叉引用

10. 在 WPS 中，要在页的底端加上对正文内容的注释，可以使用（　　　）。

    A. 脚注　　　　　B. 尾注　　　　　C. 题注　　　　　D. 交叉引用

11. 在 WPS 中，要在正文中引用图题注"如图×-××所示"，正确方法是（　　　）。

    A. 插入题注　　　　　B. 插入尾注　　　　　C. 插入目录　　　　　D. 交叉引用

12. 在 WPS 中，要对多篇参考文献进行自动编号，可以使用（　　　）。

    A. 项目符号　　　　　B. 自定义编号　　　　　C. 多级列表　　　　　D. 样式

13. 在 WPS 中，要给不同的章设置不同页眉页脚，可以通过（　　　）实现。

    A. 使用分节符给各章分节，并插入不同的页眉页脚

    B. 使用分页符给各章分隔，并插入不同的页眉页脚

    C. 使用"插入"功能区中的文本框，依次给不同的章节设置页眉和页脚

    D. 选择"页面布局"中"页面边框"命令

14. 在 WPS 中，在文档中插入目录的正确方法是（　　　）。

    A. 选择"插入"选项卡中的"引用"命令　B. 直接手动输入

    C. 选择"引用"选项卡中的"目录"命令　D. 选择"页面布局"选项卡中的"分栏"命令

15. 在 WPS 中，不能按照（　　　）自动生成目录。

    A. 标题样式　　　　　B. 字体　　　　　C. 题注　　　　　D. 大纲级别

16. 在 WPS 中，要给多位家长发送"成绩通知单"，每个学生的成绩保存在 Excel 文档中，最简单的方法是（　　　）。

    A. 复制　　　　　B. 信封　　　　　C. 插入题注　　　　　D. 邮件合并

17. 以下关于 WPS 中的邮件合并的说法中，错误的是（　　　）。

    A. 可以选择"插入合并域"命令，将数据源的一个字段插入主文档

    B. 邮件合并可以将 Excel 表中的数据链接到 WPS 文档中

    C. 在选择"合并到新文档"命令时，可以选择记录范围

    D. 在选择"合并到新文档"命令后，原有的 Excel 和 WPS 文档都消失

18. 在 WPS 中，审阅文档时，要对修改的内容添加注释，可以使用（　　　）。

    A. 尾注　　　　　B. 批注　　　　　C. 底注　　　　　D. 注释

19. 在 WPS 中，可以启动（　　　）模式，自动记录用户对文档的所有修改。

    A. 修订　　　　　B. 批注　　　　　C. 大纲　　　　　D. 页面

20. 在 WPS 中，用户对修订的操作不包括（　　　）。

    A. 接受所选修订　　　　　B. 接受所有修订　　　　　C. 拒绝所有修订　　　　　D. 修改修订

二、操作题

1. 将文字设置为图 10-73 所示效果。

（1）制作"天"字效果。

（2）制作"天津市重点建设"文字效果。

（3）实现"内敛[1]"效果。

（4）实现两个分栏效果。

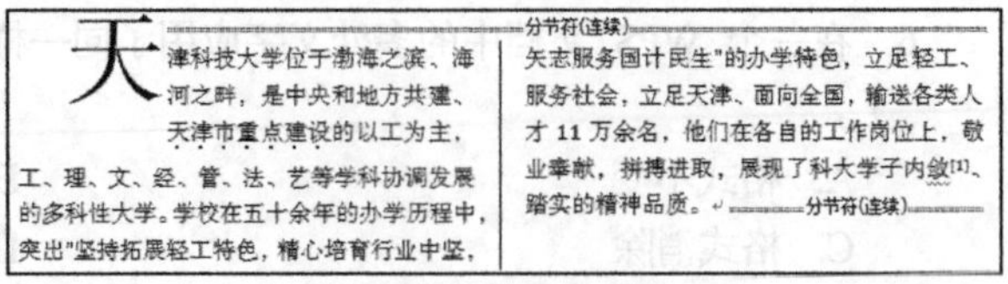

图 10-73　格式效果

2. 在一篇长 WPS 文档中，快速将多处文字“天津”，替换成“红色、加粗、倾斜、四号字”的“上海”（提示：选择“替换”命令）。

3. 在一篇长 WPS 文档中，建立样式和应用样式，在多处文字处使用相同格式“黑色、宋体、加粗，居中”样式。

4. 某文档的章标题文字的样式“标题 1”为 1 级、节标题文字的样式“标题 2”为 2 级。

（1）根据章节标题建立目录。

（2）当章节标题的文字或者页码发生变化时，快速更新目录。

5. 将一篇 WPS 文档分成 3 节，各节分别设置不同页眉和页脚。其中第一页为第 1 节，要求页眉和页脚内容为空；第二页为第 2 节，要求其页眉文字为“摘要”，页脚页码为罗马数字，居中显示；其他各页为第 3 节，要求其页眉文字为“天津科技大学毕业论文”，页脚页码为阿拉伯数字，靠右对齐。

6. 使用邮件合并功能，为某公司制作邀请函，派发给每位员工，邀请全体员工参加元旦庆典活动。正文内容及形式如图 10-74 所示，带删除线的文字需要从 Excel 表格中导入数据。在 Excel 表格中输入 3 个字段，分别是姓名、日期和厅名。

7. 选择“编号”命令，按顺序给三段文字设置编号，如图 10-75 所示。

8. 建立图 10-76 所示的多级编号。

~~《姓名》~~：

感谢您为公司做出的贡献，特邀请您于~~《日期》~~移驾至国交中心~~《厅名》~~赴宴。

图 10-74 删除线效果

一）建立应急保障预案

二）完善救援方案

三）灾后心理干预

图 10-75 文字编号效果

1 古代故事

1.1 东方故事

1.1.1 一千零一夜

1.1.2 西游记

1.2 西方故事

1.2.1 圣经

1.2.2 特洛伊木马

2 现代故事

图 10-76 多级列表

9. 完成毕业设计排版的操作步骤。

（1）设计样式，给章、节加编号。

（2）将文档的封面、摘要、Abstract、目录、正文设置不同的页眉和页脚。

（3）生成各章节的目录。

（4）创建并引用参考文献的编号。

（5）给图加自动编号，在正文中交叉引用该编号。

10. 使用邮件合并制作工资条。

（1）使用 Excel 制作工资单文件“工资.xlsx”，如图 10-77 所示。

（2）使用 WPS 制作一个工资条文档“工资.docx”，如图 10-78 所示。

	A	B	C	D	E	F	G	H	I	J
1	月份	部门	姓名	基本工资	职位津贴	出差补助	餐饮补助	暖气补贴	应扣	实发
2	1月	市场部	张云	3400	1500	500	200	1200	340	6460
3	1月	市场部	李静	3400	1500	600	350	1300	450	6700
4	1月	市场部	王芳	3400	1500	200	200	1200	300	6200
5	1月	市场部	林涛	3400	2500	400	200	1200	300	7400

图 10-77 工资单

工资条

姓名： 部门：

基本工资： 职位津贴： 出差补助：

餐饮补助： 暖气补贴： 应扣：

实发：

图 10-78 工资条

（3）使用邮件合并功能，将工资单文件中的人员、部门、工资等数据插入 WPS 文档，生成工资条。

WPS 表格是一款功能强大的表格处理软件，它提供专业、方便的表格处理、分析统计等功能。本章介绍使用 WPS 表格进行数据计算、统计分析等方法。通过本章学习，使读者具备运用计算机技术进行数据处理和统计分析的能力。

11.1 表格编辑

在 WPS 表格中，正确地输入和编辑数据，是处理和分析数据的基础。本节介绍 WPS 表格的基本操作、各种类型数据的输入和编辑的方法。

11.1.1 WPS 表格基本操作

打开 WPS，选择"文件→新建表格"命令，创建空白表格，如图 11-1 所示。其中"开始"菜单中包括剪贴板、单元格格式等基本操作选项。

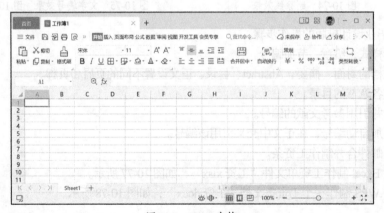

图 11-1　WPS 表格

11.1.2 输入数据

在 WPS 表格的单元格中可以输入文本、数值、日期等多种类型的数据。

1. 文本型数据

文本型数据包括汉字、英文字母、数字和符号等。WPS 会自动识别文本类型，文本的默认对齐方式为"左对齐"。

例如，在单元格中输入"50 本教材"，WPS 会将它显示为文本；如果将"50"和"教材"分别输入不同单元格，将分别按照数值和文本类型数据来处理，如图 11-2（a）所示。

当需要在一个单元格中输入多行文本时，可以在换行处按 Alt+Enter 组合键，那么在一个单元格中将显示多行文本，行的高度会自动增大，如图 11-2（a）所示。

全部由数字组成的字符串（如电话号码），也可以当成字符。在输入时，在数字前面添加一个单撇号"'"，如图 11-2（b）所示，按回车键（Enter 键）后，数字当成文本，如图 11-2（c）所示。

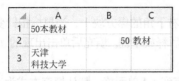
（a）输入文本

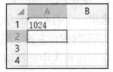
（b）添加单撇号

（c）文本效果

图 11-2　文本型数据

▶提示

如果单元格列宽容纳不下文本字符串，在显示时将占用相邻单元格；如果相邻单元格中已有数据，将被截断显示。

2．数值型数据

在 WPS 中，经常使用数值型数据，数值的默认对齐方式为"右对齐"。输入数值型数据的方法如下。

（1）负数的输入：如-127 或者（127）。

（2）输入科学记数法：如 3.0E8。

（3）输入浮点数：如 3.14。

（4）输入分数：如 0　1/8。注意：如果直接输入 1/8，WPS 将会将其自动转换为日期型数据 1 月 8 日。

3．日期型数据

在工作表中输入日期和时间时，为了与普通的数值型数据相区别，需要使用日期和时间格式。WPS 内置了一些日期和时间的格式，当输入的数据与日期和时间格式相匹配时，WPS 会自动将它们识别为日期和时间。在单元格中，日期和时间的默认对齐方式为"右对齐"。

（1）输入 2023 年 9 月 1 日：2023-9-1。

（2）输入当前年度 10 月 1 日：10/1。

（3）输入当前年度 12 月 1 日：December 1。

（4）输入 2023 年 9 月 1 日 12 点 30 分：2023-9-1 12:30。

输入数值和日期的效果如图 11-3 所示。

	A	B	C	D
1	-127	3.00E+08	3.14	1/8
2	2023/9/1	10月1日	1-Dec	2023/9/1 12:30
3				

图 11-3　输入数值和日期

▶提示

按 Ctrl+；组合键，在单元格中插入计算机系统当前日期；按 Ctrl+Shift+；组合键，插入计算机系统当前时间。

11.1.3 填充

利用 WPS 的自动填充功能，可以快速输入有规律的数据，如等差、等比、系统预定义的数据填充序列和用户自定义的序列。

1. 使用填充柄填充

选中一个有数据的单元格，鼠标指针指向填充柄（单元格右下角的黑方块），当鼠标指针变成"十"字形时按住左键，拖动虚线框覆盖所要填充的单元格，然后释放左键。填充后单击出现的图标，在下拉列表中选择填充方式。

（1）如图 11-4 所示，在 A1 单元格输入"本科"，拖曳填充到 A4 单元格，默认填充方式为"复制单元格"。

（2）填充柄还可以填充等差或等比数列，如图 11-5 所示，分别在 A1 单元格和 A2 单元格中输入"2023"和"2024"，选中 A1 单元格和 A2 单元格，拖曳填充柄至 A5 单元格，默认填充方式为"以序列方式填充"。

图 11-4　复制单元格

图 11-5　填充序列

2. 使用填充命令填充

对选定的单元格区域，可以使用 WPS 的填充命令自动填充数据。操作步骤如下。

在 A1 单元格中输入"2020"，选择区域 A1:A8，选择"开始→填充"命令，打开"填充"菜单，如图 11-6 所示；选择"序列"命令，打开"序列"对话框，如图 11-7 所示。选择序列产生在"列"，选择类型为"等差数列"，输入步长值为"2"，单击"确定"按钮。填充后的效果如图 11-8 所示。

图 11-6　"填充"窗格

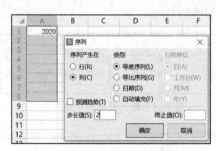

图 11-7　"序列"对话框

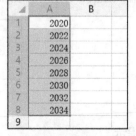

图 11-8　填充的效果

3. 自定义填充序列

在 WPS 中，用户可以将一组数据自定义为填充序列，并用于序列填充。自定义序列填充的操作步骤如下。

（1）选择"文件→选项"命令，在打开的"选项"对话框中，选择"自定义序列"命令，如图 11-9 所示。在"输入序列"文本框中输入内容，单击"添加"按钮，序列将显示添加到"自定义序列"列表中。

图 11-9　"自定义序列"对话框

（2）选定 A1 单元格，输入"东"，拖动填充柄至 D1 单元格，结果如图 11-10 所示。

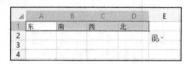

图 11-10　填充效果

11.1.4　复制与选择性粘贴

单元格包括多种特性，如数值、格式、批注等，另外还可能是公式、有效性规则等。在复制时，可以选择性粘贴其中的数值、公式、格式、批注等。

例如，选中学生成绩表中前 5 名学生的姓名、高等数学和大学语文成绩及标题行，复制并转置到 Sheet2 工作表。操作步骤如下。

（1）先选定一个区域，再按住 Ctrl 键并选定其他区域，从而选择了多个不连续区域，如图 11-11 所示。执行复制操作。

（2）选定工作表 Sheet2 中 A1 单元格，单击"粘贴"按钮，选择"选择性粘贴"命令，如图 11-12 所示，打开"选择性粘贴"对话框，选中"转置"复选框，如图 11-13 所示。单击"确定"按钮，粘贴的结果如图 11-14 所示。

图 11-12　"选择性粘贴"命令

	A	B	C	D	E	F
1			学生成绩表			
2	序号	学号	姓名	性别	高等数学	大学语文
3	1	23801108	张跃	男	91	85
4	2	23801112	王小磊	男	79	75
5	3	23801123	王颖颖	女	85	80
6	4	23801115	陈明	男	88	79
7	5	23801135	兰婷	女	82	86
8	6	23801127	王萱	女	75	70

图 11-11　选定区域

图 11-13 "选择性粘贴"对话框

图 11-14 转置后效果

11.1.5 条件格式

使用条件格式，可以根据区域中单元格的数据符合不同条件而显示不同格式。

例如，在学生成绩表中，将分数小于 60 的单元格设置为浅红色填充。操作步骤如下。

（1）选中各科成绩区域，如图 11-15 所示，选择"开始→条件格式  "命令，在出现的窗格中选择"突出显示单元格规则→小于"命令，弹出"小于"对话框，如图 11-16 所示。

图 11-15 选中区域

图 11-16 "条件格式"菜单

（2）在"小于"对话框设置"为小于以下值的单元格设置格式"的值为"60"，"设置为"下拉列表中选择"浅红色填充"，如图 11-17 所示，单击"确定"按钮，效果如图 11-18 所示。

图 11-17 "小于"对话框

图 11-18 "条件格式"效果

11.2 公式与计算

11.2.1 运算符与表达式

在 WPS 中，可以使用 4 类运算符（数学运算符、比较运算符、文本运算符和引用运算符）进行各种计算。

1．数学运算符

数学运算符包括+（加）、–（减）、*（乘）、/（除）、^（乘方）。

例如：公式"=4^2-5"的值为11。

2．比较运算符

比较运算符包括=（等于）、>（大于）、<（小于）、>=（大于等于）、<=（小于等于）、<>（不等于）。

例如，公式"=A2>60"，判断A2是否大于60，如图11-19（a）所示。

3．文本运算符

文本运算符"&"连接两个字符串，运算结果仍然为字符串。

例如，在B2中输入公式"=A1&A2"，连接A1字符串和A2字符串，如图11-19（b）所示。

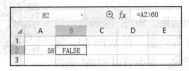
（a）比较运算符

（b）文本运算符

图11-19　比较和文本运算符

4．引用运算符

引用运算符共有3个：区域符（:）、并集符（,）和交集符（空格）。

（1）区域符（:）：定义一个区域。例如，"A3:B5"，A3到B5的单元格区域，它包括A3、A4、A5、B3、B4、B5共6个单元格，如图11-20（a）所示。在公式中利用区域符（:），可以快速引用单元格区域，如公式"=D1+D2+D3+D4"，可改写为"=SUM(D1：D4)"。

（2）并集符（,）：合并两个或多个区域。例如，公式"=SUM(A1:C2, A4:C4)"，表示将区域A1:C2和区域A4:C4相加，如图11-20（b）所示。

（3）交集符（空格）：只处理各区域交叠部分。例如，公式"=SUM(A1:C5　B3:D7)"，表示计算将区域A1:C5与区域B3:D7的共同部分，包括B3、B4、B5、C3、C4、C5共6个单元格，如图11-20（c）所示。

	A	B	C	D
1	1	2	3	4
2	2	3	4	5
3	3	4	5	6
4	4	5	6	7
5	5	6	7	8
6	6	7	8	9
7	7	8	9	10
8	8	9	10	11

（a）区域符

	A	B	C	D
1	1	2	3	4
2	2	3	4	5
3	3	4	5	6
4	4	5	6	7
5	5	6	7	8
6	6	7	8	9
7	7	8	9	10
8	8	9	10	11

（b）并集符

	A	B	C	D	E
1	1	2	3	4	5
2	2	3	4	5	6
3	3	4	5	6	7
4	4	5	6	7	8
5	5	6	7	8	9
6	6	7	8	9	10
7	7	8	9	10	11
8	8	9	10	11	12

（c）交集符

图11-20　引用运算符

11.2.2　输入公式

公式是可以进行各种计算的表达式，其中包括运算符、常量、变量、函数、单元格地址等。输入公式时以等号"="为开头，输入公式的方法有手动输入和单击输入两种。

1．手动输入

例如，选中单元格，输入"= 4+6"。在输入时，公式同时显示在单元格和编辑栏中，按Enter键后单元格显示结果"10"，如图11-21所示。

2．单击输入

使用单击输入的方法，可以直接引用单元格，更加简单快速。

例如，在 A2 单元格中输入公式"=A1+B1"。选中 A2 单元格，输入"="，单击 A1 单元格，此时 A1 单元格周围会显示活动虚框，A1 单元格的地址添加到公式中，如图 11-22 所示。输入"+"，再单击 B1 单元格，按 Enter 键后，在 A2 单元格中显示计算结果，如图 11-23 所示。

图 11-21　手动输入公式

图 11-22　单击输入公式

图 11-23　计算结果

11.2.3　函数

函数是定义好的公式，通过参数接收数据，处理后返回结果。WPS 的函数可以实现数值统计、逻辑判断、财务计算、工程分析、数值计算等功能。在 WPS 中，输入函数的方法有两种：手动输入函数和使用函数向导输入函数。本小节以 SUM 函数和 AVERAGE 函数为例介绍函数的用法。

1．SUM 函数

主要功能：求出所有参数的数值和。

使用格式：

```
SUM(number1,number2,…)
```

参数说明：number1,number2,…，表示求和的数值或单元格区域。

例如，计算学生成绩表中第一个学生各科成绩的总分，操作步骤如下。

（1）选中要输入函数的 H3 单元格，如图 11-24 所示。

（2）选择"公式→插入函数 fx"命令，或者编辑栏左侧的"插入函数"命令，打开"插入函数"对话框，如图 11-25 所示。在对话框中，从"或选择类别"下拉列表中选择"常用函数"命令，再从"选择函数"列表中选择"SUM"命令。

	A	B	C	D	E	F	G	H
1				学生成绩表				
2	序号	学号	姓名	性别	高等数学	大学英语	大学语文	总分
3	1	23801108	张跃	男	91	85	90	
4	2	23801112	王小磊	男	79	75	70	
5	3	23801123	王颖颖	女	85	80	82	
6	4	23801115	陈明	男	88	79	81	
7	5	23801135	兰婷	女	82	86	75	
8	6	23801127	王萱	女	50	65	68	
9	7	23801128	刘佳	女	93	85	66	
10	8	23801118	李杰	男	56	58	55	
11	9	23801109	李浩	男	70	75	85	
12	10	23801120	张明悦	女	95	92	93	

图 11-24　选定单元格

图 11-25　"插入函数"对话框

（3）单击"确定"按钮，打开"函数参数"对话框，如图 11-26 所示。在"数值 1"文本框中输入"E3:F3"，也可以单击" "按钮，选择单元格区域。

（4）单击"确定"按钮，就可以求出第一个学生的各科成绩总分，显示在 H3 单元格中。使用填充柄向下填充，可以求出其他学生的总分，如图 11-27 所示。

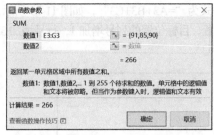

图 11-26 "函数参数"对话框

	A	B	C	D	E	F	G	H
1					学生成绩表			
2	序号	学号	姓名	性别	高等数学	大学英语	大学语文	总分
3	1	23801108	张跃	男	91	85	90	266
4	2	23801112	王小磊	男	79	75	70	224
5	3	23801123	王颖颖	女	85	80	82	247
6	4	23801115	陈明	男	88	79	81	248
7	5	23801135	兰婷	女	82	86	75	243
8	6	23801127	王萱	女	50	65	68	183
9	7	23801128	刘佳	女	93	85	66	244
10	8	23801118	李杰	男	56	58	55	169
11	9	23801109	李浩	男	70	75	85	230
12	10	23801120	张明悦	女	95	92	93	280

图 11-27 计算出结果

▶提示

　　工作表中的函数和公式，可以引用同一个工作簿中其他工作表的数据，也可以引用其他工作簿中的数据。

2. AVERAGE 函数

主要功能：求出所有参数的算术平均值。

使用格式：

AVERAGE(number1,number2,…)

参数说明：number1,number2,…，表示求平均值的数值或单元格区域。

　　例如，计算第一个学生的各科成绩的平均分，在 H3 单元格输入"=AVERAGE(E3:G3)"，如图 11-28 所示。

H3			fx	=AVERAGE(E3:G3)			
	A	B	C	D	E	F	G	H
1					学生成绩表			
2	序号	学号	姓名	性别	高等数学	大学英语	大学语文	平均分
3	1	23801108	张跃	男	91	85	90	88.66666667
4	2	23801112	王小磊	男	79	75	70	
5	3	23801123	王颖颖	女	85	80	82	
6	4	23801115	陈明	男	88	79	81	
7	5	23801135	兰婷	女	82	86	75	
8	6	23801127	王萱	女	50	65	68	
9	7	23801128	刘佳	女	93	85	66	
10	8	23801118	李杰	男	56	58	55	

图 11-28 AVERAGE 函数

▶提示

　　AVERAGE 函数，引用区域值为"0"的单元格，将其计算在内；引用区域中空白或字符的单元格，将其不计算在内。

11.3 单元格引用

　　单元格引用指明公式中所使用的单元格或者区域的位置。在 WPS 中，可以引用同一工作表的数据、同一工作簿中不同工作表的数据或者不同工作簿的数据。在公式中，单元格地址的引用包括相对地址引用、绝对地址引用、混合地址引用和外部引用。

11.3.1　相对地址引用

　　在复制或者填充时，公式中相对地址引用的单元格地址和区域将随着目标位置与原位置的相对变化而变化。

　　例如，在 D1 单元格中定义公式"=A1+B1+C1"，将其复制到 D3 单元格，相对于原位置，目标位置的列号不变，而行号增加 2，因此 D3 单元格中的公式为 "=A3+B3+C3"，如图 11-29 所示。

将 D1 单元格中的公式复制到 E4 单元格，相对于原位置，目标位置的列号增加 1，行号增加 3，则 E4 单元格中的公式为 "=B4+C4+D4"，如图 11-30 所示。

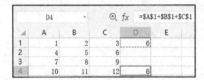 

图 11-29　行号相对变化　　　　　　　　图 11-30　行号、列号相对变化

11.3.2　绝对地址引用

在复制或者填充时，公式中绝对地址引用的单元格地址和区域不会随着目标位置与原位置的相对变化而变化。在 WPS 中，绝对地址引用时，在列号和行号前加上 "$" 符号。

例如，在 D1 单元格中定义公式 "=$A$1+$B$1+$C$1"，将其复制到 D3 单元格，此时 D3 单元格和 D1 单元格的公式完全相同，如图 11-31 所示。

11.3.3　混合地址引用

如果列号和行号只有一个加上 "$" 符号，则为混合地址。

例如，在 D1 单元格中定义公式 "=$A1+$B1+$C$1"，将其复制到 E4 单元格，则 E4 单元格中的公式为 "=$A4+$B4+$C$1"，如图 11-32 所示。

图 11-31　绝对地址引用　　　　　　　　图 11-32　混合地址引用

> **▶提示**
>
> 使用键盘上的 F4 键转换引用的类型。例如公式为 "=A1"，每按一次 F4 键，则公式的转换顺序为 "=$A$1" "=A$1" "=$A1" "=A1"。

11.3.4　外部引用

外部引用是指在公式或者计算中引用不同工作表的单元格或者区域，其格式为 "工作表!单元格" 或 "工作表!单元格区域"。

例如，在工作表 Sheet1 的 A1 单元格中输入公式 "=Sum(Sheet2!B1:B3)" 或 "=Sheet2!B1+ Sheet2!B2+ Sheet2!B3"。

11.4　常用函数

11.4.1　MAX 函数与 MIN 函数

1. MAX 函数

主要功能：求出参数中的最大值。

使用格式：

```
MAX(number1,number2,…)
```

参数说明：number1,number2,…，表示求最大值的数值或单元格区域。

例如，计算学生成绩表中高等数学成绩的最高分，如图 11-33 所示。

▶提示

    MAX 函数，忽略参数中的文本或逻辑值单元格。

2. MIN 函数

主要功能：求出参数中的最小值。

使用格式：

```
MIN(number1,number2,…)
```

参数说明：number1,number2,…，表示求最小值的数值或单元格区域。

例如，计算学生成绩表中高等数学成绩的最低分，运行结果如图 11-34 所示。

E13				f_x	=MAX(E3:E12)	
	A	B	C	D	E	F	G
1				学生成绩表			
2	序号	学号	姓名	性别	高等数学	大学英语	大学语文
3	1	23801108	张跃	男	91	85	90
4	2	23801112	王小磊	男	79	75	70
5	3	23801123	王颖颖	女	85	80	82
6	4	23801115	陈明	男	88	79	81
7	5	23801135	兰婷	女	82	86	75
8	6	23801127	王萱	女	50	65	68
9	7	23801128	刘佳	女	93	85	66
10	8	23801118	李杰	男	56	58	55
11	9	23801109	李浩	男	70	75	85
12	10	23801120	张明悦	女	95	92	93
13				最高分	95		

图 11-33　MAX 函数

E13				f_x	=MIN(E3:E12)	
	A	B	C	D	E	F	G
1				学生成绩表			
2	序号	学号	姓名	性别	高等数学	大学英语	大学语文
3	1	23801108	张跃	男	91	85	90
4	2	23801112	王小磊	男	79	75	70
5	3	23801123	王颖颖	女	85	80	82
6	4	23801115	陈明	男	88	79	81
7	5	23801135	兰婷	女	82	86	75
8	6	23801127	王萱	女	50	65	68
9	7	23801128	刘佳	女	93	85	66
10	8	23801118	李杰	男	56	58	55
11	9	23801109	李浩	男	70	75	85
12	10	23801120	张明悦	女	95	92	93
13				最低分	50		

图 11-34　MIN 函数

▶提示

    如果参数中有文本或逻辑值，则忽略。

11.4.2　IF 函数

主要功能：根据对指定条件的逻辑判断的真假结果，返回相应的结果。

使用格式：

```
IF(logical,value_if_true,value_if_false)
```

参数说明：

① logical（测试条件）表示逻辑判断表达式；

② value_if_true（真值）表示当判断条件为逻辑"真（TRUE）"时的结果，如果忽略则返回 TRUE；

③ value_if_false（假值）表示当判断条件为逻辑"假（FALSE）"时的结果，如果忽略则返回 FALSE。

例如，在学生成绩表中给出第一个学生的成绩等级，平均成绩 90 分及以上为优，70~89 分为良，60~69 分为及格，60 分以下为不及格。在 H3 单元格中输入以下公式：

```
=IF(H3>=90,"优",IF(H3>=70,"良",IF(H3>=60,"及格","不及格")))
```

公式的运行结果如图 11-35 所示。

I3			⊕ f_x	=IF(H3>=90,"优",IF(H3>=70,"良",IF(H3>=60,"及格","不及格")))					
▲	A	B	C	D	E	F	G	H	I	J
1					学生成绩表					
2	序号	学号	姓名	性别	高等数学	大学英语	大学语文	平均分	成绩等级
3	1	23801108	张跃	男	91	85	90	88.7	良
4	2	23801112	王小磊	男	79	75	70	74.7	
5	3	23801123	王颖颖	女	85	80	82	82.3	
6	4	23801115	陈明	男	88	79	81	82.7	
7	5	23801135	兰婷	女	82	86	75	81.0	
8	6	23801127	王萱	女	50	65	68	61.0	
9	7	23801128	刘佳	女	93	85	66	81.3	
10	8	23801118	李杰	男	56	58	55	56.3	
11	9	23801109	李浩	男	70	75	85	76.7	
12	10	23801120	张明悦	女	95	92	93	93.3	

图 11-35 IF 函数

▶提示

函数公式中出现的标点符号均为半角英文符号。

11.4.3 SUMIF 函数与 SUMIFS 函数

1. SUMIF 函数

主要功能：计算符合指定条件的单元格区域内的数值和。

使用格式：

```
SUMIF(range,criteria,sum_range)
```

参数说明：

① range（区域）表示条件判断的单元格区域；

② criteria（条件）指定条件表达式；

③ sum_range（求和区域）表示需要计算的数值所在的单元格区域。

例如，计算学生成绩表中，大学语文成绩大于 80 分的学生的大学英语成绩分数之和，运行结果如图 11-36 所示。

2. SUMIFS 函数

主要功能：用于计算单元格区域或数组中符合多个指定条件的数字的总和。

使用格式：

```
SUMIFS(sum_range,criteria_range1,
criteria1,[criteria_range2,criteria2],…)
```

图 11-36 SUMIF 函数

参数说明：

① sum_range（求和区域）表示要求和的单元格区域；

② criteria_range1（区域 1）表示要作为条件进行判断的第 1 个单元格区域；

③ criteria1（条件 1）表示要进行判断的第 1 个条件，形式可以为数字、文本或表达式，如 16、"16"、">16"、"图书" 或 ">"&A1；

④ criteria_range2（区域 2）表示要作为条件进行判断的第 2 个单元格区域；

⑤ criteria2（条件 2）表示要进行判断的第 2 个条件，形式可以为数字、文本或表达式。

例如，计算学生成绩表中高等数学和大学语文成绩都大于 80 分的学生的大学英语分数之和，运行结果如图 11-37 所示。

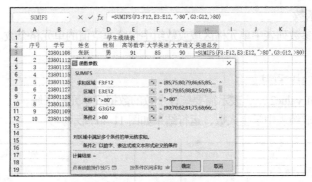

图 11-37　SUMIFS 函数

11.4.4　AVERAGEIF 函数

主要功能：求出某个区域内满足给定条件的所有参数的算术平均值。

使用格式：

```
AVERAGEIF(range, criteria, average_range)
```

参数说明：

① range（区域）表示要计算平均值的一个或多个单元格，其中包含数字或包含数字的名称、数组或引用；

② criteria（条件）形式为数字、表达式、单元格引用或文本的条件，用来定义将计算平均值的单元格；

③ average_range（求平均值区域）计算平均值的实际单元格组，如果省略，则使用 range。

例如，计算学生成绩表中语文成绩大于 80 分的学生的英语成绩平均分，运行结果如图 11-38 所示。

图 11-38　AVERAGEIF 函数

11.4.5　COUNT 函数与 COUNTA 函数

1．COUNT 函数

主要功能：统计参数列表中数字的单元格以及参数列表中数字的个数。

使用格式：

```
COUNT(value1,value2,…)
```

参数说明：value1,value2,…，表示需要统计个数的数据或单元格区域。

例如，统计学生成绩表中参加高等数学考试的学生人数，运行结果如图 11-39 所示。

2. COUNTA 函数

主要功能：统计参数列表中单元格区域或数组中包含非空值的单元格个数。

使用格式：

```
COUNTA(value1,value2,…)
```

参数说明：value1,value2,…，表示需要统计个数的数据或单元格区域。

例如，统计学生成绩表中学生人数，运行结果如图 11-40 所示。

图 11-39 （E13 =COUNT(E3:E12)）

序号	学号	姓名	性别	高等数学	大学英
			学生成绩表		
1	23801108	张跃	男	91	85
2	23801112	王小磊	男	79	75
3	23801123	王颖颖	女	85	80
4	23801115	陈明	男	88	79
5	23801135	兰婷	女	82	86
6	23801127	王萱	女	50	65
7	23801128	刘佳	女	93	85
8	23801118	李杰	男	56	58
9	23801109	李浩	男	缺考	75
10	23801120	张明悦	女	95	92
		参加人数	9		

图 11-39　COUNT 函数

图 11-40 （C13 =COUNTA(C3:C12)）

序号	学号	姓名	性别	高等数学	大学英
			学生成绩表		
1	23801108	张跃	男	91	85
2	23801112	王小磊	男	79	75
3	23801123	王颖颖	女	85	80
4	23801115	陈明	男	88	79
5	23801135	兰婷	女	82	86
6	23801127	王萱	女	50	65
7	23801128	刘佳	女	93	85
8	23801118	李杰	男	56	58
9	23801109	李浩	男	70	75
10	23801120	张明悦	女	95	92
		学生人数	10		

图 11-40　COUNTA 函数

11.4.6　COUNTIF 函数与 COUNTIFS 函数

1. COUNTIF 函数

主要功能：统计某个单元格区域中符合指定条件的单元格的数目。

使用格式：

```
COUNTIF(Range, Criteria)
```

参数说明：

① Range（区域）表示要统计的单元格区域；

② Criteria（条件）表示指定的条件表达式。

例如，统计学生成绩表中高等数学成绩大于等于 80 分的学生人数，运行结果如图 11-41 所示。

2. COUNTIFS 函数

主要功能：计算多个区域中满足给定条件的单元格的个数，可以同时设定多个条件。该函数是 COUNTIF 函数的扩展。

使用格式：

```
COUNTIFS (criteria_range1,criteria1,[criteria_range2,criteria2],…)
```

参数说明：

① criteria_range1（区域 1）为第一个需要计算其中满足某个条件的单元格数目的单元格区域（简称条件区域）；

② criteria1（条件 1）为第一个区域中将被计算在内的条件，其形式可以为数字、表达式或文本。例如，条件可以表示为 48、"48"、">48"或"广州"；

③ criteria_range2（区域 2）为第二个条件区域，criteria2（条件 2）为第二个条件，依次类推，最终结果为多个区域中满足所有条件的单元格个数。

例如，统计学生成绩表中的高等数学和大学英语成绩都大于 80 分的学生人数，运行结果如图 11-42 所示。

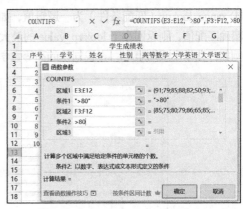

图 11-41　COUNTIF 函数　　　　　　　　图 11-42　COUNTIFS 函数

11.4.7　VLOOKUP 函数与 HLOOKUP 函数

1．VLOOKUP 函数

主要功能：在数据表的首列查找指定数值，并返回数据表当前行中指定列处的数值。

使用格式：

```
VLOOKUP(lookup_value,table_array,col_index_num,range_lookup)
```

参数说明：

① lookup_value（查找值）表示数据表中第一列查找的数值；

② table_array（数据表）表示需要查找数据的单元格区域；

③ col_index_num（列序数）为待返回的匹配值的列序号，如当参数为 2 时，返回数据表第 2 列中的数值；

④ range_lookup（匹配条件）为一逻辑值，如果为 TRUE 或省略，则返回近似匹配值，如果找不到精确匹配值，则返回小于 lookup_value 的最大数值；如果为 FALSE，则返回精确匹配值。

简单来说，VLOOKUP 函数就是查找粘贴函数，也就是查找到指定的内容并粘贴到另一指定的位置。VLOOKUP 函数的 4 个参数，通俗地说，可以理解为"找什么，在哪里找，需要粘贴哪一列，精确找还是模糊找"。

例如，在学生成绩表中，查找刘佳的高等数学成绩，运行结果如图 11-43 所示。

2．HLOOKUP 函数

主要功能：在数据表的首行查找指定数值，并返回数据表当前列中指定行处的数值。

使用格式：

```
HLOOKUP(lookup_value,table_array,row_
index_num,range_lookup)
```

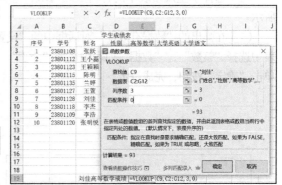

图 11-43　VLOOKUP 函数

参数说明：

① lookup_value（查找值）需要在数据表第一行中进行查找的数值；

② table_array（数据表）表示需要查找数据的单元格区域；

③ row_index_num（行序数）为待返回的匹配值的行序号，如当参数为 2 时，返回数据表第 2 行中的数值；

④ range_lookup（匹配条件）为一逻辑值，如果为 TRUE 或省略，则返回近似匹配值，如果找不到精确匹配值，则返回小于 lookup_value 的最大数值；如果为 FALSE，则返回精确匹配值。

例如，在学生成绩表中，查找刘佳的高等数学成绩，运行结果如图 11-44 所示。

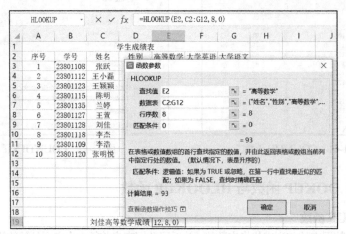

图 11-44　HLOOKUP 函数

11.5　数据处理与分析

WPS 可以对表格中的数据进行多种处理与分析。数据有效性可以防止输入错误数据；排序可以将数据表中的内容按照特定规律排序；筛选可以显示满足用户条件的数据；分类汇总和数据透视表可以对数据进行各种统计分析。

11.5.1　数据有效性

在向工作表中输入数据时，为了防止用户输入错误的数据，可以为单元格设置有效的数据范围。当用户输入超出范围的数据时，将提示报错信息。

例如，设置输入的课程成绩必须在 0～100 分的范围内。操作步骤如下。

（1）选择学生成绩表中的各科成绩区域，选择"数据→有效性→有效性"命令，如图 11-45 所示。

（2）在弹出的"数据有效性"对话框中的"设置"选项卡中，如图 11-46 所示，在"允许"列表中选择"整数"，"数据"列表中选择"介于"，"最小值"为"0"，"最大值"为"100"。单击"确定"按钮，完成设定。

图 11-45　"有效性"命令

图 11-46　"数据有效性"对话框

（3）在 E3 单元格中输入成绩 750 时，将弹出提示框，提示输入错误，如图 11-47 所示。

使用"数据有效性"功能，还可以设置单元格输入的下拉列表。

例如，设定学生成绩表中"性别"列的单元格，在输入时使用下拉列表输入"男，女"。操作步骤如下。

（1）在"学生成绩表"中，选中"性别"列的区域 D3:D12。

（2）选择"数据→有效性→有效性"命令，打开"数据有效性"对话框，在"设置"选项卡中，在"允许"下拉列表中选择"序列"命令，在"来源"框中输入"男,女"，如图 11-48 所示，单击"确定"按钮。

（3）在输入"性别"列的单元格中输入数据时，可以选择下拉列表的选项，如图 11-49 所示。

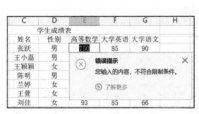
图 11-47　提示出错信息

图 11-48　设置有效序列

图 11-49　添加下拉列表框效果

▶提示

在"数据有效性"对话框中，还可以设置输入时的提示信息、出错时的警告信息以及设置输入法模式等。

11.5.2　数据排序

在数据表中，可以对一列或几列数据进行排序，使用"数据→排序"命令实现，如图 11-50 所示。

1．按某一列排序

按一列排序时，依据某列的数据规则对数据进行排序。例如，要将学生成绩表按照总分由高到低排序，操作步骤如下。

图 11-50　排序

（1）单击"总分"列的任意一个单元格，如图 11-51 所示。

（2）选择"数据→排序"命令，在"排序"下拉列表中选择"降序"命令，就可以实现从大到小排序，结果如图 11-52 所示。

图 11-51　选定排序列单元格

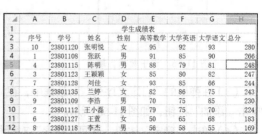
图 11-52　排序结果

2. 按多列排序

按照多列排序，是指根据多列的数据规律对数据表进行排序，可以使用"排序→自定义排序"命令，在"排序"对话框中设置多列排序条件，如图 11-53 所示。例如，对学生成绩表按照总分和高等数学成绩由高到低排序，操作步骤如下。

（1）选中需要排序的数据区域，如图 11-54 所示。

图 11-53 "排序"对话框

（2）选择"数据→排序→自定义排序"命令，在弹出的"排序"对话框中，在"主要关键字"列表中选择"总分"列，设置"次序"为"降序"。单击"添加条件"按钮，添加新条件，在"次要关键字"列表中选择"高等数学"列，设置"次序"为"降序"，如图 11-53 所示。

（3）单击"确定"按钮，完成多列排序，结果如图 11-55 所示。

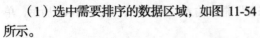

序号	学号	姓名	性别	高等数学	大学英语	大学语文	总分
1	23801108	张跃	男	91	85	90	266
2	23801112	王小磊	男	79	75	70	224
3	23801123	王颖颖	女	85	80	82	247
4	23801115	陈明	男	88	79	81	248
5	23801135	兰婷	女	82	86	75	243
6	23801127	王萱	女	50	65	68	183
7	23801128	刘佳	女	93	85	66	244
8	23801118	李杰	男	56	58	55	169
9	23801109	李浩	男	70	75	85	230
10	23801120	张明悦	女	95	92	93	280

图 11-54 选中数据区域

序号	学号	姓名	性别	高等数学	大学英语	大学语文	总分
10	23801120	张明悦	女	95	92	93	280
1	23801108	张跃	男	91	85	90	266
4	23801115	陈明	男	88	79	81	248
3	23801123	王颖颖	女	85	80	82	247
7	23801128	刘佳	女	93	85	66	244
5	23801135	兰婷	女	82	86	75	243
9	23801109	李浩	男	70	75	85	230
2	23801112	王小磊	男	79	75	70	224
6	23801127	王萱	女	50	65	68	183
8	23801118	李杰	男	56	58	55	169

图 11-55 排序效果

▶提示

按多列排序时，将按"主要关键字"数据排序，只有在"主要关键字"数据相等时，才按"次要关键字"数据排序。

3. 自定义排序

在 WPS 中，用户可以根据需要设置自定义的排序序列。例如，对"教工信息表"按照"职称"排序，操作步骤如下。

（1）选中"教工信息表"中需要排序的数据区域，如图 11-56 所示。

（2）选择"数据→排序→自定义排序"命令，打开"排序"对话框，在"主要关键字"列表中选择"职称"列，在"次序"列表中选择"自定义序列"，如图 11-57 所示。

姓名	性别	职称
张敏敏	女	讲师
朱一韬	男	副教授
张佳怡	女	副教授
郭晓	男	讲师
杨滢	女	讲师
王振东	男	讲师
许建国	男	教授

图 11-56 选中数据区域

图 11-57 "排序"对话框

（3）在弹出的"自定义序列"对话框中，在"输入序列"中输入"教授""副教授""讲师"，单击"添加"按钮，如图 11-58 所示。

（4）单击"确定"按钮，返回"排序"对话框，自定义序列显示在"自定义序列"列表中，如图 11-59 所示。

图 11-58 "自定义序列"对话框

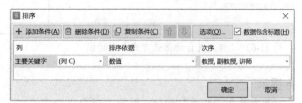

图 11-59 "次序"添加完成后

（5）单击"确定"按钮，排序结果如图 11-60 所示。

11.5.3 数据筛选

在 WPS 中，当工作表中有大量数据记录时，可以使用数据筛选功能，暂时隐藏部分记录，只显示用户感兴趣的数据。数据筛选包括"自动筛选"和"高级筛选"。

	A	B	C
1	教工信息表		
2	姓名	性别	职称
3	许建国	男	教授
4	朱一韬	男	副教授
5	张佳怡	女	副教授
6	张敏敏	女	讲师
7	郭晓	男	讲师
8	杨滢	女	讲师
9	王振东	男	讲师

图 11-60 排序效果

1．自动筛选

（1）单击工作表区域中的任意一个单元格，选择"数据→筛选 "命令，在工作表第 1 行的列标题显示一个下拉箭头 ，如图 11-61 所示。

（2）单击列的下拉箭头 ，如"高等数学"列，选择"数字筛选→大于或等于"命令，如图 11-62 所示。

图 11-61 列标题显示为下拉列表形式

图 11-62 选中"大于或等于"选项

（3）打开"自定义自动筛选方式"对话框，如图 11-63 所示，在"大于或等于"的文本框中输入"90"，单击"确定"按钮。

（4）此时，表格只显示"高等数学大于等于 90"的行，隐藏不满足条件的行，如图 11-64 所示。

（5）要恢复显示全部数据，单击"高等数学"列右侧的" "按钮，选择"清空条件"命令，就可以恢复显示所有行。

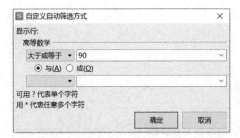

图 11-63 "自定义自动筛选方式"对话框

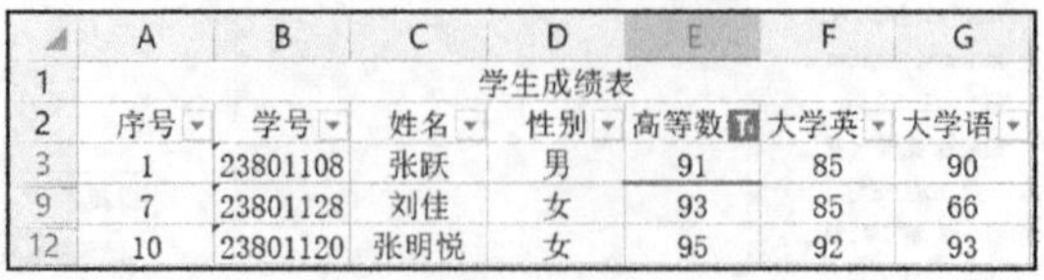

图 11-64 筛选效果

2. 高级筛选

高级筛选是指利用数据表区域以外建立条件区域,对数据表区域进行筛选。

同时满足条件的表示方式如图 11-65(a)所示,表示需要列名 1 满足条件 1 而且列名 2 满足条件 2。也可以只要求满足其中的一个条件,如图 11-65(b)所示,表示列名 1 满足条件 1 或者列名 2 满足条件 2。

高级筛选时,在工作表的空白处输入筛选条件;筛选条件的表头标题和数据表中表头一致;筛选条件在同一行输入表示为"与"关系,在不同行输入表示为"或"关系。

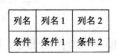

（a）同时满足条件　　　　　（b）满足一个条件

图 11-65　满足条件的表示方式

例如,对考试成绩表进行高级筛选,操作步骤如下。

（1）在 E14 中输入"高等数学",在 E15 中输入">85",在 F14 中输入"大学英语",在 F15 中输入">85",如图 11-66 所示。

（2）选择任意一个单元格,选择"数据→筛选→高级筛选"命令,打开"高级筛选"对话框,单击"列表区域"和"条件区域"文本框右侧的"折叠 👰"按钮,设置列表区域和条件区域,如图 11-67 所示。单击"确定"按钮,筛选出符合条件区域的数据,结果如图 11-68 所示。

图 11-66　输入筛选条件

图 11-67　"高级筛选"对话框

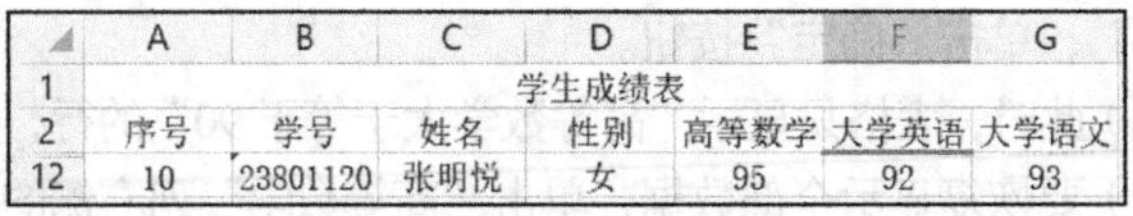

图 11-68　高级筛选结果

11.5.4　删除重复项

在 WPS 中,可以使用删除重复项功能,删除数据表中某一列或多列值重复的行。例如,删除学生成绩表中重复的学生记录,操作步骤如下。

(1)打开学生成绩表,选中数据区域,如图 11-69 所示,选择"数据→重复项 删除重复项"命令,打开"删除重复项"对话框,如图 11-70 所示。

	A	B	C	D	E	F	G
1				学生成绩表			
2	序号	学号	姓名	性别	高等数学	大学英语	大学语文
3	1	23801108	张跃	男	91	85	90
4	2	23801112	王小磊	男	79	75	70
5	3	23801123	王颖颖	女	85	80	82
6	4	23801115	陈明	男	88	79	81
7	5	23801135	兰婷	女	82	86	75
8	6	23801127	王萱	女	50	65	68
9	7	23801128	刘佳	女	93	85	66
10	8	23801118	王小磊	男	56	58	55
11	9	23801118	李浩	男	70	75	85
12	10	23801120	张明悦	女	95	92	93

图 11-69　选中数据区域　　　　　　　图 11-70　"删除重复项"对话框

(2)在"删除重复项"对话框中,选中"姓名"列,单击"删除重复项"按钮,弹出信息框,如图 11-71 所示,单击"确定"按钮,学生成绩表中的重复数据被删除了,结果如图 11-72 所示。

图 11-71　信息框

	A	B	C	D	E	F	G
1				学生成绩表			
2	序号	学号	姓名	性别	高等数学	大学英语	大学语文
3	1	23801108	张跃	男	91	85	90
4	2	23801112	王小磊	男	79	75	70
5	3	23801123	王颖颖	女	85	80	82
6	4	23801115	陈明	男	88	79	81
7	5	23801135	兰婷	女	82	86	75
8	6	23801127	王萱	女	50	65	68
9	7	23801128	刘佳	女	93	85	66
10	8	23801109	李浩	男	70	75	85
11	10	23801120	张明悦	女	95	92	93
12							

图 11-72　删除重复项后的学生成绩表

11.5.5　分类汇总

在 WPS 中,分类汇总是指按照某一列分类进行求和、计数、求平均值等统计分析。

例如,在学生成绩表中,通过分类汇总统计男生和女生各科的总分、各科最高分。操作步骤如下。

(1)在进行分类汇总之前,对将要分类的"性别"列升序排列,如图 11-73 所示。

(2)选中数据区域,选择"数据→分类汇总"命令,如图 11-74 所示,弹出"分类汇总"对话框,在对话框中设置值如图 11-75 所示,设定"分类字段"为"性别","汇总方式"为"求和","选定汇总项"为 3 门课程。选中"汇总结果显示在数据下方"复选框,分类汇总的结果如图 11-76 所示。

	A	B	C	D	E	F	G
1				学生成绩表			
2	序号	学号	姓名	性别	高等数学	大学英语	大学语文
3	1	23801108	张跃	男	91	85	90
4	2	23801112	王小磊	男	79	75	70
5	4	23801115	陈明	男	88	79	81
6	8	23801118	李杰	男	56	58	55
7	9	23801109	李浩	男	70	75	85
8	3	23801123	王颖颖	女	85	80	82
9	5	23801135	兰婷	女	82	86	75
10	6	23801127	王萱	女	50	65	68
11	7	23801128	刘佳	女	93	85	66
12	10	23801120	张明悦	女	95	92	93

图 11-73　按"性别"排序

图 11-74 "分级显示"　图 11-75 分类汇总求和　　　　　　图 11-76 分类汇总后效果
选项组

（3）再次选择"分类汇总"命令，打开"分类汇总"对话框，设置值如图 11-77 所示，取消选择"替换当前分类汇总"复选框，选中"选定汇总项"的 3 门课程，单击"确定"按钮，分类汇总的结果如图 11-78 所示。

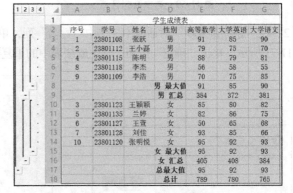

图 11-77 再次使用分类汇总　　　　　　　　图 11-78 分类汇总结果

（4）查看分类汇总结果。单击左上角的分级显示 1 按钮，只显示总的汇总结果，如图 11-79（a）所示。单击分级显示 2 按钮，显示男、女生分别的汇总结果，如图 11-79（b）所示。单击分级显示 3 按钮，显示所有的明细数据。单击 + 按钮，展开明细数据，单击 - 按钮，隐藏明细数据。

（a）1 级分类汇总　　　　　　　　　　　　（b）2 级分类汇总

图 11-79 查看分类汇总结果

▶提示

在分类汇总之前，必须对数据列表中分类字段进行排序。

11.5.6　数据透视表

数据透视表是一种对大量数据进行快速汇总和建立交叉列表的交互式动态表格，为用户提供了一种以不同的角度分析数据的简便方法。用户可以动态地改变版面布置，按照不同方式分析数据，也可以重新安排行号、列号和页字段。当原始数据更改时，数据透视表也会更新。

1. 创建数据透视表

以学生成绩表为例，分别显示两个班男生和女生的高等数学和大学语文的最高分，创建数据透视表，操作步骤如下。

（1）选定数据表中任一单元格，如图 11-80 所示。

（2）选择"插入→数据透视表"命令，如图 11-81 所示，打开"创建数据透视表"对话框，如图 11-82 所示，选择数据区域。

图 11-80　选定单元格

图 11-81　"数据透视表"按钮

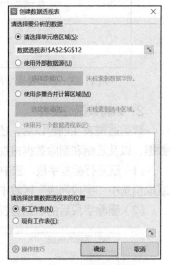

图 11-82　"创建数据透视表"对话框

（3）单击"确定"按钮，显示数据透视表工具包括"分析"和"设计"菜单，如图 11-83 所示。数据透视表的编辑界面如图 11-84 所示，右侧是"字段列表"和"数据透视表区域"窗格。

图 11-83　数据透视表工具

图 11-84　数据透视表编辑界面

（4）将"班号"和"性别"字段拖曳到"行"框中；将"高等数学"和"大学语文"字段拖曳到"Σ 值"框中，设定"值"字段为"最大值项"，如图 11-85 所示。

（5）数据透视表如图 11-86 所示。

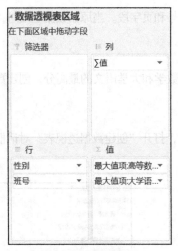

图 11-85　添加报表字段

	A	B	C	D
3	性别	班号	最大值项:高等数学	最大值项:大学语文
4	男		91	90
5		238011	88	81
6		238012	91	90
7	女		95	93
8		238011	93	68
9		238012	95	93
10	总计		95	93

图 11-86　数据透视表

2. 编辑数据透视表

数据透视表在创建以后，还可以进行编辑，包括修改其布局、添加或删除字段、格式化表中的数据，以及复制和删除数据透视表等操作。操作步骤如下。

（1）删除行标签字段。选中数据透视表，选择"数据透视表区域→行→性别→删除字段"命令，或取消选中"字段列表"区域中的"性别"复选框，如图 11-87 所示。

（2）删除字段后的数据透视表如图 11-88 所示。

图 11-87　删除"性别"字段

	A	B	C
3	班号	最大值项:高等数学	最大值项:大学语文
4	238011	93	81
5	238012	95	93
6	总计	95	93

图 11-88　删除后效果

（3）在"字段列表"区域中单击选中要添加字段的复选框，直接拖曳字段名称到字段列表中，就可以完成数据的添加。

除了添加和删除数据，还可以修改计算类型，操作步骤如下。

（1）选中数据透视表，单击右侧"Σ值"列表中的"最大值项:高等数学"按钮，在列表中选择"值字段设置"命令，如图 11-89 所示。

（2）打开"值字段设置"对话框，更改汇总方式，在"计算类型"列表中选择"平均值"命令，如图 11-90 所示。

（3）使用同样的方法将"大学语文"的汇总方式设置为"平均值"。单击"确定"按钮，修改后的数据透视表如图 11-91 所示。

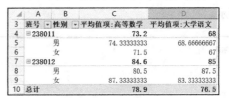

图 11-89　选择"值字段
　　　设置"选项

图 11-90　"值字段设置"对话框

图 11-91　修改后效果

▶提示

双击添加的"最大值项：高等数学"单元格，也将打开"值字段设置"对话框，可以更改汇总方式。

3．美化数据透视表

用户创建并编辑好数据透视表后，可以对其进行美化。操作步骤如下。

（1）选中数据透视表，选择"设计→预设样式"选项卡中任一命令，如图 11-92 所示，可以更改数据透视表的样式，效果如图 11-93 所示。

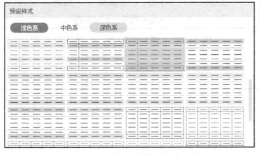

图 11-92　"预设样式"选项卡

图 11-93　数据透视表样式

（2）选中数据透视表中的单元格区域，单击鼠标右键，在弹出的快捷菜单中选择"设置单元格格式"命令，打开"单元格格式"对话框，设置数据透视表的格式。

11.6　图表

工作表中的数据通过统计生成各种图表，可以更直观形象地展示数据的内涵。

11.6.1　创建图表

在 WPS 中可以创建图表，图表可以嵌入同一工作表中，也可以单独占据一张工作表。图表中的数据来自工作表的区域，如果数据改变了，相应的图表也会随之改变。

1．使用功能区操作创建图表

可以使用功能区操作的方法创建图表。

例如，创建学生成绩表中前 5 名学生的高等数学和大学英语成绩的图表，图表类型为二维簇状柱形图。操作步骤如下。

（1）选中区域 C2:C7 和 E2:F7，如图 11-94 所示。

（2）选择"插入→插入柱形图→二维柱形图→簇状柱形图"命令，如图 11-95 所示。

	A	B	C	D	E	F	G
1				学生成绩表			
2	序号	学号	姓名	性别	高等数学	大学英语	大学语文
3	1	23801108	张跃	男	91	85	90
4	2	23801112	王小磊	男	79	75	70
5	3	23801123	王颖颖	女	85	80	82
6	4	23801115	陈明	男	88	79	81
7	5	23801135	兰婷	女	82	86	75
8	6	23801127	王萱	女	50	65	68
9	7	23801128	刘佳	女	93	85	66
10	8	23801118	李杰	男	56	58	55
11	9	23801109	李浩	男	70	75	85
12	10	23801120	张明悦	女	95	92	93

图 11-94 选定数据源区域

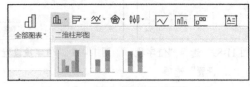

图 11-95 选择"簇状柱形图"命令

（3）在工作表中生成簇状柱形图，如图 11-96 所示。

2. 使用图表向导创建图表

使用图表向导创建学生成绩图表，操作步骤如下。

（1）选中单元格区域 C2:C7 和 E2:F7，选择"插入→全部图表→全部图表"命令，打开"图表"对话框，如图 11-97 所示。

（2）选择"柱形图→簇状柱形图"命令，单击"确定"按钮，就可以生成图表，如图 11-96 所示。

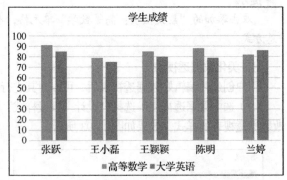

图 11-96 嵌入式图表——簇状柱形图

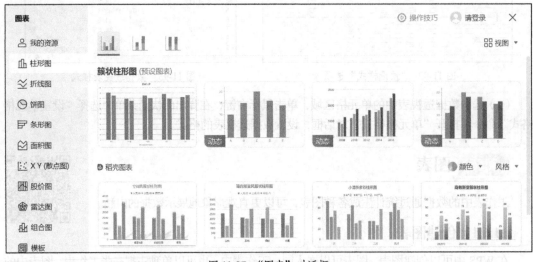

图 11-97 "图表"对话框

3. 使用快捷键创建图表

选中单元格区域，按 Alt+F1 组合键可以迅速创建嵌入式图表。

11.6.2 编辑图表

在创建图表之后，可以根据需要编辑图表以及图表中的各个对象，包括改变图表类型、修改图表的数据、添加和删除数据系列、添加标题及数据标志、增加文本和图形、移动图表和调整大小等。

在 WPS 中，选中图表后，功能区中会出现"图表工具"菜单，可以对图表元素进行编辑。

1. 编辑图表元素

选中图表，选择"图表工具→添加元素"命令，可以添加、删除和修改图表元素，如图 11-98 所示。

2. 更改图表类型

用户也可以修改创建好的图表的类型。例如，将柱形图改为折线图，操作步骤如下。

选中柱形图，选择"图表工具→更改类型"命令，打开"更改图表类型"对话框，选择"折线图→折线图"命令，柱形图将转换为折线图，结果如图 11-99 所示。

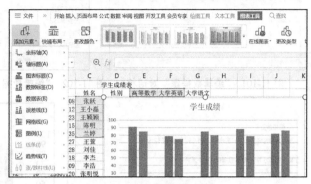

图 11-98　编辑图表元素

3. 改变图表的大小

改变图表的大小主要有以下 2 种方法。

方法 1：选中图表，拖曳图表边框上的 8 个控制点，调整图表大小。

方法 2：选中图表，选择"图表工具→设置格式"命令，打开"属性"窗格，选择"大小与属性"选项卡，修改所选图表的大小，如图 11-100 所示。

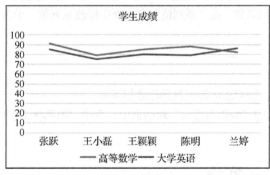

图 11-99　折线图

图 11-100　"格式"任务窗格

4. 添加数据系列

WPS 图表中的数据系列包括系列名称和系列值，每一个系列值由一行或一列数据组成，可以向图表中添加数据系列。例如，向图 11-96 所示的学生成绩表的图表中添加大学语文成绩，操作步骤如下。

（1）选中图表，选择"图表工具→选择数据"命令，打开"编辑数据源"对话框，如图 11-101 所示。

（2）单击"添加 +"按钮，打开"编辑数据系列"对话框，如图 11-102 所示，为"系列名称"文本框选择单元格$G$2；为"系列值"文本框选择单元格区域 G3:G7。

（3）单击"确定"按钮，返回"编辑数据源"对话框。

（4）单击"轴标签（分类）"列表中的"编辑 ∠"按钮，打开"轴标签"对话框，如图 11-103

所示，选择 C3:C7 单元格，单击"确定"按钮，如图 11-104 所示。

（5）单击"确定"按钮，大学语文成绩便添加到图表中了，如图 11-105 所示。

图 11-101 "编辑数据源"对话框　　图 11-102 "编辑数据系列"对话框　　图 11-103 选定轴标签区域

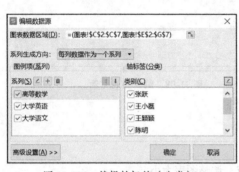

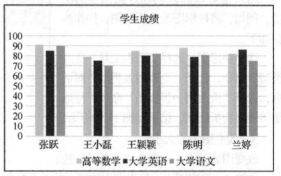

图 11-104 编辑轴标签（分类）　　　　　　图 11-105 添加"大学语文"成绩效果

5．编辑数据系列

编辑数据系列的操作与添加数据系列的操作类似，通过图 11-102 所示的"编辑数据系列"对话框进行。在"系列名称"文本框中修改系列名称，在"系列值"文本框中修改系列值。单击"确定"按钮，完成数据系列的编辑。

6．删除数据系列

删除数据系列常用的方法有两种。

方法 1：在图表中选中一个数据系列，按 Delete 键直接删除数据系列。

方法 2：选中图表，在图 11-101 所示的"编辑数据源"对话框中，选中"图例项（系列）"列表中的一个系列，单击"删除 🗑"按钮。

实验

实验一

一、实验目的

掌握公式和函数、填充、输入各类型数据的方法。

二、实验内容

1．打开工作簿

（1）打开 WPS 表格"实验 1101-工作簿.et"，另存为"学号姓名 WPS 表格 01.et"。其中 Sheet1 工作表的内容如图 11-106 所示。读者可以调整各行的高度，显示出各行数据。

（2）在"编号"列，使用拖曳填充的方法输入编号"1,2,3,4,…"。

2. 公式计算

进行公式计算，如图 11-107 所示。

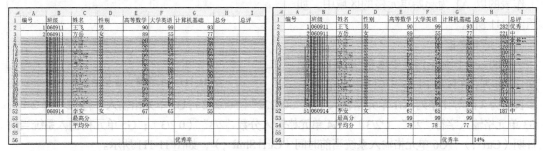

图 11-106　Sheet1 工作表内容　　　　　　　图 11-107　公式计算

（1）使用 SUM、AVERAGE、MAX 函数分别计算出总分、平均分、最高分。

（2）使用 IF 函数计算总评，总分大于等于 270 分的为优秀，大于等于 180 分的为中，小于 180 分的为不及格（参考公式：=IF(H2>=270,"优秀",IF(H2>=180,"中","不及格"))）。

（3）在 H56 单元格中利用 COUNTIF、COUNT 函数计算出优秀率（优秀率=优秀人数/总人数，=COUNTIF(H2:H52,">=270")/COUNT(H2:H52)）。

3. 设定单元格数据的有效性

选中工作表 Sheet1 的区域 E2:G52，设定数据的有效性规则如图 11-108 所示，设定输入提示信息如图 11-109 所示，在区域 E2:G52 输入 0～100 以外的数字，观察其效果。

图 11-108　设定数据有效性　　　　　　　图 11-109　设定提示信息

4. 条件格式

使用条件格式设置所有总分大于等于 270 分的图案颜色为"蓝色"、图案样式为"细 对角线-条纹"，文字加粗、倾斜；设置总分小于 180 分的为红色字体、加粗、倾斜，如图 11-110 所示。

	A	B	C	D	E	F	G	H	I
1	编号	班级	姓名	性别	高等数学	大学英语	计算机基础	总分	总评
2	1	060911	王飞	男	90	99	93		优秀
3	2	060911	方岳	女	89	55	77	221	中
4	3	060911	王雨秋	男	77	67	65	209	中
5	4	060911	米娜	女	50	60	40	*150*	不及格
6	5	060911	陈俊杰	男	99	89	87		优秀
7	6	060911	程成	女	60	55	48	*163*	不及格
8	7	060911	郭俊	男	67	65	88	220	中
9	8	060911	贾佳	女	88	99	90		优秀
10	9	060912	李金睿	男	90	88	55	233	中

图 11-110　条件格式效果

5. 复制数据

选定前两名学生的姓名、各科成绩及其对应标题行单元格，复制并转置粘贴到 Sheet2 工作表的以 A1 为起始单元格的区域中，如图 11-111 所示。

6. 填充数据

在 Sheet2 区域 E1:E8 中填充"星期日→星期日"序列；在区域 F1:F8 中填充初始值为 1、

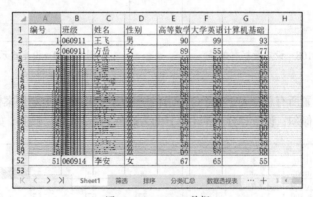

图 11-111　工作簿文件显示结果

步长值为 3 的等比序列；G1 单元格输入字符"300222"（'300222）；G2 单元格输入字符"2-1"（'2-1）；G3 单元格输入字符"2/3"（'2/3）；G4 单元格输入分数"2/3"（0 2/3）；G5 单元格输入系统当前日期（Ctrl+;）；G6 单元格输入系统当前时间（Ctrl+Shift+;），如图 11-111 所示。

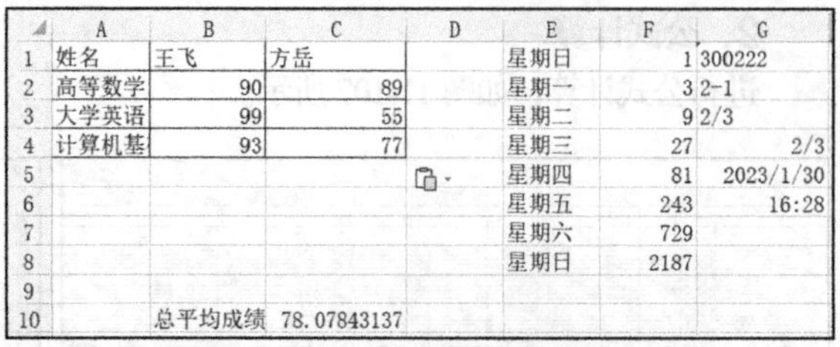

7. 计算平均成绩

在 Sheet2 的 B10 单元格输入文字"总平均成绩"，在 C10 单元格中计算"学生成绩表"工作表中各科的总平均成绩（外部引用），结果如图 11-111 所示。

保存工作簿文件。

实验二

一、实验目的

（1）掌握图表的创建、编辑和格式化的方法。
（2）掌握数据的处理与分析方法。

二、实验内容

1. 打开工作簿

打开 WPS 表格"实验 1102-工作簿.et"，工作簿另存为"学号姓名 WPS 表格 02.et"，将 Sheet1 工作表创建 4 个副本文件，分别将副本工作表标签重命名为"筛选""排序""分类汇总""数据透视表"，如图 11-112 所示。

图 11-112　Sheet1 数据

2. 创建图表

（1）对 Sheet1 中前 5 位学生的 3 门课程成绩，创建"二维簇状柱形图"图表，作为对象插入当前工作表，图表标题为"学生成绩图表"，位于图表上方，水平分类轴标题为"姓名"，垂直分类轴标题为"分数"，如图 11-113 所示。

（2）将该图表移动、放大到单元格区域"B21:I36"，删除"高等数学"和"计算机基础"的数据系列，再添加"计算机基础"的数据系列。

（3）设定"计算机基础"系列显示数据标签，数据标签值大小为12号；"计算机基础"系列颜色改为"浅绿"。

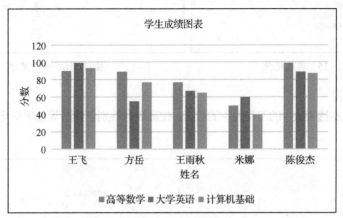

图 11-113　创建图表

（4）设定图表标题文字字体为隶书、加粗、14 磅、单下画线，轴标题加粗。

（5）设定图表边框为黑色实线，外部右下斜偏移阴影；图例位置靠右，字体字号为 9 号。

（6）将数值轴的主要刻度设置为 10，字体字号为 8 号。如图 11-114 所示。

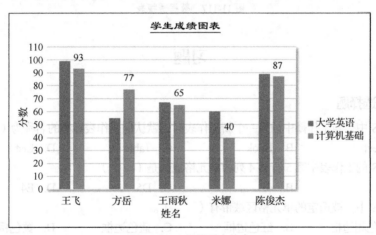

图 11-114　设置图表格式

3．数据处理

（1）将标签为"筛选"的工作表中的数据，筛选出"计算机基础"小于 60 分或者大于等于 90 分的学生记录，如图 11-115 所示。

（2）将标签为"排序"的工作表中的数据按"性别"升序排列，性别相同的按"高等数学"降序排列。

（3）将标签为"分类汇总"的工作表中的数据按"性别"分类汇总（先将"性别"列排序），在"姓名"列统计人数。

（4）按"性别"分类汇总，统计各科成绩的平均分，取消"替换当前分类汇总"复选框。利用分级显示按钮分级显示汇总结果，如图 11-116 所示。

图 11-115　筛选记录

图 11-116　分级显示

4. 数据透视表

将标签为"数据透视表"的工作表中的数据，按班级和性别创建高等数学平均值的数据透视表，如图 11-117 所示。

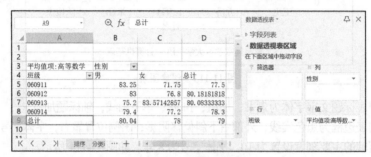

图 11-117　数据透视表

习题

一、单项选择题

1. 在 WPS 中，当工作簿中插入一个新工作表时，默认的工作表标签的名称为（　　）。
   A. Sheet　　　　　　B. Book　　　　　　C. Table　　　　　　D. List

2. 在 WPS 的工作表中第 5 行第 4 列的单元格地址是（　　）。
   A. 5D　　　　　　　B. 4E　　　　　　　C. D5　　　　　　　D. E4

3. 在 WPS 中，被选定的单元格区域带有（　　）。
   A. 绿色粗边框　　B. 红色边框　　　　C. 蓝色边框　　　　D. 黄色粗边框

4. 在工作表中，按住（　　）键，才能同时选择多个不相邻的单元格区域。
   A. Tab　　　　　　　B. Alt　　　　　　　C. Shift　　　　　　D. Ctrl

5. 在工作表的单元格中输入文本"456"方法是（　　）。
   A. 456　　　　　　　B. '456　　　　　　C. =45　　　　　　　D. "456"

6. 若在 A3 单元格中输入 5/20，该单元格显示结果为（　　）。
   A. 0.25　　　　　　B. 5/20　　　　　　C. 5 月 20 日　　　D. "5/20"

7. 在 WPS 中，在单元格输入数值型数据时，默认为（　　）。
   A. 居中对齐　　　　B. 左对齐　　　　　C. 右对齐　　　　　D. 随机对齐

8. 在 WPS 中，如果单元格没有设置特殊格式，那么日期数据默认会（　　）。
   A. 居中对齐　　　　B. 左对齐　　　　　C. 右对齐　　　　　D. 随机对齐

9. 以下选项中，能输入数值"-6"的是（　　）。

  A. "6　　　　　　B. (6)　　　　　　C. \6　　　　　　D. \\6

10. 按（　　）组合键，可以在单元格中插入计算机当前的日期。

  A. Ctrl+;　　　　B. Alt+;　　　　C. Ctrl+Shift+;　　　　D. Ctrl+Alt+;

11. 按（　　）组合键，可以在单元格中插入计算机当前的时间。

  A. Ctrl+;　　　　B. Alt+;　　　　C. Ctrl+Shift+;　　　　D. Ctrl+Alt+;

12. 在默认情况下，在单元格中输入以下数据或公式，结果为左对齐的是（　　）。

  A. 5-3　　　　　B. 5/3　　　　　C. =5+3　　　　　D. 5*3

13. 在 WPS 中，填充柄位于所选单元格区域的（　　）。

  A. 左下角　　　　B. 左上角　　　　C. 右下角　　　　D. 右上角

14. 如图 11-118 所示，A1 单元格和 A2 单元格中分别为 1 和 2，选中 A1:A2 区域并拖动右下角填充柄至 A5 单元格，A4 单元格的值为（　　）。

  A. 1　　　　　　B. 2　　　　　　C. 4　　　　　　D. 错误值

15. 如图 11-119 所示，在工作表的 A3 单元格和 B3 单元格中分别输入"八月"和"九月"，选中 A3:B3 区域，向右拖曳填充柄经过 C3 单元格和 D3 单元格后松开，C3 单元格和 D3 单元格的内容为（　　）。

  A. 十月、十月　　　B. 十月、十一月　　　C. 八月、九月　　　D. 九月、九月

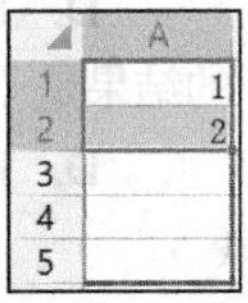

图 11-118　14 题示意图 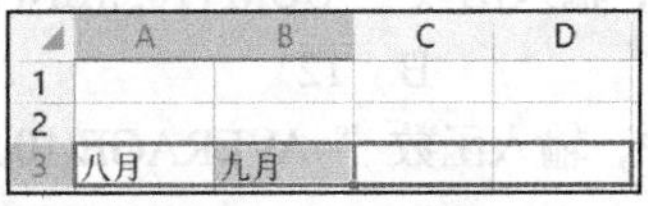　　　　　图 11-119　15 题示意图

16. 在 WPS 中，如果只删除所选区域的内容，则应该选择（　　）命令。

  A. 清除内容→批注　B. 清除内容→全部　C. 清除内容→内容　D. 清除内容→格式

17. 在 WPS 中，在单元格中输入公式或函数时以一个（　　）作为前导字符。

  A. =　　　　　　B. %　　　　　　C. &　　　　　　D. $

18. 在 WPS 中，A3 单元格内容是 3，B3 单元格内容是 5，在 A5 单元格中输入"A3+B3"，A5 单元格显示（　　）。

  A. 3+5　　　　　B. 8　　　　　　C. 5　　　　　　D. A3+B3

19. 在 WPS 中，单元格中输入"A"&"B"，结果为（　　）。

  A. A&B　　　　　B. "AB"　　　　　C. "A"&"B"　　　　　D. A+B

20. 在 WPS 中，（　　）表示工作表中 B2 单元格到 F4 单元格的区域。

  A. B2 F4　　　　B. B2:F4　　　　C. B2；F4　　　　D. B2，F4

21. 在 WPS 中，单元格区域 A2:D6 共有（　　）个单元格。

  A. 5　　　　　　B. 12　　　　　　C. 20　　　　　　D. 24

22. 在 WPS 中，"B7:D7 C6:C8"表示的是（　　）个单元格。

  A. 1　　　　　　B. 4　　　　　　C. 6　　　　　　D. 8

23. 以下选项中，（　　）不是单元格的引用的方式。

  A. 混合地址引用　B. 相对地址引用　C. 绝对地址引用　D. 交叉地址引用

24. 使用地址$D$1 可以引用 D 列 1 行的单元格，称为对单元格地址的（　　）。

  A. 混合地址引用　B. 相对地址引用　C. 绝对地址引用　D. 交叉地址引用

25. 在 D7 单元格中输入公式 "=A7+$B$4"，把 D7 单元格中的公式复制到 D8 单元格后，D8 单元格的公式为（　　　）。

    A. =A8+$B$4　　　　B. =A7+$B$4　　　　C. =A8+$B$5　　　　D. =A7+$B$5

26. 在 WPS 中，使用地址$D2 引用一个单元格，则该地址是对单元格的（　　　）。

    A. 相对地址引用　　B. 绝对地址引用　　C. 混合地址引用　　D. 三维地址引用

27. 将相对地址引用变为绝对地址引用的快捷键是（　　　）

    A. F9　　　　　　　B. F8　　　　　　　C. F4　　　　　　　D. F3

28. 在工作表 Sheet1 的单元格中，要计算工作表 Sheet4 的 B6、B7 和 B8 三个单元格的和，则应当输入（　　　）。

    A. =SUM(B6:B8)　　　　　　　　　　B. =SUM(Sheet4!B6:B8)

    C. =SUM(Sheet1!B6:B8)　　　　　　　D. =Sheet1!SUM(Sheet4!B6:B8)

29. 在单元格中输入公式 "=AVERAGE(B2:F4)"，将计算（　　　）个单元格的平均值。

    A. 5　　　　　　　　B. 10　　　　　　　C. 15　　　　　　　D. 20

30. 在 WPS 中，能计算单元格区域 B1:B10 中数值型数据之和的表达式是（　　　）。

    A. =MAX(B1:B10)　　　　　　　　　　B. =COUNT(B1:B10)

    C. =AVERAGE(B1:B10)　　　　　　　　D. =SUM(B1:B10)

31. 在 WPS 中，输入函数 "=MIN(10,7,12,0)" 的返回值是（　　　）。

    A. 0　　　　　　　　B. 7　　　　　　　C. 10　　　　　　　D. 12

32. 在 WPS 中，输入函数 "=SUM (10, MIN(15, MAX(2,1),3))" 的结果是（　　　）。

    A. 10　　　　　　　B. 12　　　　　　　C. 14　　　　　　　D. 15

33. 在单元格中，输入函数 "=AVERAGE(10,25,13)" 的结果是（　　　）。

    A. 12　　　　　　　B. 16　　　　　　　C. 25　　　　　　　D. 48

34. 假定区域 C3:C8 中每个单元格都有数值，则函数 "=COUNT(C3:C8)" 的值为（　　　）。

    A. 4　　　　　　　　B. 5　　　　　　　C. 6　　　　　　　D. 8

35. 为数值在 100～200 的单元格设置指定格式时，应选择条件格式中的（　　　）。

    A. 项目选取规则　　　　　　　　　　B. 突出显示单元格规则

    C. 色阶　　　　　　　　　　　　　　D. 图标集

36. 在 WPS 中，数据筛选的功能是（　　　）。

    A. 显示满足条件的记录，删除不满足条件的数据

    B. 暂时隐藏不满足条件的记录，显示满足条件的数据

    C. 不满足条件的数据保存在另外一张工作表中

    D. 突出显示满足条件的数据

37. 在 WPS 中，在分类汇总之前，必须对数据表中的分类字段进行（　　　）。

    A. 筛选　　　　　　B. 排序　　　　　　C. 建立数据库　　　D. 有效计算

38. 以下关于分类汇总的叙述中，正确的是（　　　）。

    A. 先要按分类字段排序　　　　　　　B. 分类汇总可以按多个字段分类

    C. 只能对数值型的字段分类　　　　　D. 汇总方式只能求和

39. 以下关于数据透视表的描述中，错误的是（　　　）。

    A. 数据透视表可以放在其他工作表中

    B. 可以在 "数据透视表字段列表" 任务窗格中添加字段

    C. 可以更改计算类型

    D. 不可以筛选数据

40. 以下关于图表的描述中，错误的是（   ）。

A. 图表可以更改类型 B. 图表可以调整大小

C. 图表不能修改数据系列 D. 图表可以更改颜色

二、操作题

1. 在 WPS 的单元格中输入图 11-120 所示的 5 个数据。

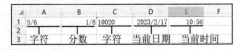

图 11-120 5 个数据

2. 在 WPS 中有图 11-121 所示的数据，将灰色单元格区域复制并转置到以 A5 单元格为起始位置的区域。

3. 在 WPS 中有图 11-122 所示的数据，使用公式或函数分别计算每行之和以及大于 50 的数据的个数。（灰色部分为要计算的单元格）

	A	B	C	D
1	产品类别	一季度销售量	二季度销售量	三季度销售量
2	日化	300	350	280
3	食品	450	500	460
4	生鲜	500	600	550

图 11-121 销售量数据

	A	B	C	D
1				每行之和
2	18	22	11	51
3	20	55	22	97
4	55	60	45	160
5	60	81	12	153
6			大于50的个数	5

图 11-122 数据

4. 在 WPS 中有图 11-123 所示的数据，使用函数计算学生的平均分。（灰色部分为要计算的单元格）

5. 在 WPS 中有图 11-123 所示的数据，使用函数判断学生成绩等级优劣，平均分大于等于 90 分为"优秀"，大于等于 80 分为"良好"，大于等于 60 分为"及格"，低于 60 分为"不及格"。（灰色部分为要计算的单元格）

6. 在 WPS 中有图 11-124 所示的数据，使用函数计算男性捐款大于等于 300 元的捐款总和。（灰色部分为要计算的单元格）

	A	B	C	D	E	F	G
1	学生成绩表						
2	学号	姓名	语文	数学	英语	平均分	等级
3	23701001	贾博宇	80	88	90	86	良好
4	23701002	王新军	70	60	65	65	及格
5	23701003	李宗明	60	55	50	55	不及格
6	23701004	孟月	86	78	70	78	及格
7	23701005	殷秋华	90	89	66	82	良好
8	23701006	闫春华	93	90	95	93	优秀

图 11-123 学生成绩表

	A	B	C	D
1	姓名	性别	捐款/元	男性捐款大于300元之和
2	刘晓东	男	350	750
3	许国强	男	200	
4	罗佳	女	300	
5	欧佳丽	女	100	
6	陈俊鹏	女	200	
7	杨鹏	男	100	
8	张松凌	女	300	
9	李昊	男	400	

图 11-124 函数计算

7. 在 WPS 中有图 11-125 所示的数据，使用函数计算分数大于等于 60，小于 80 的分数平均值。（灰色部分为要计算的单元格）

8. 在 WPS 中有图 11-126 所示的数据，使用查找函数，通过查找数据的第一列，查找姓名为"李浩"的籍贯。（灰色部分为要计算的单元格）

9. 在 WPS 中有图 11-127 所示的数据，使用查找函数，通过查找数据的第一行，查找四月份的水电费用。（灰色部分为要计算的单元格）

10. 在 WPS 中有图 11-128 所示的数据，将数据中"性别"列的单元格添加下拉列表，可选内容为"男"和"女"两项。

	A	B	C
1	姓名	分数	大于等于60，小于80的均分
2	段思思	85	68
3	毛文滨	70	
4	袁紫涵	65	
5	王欣	60	
6	欧阳嘉	75	
7	张颖颖	90	
8	高飞	70	
9	孟浩灏	68	
10	周萌	98	

图 11-125　部分成绩

	A	B	C	D	E	F	G	H
1	姓名	工号	性别	籍贯	出生年月		姓名	籍贯
2	于嘉	KT001	女	北京	1990年5月		李浩	天津
3	李浩	KT002	男	天津	1985年3月			
4	仇长晓	KT003	女	河北	1987年1月			
5	李云啸	KT004	男	河南	1995年4月			
6	孙玉超	KT005	男	山西	1989年5月			

图 11-126　查找函数

	A	B	C	D	E	F	G	H
1		一月	二月	三月	四月		月份	水电
2	交通	500	400	500	450		四月	150
3	饮食	1000	1500	1800	1600			
4	水电	200	180	220	150			
5	娱乐	600	700	500	400			

图 11-127　查找函数

	A	B	C	D	E
1	姓名	工号	性别	籍贯	出生年月
2	于嘉	KT001	女	北京	
3	李浩	KT002	男	天津	1985年3月
4	仇长晓	KT003	女	河北	1987年1月
5	李云啸	KT004		河南	1995年4月
6			男		
7			女		

图 11-128　数据表

11. 对图 11-129 所示的数据中各科成绩设置格式，不及格（小于 60 分）显示为红色、加粗；优秀的（大于等于 90 分）显示绿色背景色。

12. 对图 11-129 所示的数据进行排序，主要关键字为语文成绩，按照降序排序；次要关键字为数学成绩，按照降序排序。

13. 在 WPS 中有图 11-130 所示的数据，筛选出所有部门是"销售部"的男员工。

14. 在 WPS 中有图 11-130 所示的数据，使用高级筛选功能，筛选出"生产部"月工资在 6 000 元以上的女员工数据。

	A	B	C	D	E
1	姓名	性别	语文	数学	英语
2	马睿	男	85	90	88
3	周靖	女	90	75	70
4	马家骏	男	60	55	60
5	李月	女	95	88	90
6	魏天航	男	70	65	50

图 11-129　成绩单

	A	B	C	D	E	F
1	员工编号	姓名	性别	出生日期	部门	月工资
2	0001	张媛媛	女	1981/4/20	财务部	5600
3	0002	裴小明	男	1990/5/1	财务部	5000
4	0003	朱鑫鑫	男	1985/10/12	销售部	6400
5	0004	彭琼	女	1986/1/21	销售部	6000
6	0005	郭佳凯	男	1990/5/14	销售部	5000
7	0006	张静玲	女	1985/10/15	生产部	5500
8	0007	向海滨	男	1985/11/16	生产部	6000
9	0008	杨悦悦	女	1985/3/10	生产部	6700
10	0009	任宏达	男	1985/10/18	生产部	6500

图 11-130　员工数据

15. 在 WPS 中有图 11-131 所示的数据，按学历分类汇总，计算各类学历的人数。

16. 在 WPS 中有图 11-131 所示的数据，按部门分类汇总，计算每个部门的工资和奖金的总和。

	A	B	C	D	E	F	G	H
1	员工编号	姓名	性别	出生日期	学历	部门	工资	奖金
2	0001	张媛媛	女	1981/4/20	研究生	财务部	5600	800
3	0002	裴小明	男	1990/5/1	本科	财务部	5000	800
4	0003	朱鑫鑫	男	1985/10/12	本科	销售部	6400	800
5	0004	彭琼	女	1986/1/21	本科	销售部	6000	700
6	0005	郭佳凯	男	1990/5/14	本科	销售部	5000	800
7	0006	张静玲	女	1985/10/15	本科	生产部	5500	800
8	0007	向海滨	男	1985/11/16	研究生	生产部	6000	700
9	0008	杨悦悦	女	1985/3/10	研究生	生产部	6700	800
10	0009	任宏达	男	1985/10/18	本科	生产部	6500	800
11	0010	王永	男	1981/5/21	研究生	销售部	6000	600
12	0011	张莹莹	女	1987/11/20	本科	生产部	6000	600
13	0012	李辉	男	1990/7/2	本科	财务部	5500	600
14	0013	郑洋洋	女	1983/4/2	研究生	销售部	6500	800
15	0014	王星宇	男	1988/6/23	本科	财务部	5500	600

图 11-131　员工数据

17. 在 WPS 中有图 11-132 所示的数据，使用公式计算每项消费占总支出的比例。（灰色为要计算的单元格）

18. 根据图 11-132 所示的比例结果生成图 11-133 所示的图表。

	A	B	C
1	消费项目	消费支出	所占比例
2	交通	500	19%
3	饮食	1500	58%
4	水电	100	4%
5	娱乐	500	19%

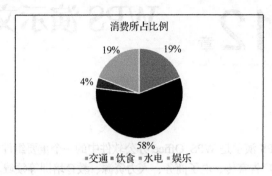

图 11-132　消费数据

图 11-133　消费比例图

19. 根据图 11-134 所示的数据，生成图 11-135 所示的图表。

	A	B	C	D	E	F
1	学号	姓名	性别	高等数学	大学英语	大学语文
2	23601101	王一博	男	91	85	90
3	23601102	张小磊	男	79	75	70
4	23601103	陈佳颖	女	85	80	82
5	23601104	王宁	男	65	79	81
6	23601105	李婷	女	82	86	75
7	23601106	王子涵	女	50	65	68

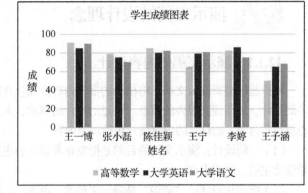

图 11-134　部分成绩

图 11-135　生成图表

20. 对图 11-135 所示的图表进行修改，将“大学英语”系列改为折线图，如图 11-136 所示。

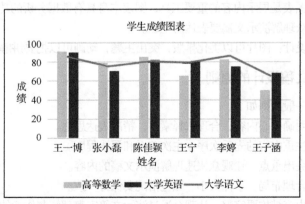

图 11-136　折线图

D. 在 WPS 中选择 11-152 所示的模板后，期完之后单击右侧的 □ 按钮进入下一步。（ ）（答案补充）

图 11-32 图片之外边框型填充 图 11-33 选择模板

第12章 WPS 演示文稿设计

WPS 演示是 WPS Office 办公软件中的一个重要组件，其功能是制作演示文稿，广泛用于市场营销、广告宣传、电子商务、人力资源、教育培训等领域。

本章介绍创建演示文稿，在幻灯片中插入文本框、图片等元素，幻灯片母版、切换和动画设计，以及演示文稿的交互等内容。通过本章的学习，读者可以快速掌握演示文稿的设计方法。

12.1 演示文稿的设计理念

12.1.1 演示文稿的内容设计

用户通过编辑演示文稿，将枯燥的报告内容变成包含图表、动画、声音以及视频等富有表现力的幻灯片，从而提高报告的质量。通过幻灯片的演示，人们可以直观、轻松地理解报告要表达的核心思想和内容。幻灯片的内容设计包括以下内容。

（1）主题设计：演示文稿的目的是把发布者设定的主题内容正确地传达给观众。演示文稿要紧紧围绕主题，说明重点。

（2）结构化设计："结构"是演示文稿的"灵魂"。演示文稿的结构一定要清晰明了，经常可以使用并列和递进的结构。

（3）文字设计：在演示文稿中，文字用于传达明确的信息，力求做到文字简洁、重点突出。

（4）图表设计：图表是展示内容的重要工具，图表本身具有数据分析的功能，加上必要的文字说明，能更好地让观众理解演示文稿要表达的主题。

（5）图片和动画设计：图片可以美化排版，突出主题，动画可以把要讲解的内容立体化。

12.1.2 演示文稿设计的原则

演示文稿设计的一般原则如下。

（1）主题简明：明确中心内容，合理选择素材，精准表达思想。

（2）逻辑清晰：注重内容的先后次序、主次关系和深浅程度。

（3）重点突出：突出重点，让观众快速理解演示文稿的内容。

（4）风格统一：合理布局，字体大小、颜色搭配要保持一致。

（5）结构完整：内容结构要完整，让观众通过演示文稿完整理解制作者的核心思想。

12.2 创建演示文稿

12.2.1 新建演示文稿

选择"开始→WPS Office→WPS Office"命令或者双击桌面的"WPS Office W"图标,打开WPS Office;选择"首页→新建→新建演示"命令,单击新建空白演示"■■"图标,如图12-1所示,可以创建空白演示文稿。

WPS演示提供多种版式的演示文稿模板,用户可以根据需要自行选择适合演示主题的模板。在模板的基础上制作演示文稿,可以提高制作效率和效果。

图 12-1　新建幻灯片

WPS演示的初始界面如图12-2所示,包括标题栏、菜单栏、工具栏、左侧的幻灯片/大纲窗格、幻灯片编辑区等。

图 12-2　WPS 演示的初始界面

12.2.2 幻灯片版式

幻灯片版式指的是幻灯片内容在幻灯片上的排列方式。选择"开始→版式 📰"命令,在"母版版式"模式下分为母版版式、配套版式,在"推荐排版"模式下包含全部、文字排版、图示排版和配套排版选项。

1．母版版式

母版版式指的是幻灯片内容的布局，如图 12-3（a）所示，用户可以根据展示内容选择对应的幻灯片布局。其中首页包含标题、副标题，内容页包括文字、图表、视频等多种元素。

2．配套版式

配套版式指的是幻灯片内容布局的案例，如图 12-3（b）所示。用户可以参考配套版式的案例，选择适当的版式。

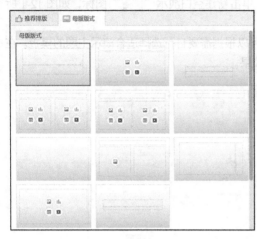

（a）母版版式　　　　　　　　　　　　　　　　　（b）配套版式

图 12-3　幻灯片版式

3．推荐版式

通常一个演示文稿在结构上包括封面、目录、正文等。用户可根据需求自行设计版式，也可以选择"推荐排版"中提供的版式，如图 12-4 所示。操作步骤如下。

（1）选中幻灯片，选择"开始→版式→推荐排版"命令，在"文字排版"中选择一种版式，单击"应用"按钮，将改变幻灯片的版式。

（2）选择"开始→版式→推荐排版"命令，在"配套排版"中选择一种配套版式，单击"插入"按钮，将新建该版式的幻灯片。

例如，在新建演示文稿的首页幻灯片中输入标题"中国探月工程"，选择一种推荐版式，如图 12-5 所示。

图 12-4　推荐版式　　　　　　　　　　　　　　　图 12-5　首页

12.2.3 新建幻灯片

在演示文稿中，用户可以根据需要新建更多幻灯片。操作步骤如下。

选择"开始→新建幻灯片 "命令，或者单击左侧的幻灯片/大纲窗格下方的新建幻灯片" + "按钮，可以新建空白幻灯片；可以为新建的幻灯片选择一种母版版式。然后输入内容。

选择一种配套版式，并输入内容，制作目录页，如图12-6所示。

图12-6　目录页

12.2.4 添加元素

在幻灯片中，可以使用文本框、图片、表格、图表、声音、视频等多种元素，使得演示文稿图文并茂，更具有感染力与艺术性。

1．文本框

文本框用于编辑文字，包括横向文本框和纵向文本框。在幻灯片的设计过程中，可以在幻灯片任意位置插入文本框。操作步骤如下。

（1）打开幻灯片，选择"插入→ "命令的上半部分，在幻灯片中绘制一个文本框，然后右击文本框，在弹出的"菜单中选择编辑文字"中输入文字。也可以选择" "命令的下半部分，然后在"预设文本框"选项下选择"横向文本框"命令，结果如图12-7（a）所示，选择"纵向文本框"命令，结果如图12-7（b）所示。

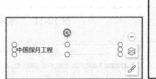（a）横向文本框　　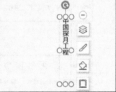（b）竖向文本框

图12-7　选择文本形状

（2）在选中文本框后，出现"文本工具"菜单，如图12-8所示，可以设定文本框中文字的字体、字号、颜色等，以及设定文本框的样式、形状轮廓、形状填充和形状效果等。

图12-8　"文本工具"菜单

在幻灯片中文本框中输入概述文字，概述页如图12-9所示。

2．图片

幻灯片中的图片可以作为展示的内容，也可以作为幻灯片的装饰元素。在幻灯片中插入图片的操作步骤如下。

（1）打开幻灯片，选择"插入→图片 "命令，打开"插入图片"对话框，选中图片文件。

（2）选中图片后，显示"图片工具"菜单，可以裁剪图片，设置图片的背景、透明、色彩、边框等效果。

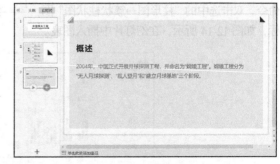

图12-9　概述页

如图 12-10 所示，在"嫦娥一号"页中插入了图片。

3．表格

表格有纵横两列，设计科学、合理的表格，可以让繁杂的内容变得条理明晰，有利于读者阅读。在幻灯片中插入表格的操作步骤如下。

（1）打开幻灯片，选择"插入→表格 ⊞ "命令，打开"插入表格"窗格，选择表格行数和列数，或者选择"插入表格"命令或"绘制表格"命令，创建表格。

图 12-10　图片页

（2）选中表格后，菜单栏显示"表格工具"和"表格样式"菜单。"表格工具"菜单如图 12-11 所示，主要设置表格宽度、高度，行、列分布、对齐方式，文字的格式，增加或减少行、列等。

（3）"表格样式"菜单如图 12-12 所示，主要设置表格的风格、填充、效果、边框等，设置文本的填充、轮廓、效果等。

图 12-11　"表格工具"菜单

图 12-12　"表格样式"菜单

如图 12-13 所示，表格页中包括 6 行 2 列的表格。

4．图表

图表可以直观展示统计信息，是一种很好的数据直观、形象的"可视化"的手段。在幻灯片中插入图表的操作步骤如下。

（1）打开幻灯片，选择"插入→图表 ⊞图表 "命令，双击选中的"柱形图→簇状柱状图"图标，如图 12-14 所示，在幻灯片中插入图表。

图 12-13　表格页

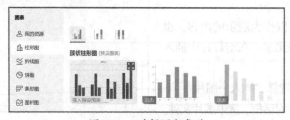

图 12-14　选择图表类型

（2）选中插入的图表，显示"图表工具"菜单，如图 12-15 所示。

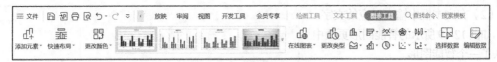

图 12-15 "图表工具"菜单

（3）单击"编辑数据 <u>编辑数据</u>"按钮，打开一个文件名为"WPS 演示中的图表"的表格文件，在表格中输入制作图表的数据源，如图 12-16（a）所示。返回演示文稿窗口，单击"选择数据 <u>选择数据</u>"按钮，在数据源窗口选中数据源，如图 12-16（b）所示。单击"确定"按钮，完成图表的数据输入。

（a）编辑数据

图 12-16 编辑和选择数据（b）选择数据

（4）选中图表后，还可以为图表添加或修改标题、轴标题等元素，更改图表的布局、颜色、样式、类型等。

如图 12-17 所示，图表页中插入了一个图表。

5．智能图形

运用智能图形，用户能够使用列表、流程、循环等多种复杂图形直观地表达信息和关系。在幻灯片中插入智能图形的操作步骤如下。

（1）打开幻灯片，选择"插入→智能图形 <u>智能图形</u>"命令，打开"智能图形"对话框，如图 12-18 所示，

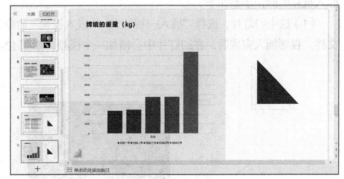

图 12-17 图表页

选择"时间轴"类型中的一种图形，将其插入当前幻灯片中。

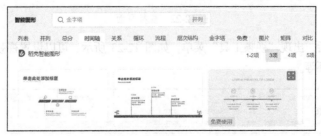

图 12-18 "智能图形"对话框

（2）在文本框中输入对应的文字。

如图 12-19 所示的智能图形页面中插入了一个智能图形。

6．音频

在幻灯片中恰当地插入声音，可以使幻灯片的播放效果更加生动、逼真，从而使观众产生观看的兴趣。在幻灯片中插入声音的操作步骤如下。

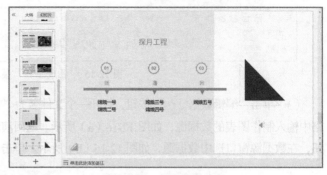

图 12-19　智能图形页面

（1）选中幻灯片，选择"插入→音频 →嵌入音频"命令，在"插入音频"对话框中选中音频文件。音频插入完成后，在幻灯片中会增加一个声音图标，如图 12-20 所示。

（2）选中音频图标，出现"音频工具"菜单，如图 12-21 所示，可以设定音频的播放、音量、裁剪、播放时间、循环等。

图 12-20　音频图标

图 12-21　"音频工具"菜单

7．视频

在幻灯片中的增加视频，可以活跃播放氛围，丰富、生动形象地展示幻灯片内容。在幻灯片中插入视频的操作步骤如下。

（1）选中幻灯片，选择"插入→视频 →嵌入视频"命令，在"插入视频"对话框中选中视频文件。视频插入完成后，在幻灯片中会增加一个视频，如图 12-22 所示。

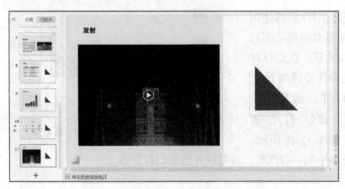

图 12-22　视频页面

（2）选中视频后，出现"视频工具"菜单，如图 12-23 所示，可以设置视频的播放、音量、裁剪、播放时间、循环等。

图 12-23　"视频工具"菜单

▶注意

演示文稿支持 MP3、WMA、WAV、MID 等格式的声音文件，以及 AVI、WMV、MPG 等格式的视频文件。选中文本框、图片、表格、图表、音频、视频等对象，按 Delete 键可以删除任何选中对象。

12.3 演示文稿设计

12.3.1 概述

为了使演示文稿的结构更加合理，除了设定演示文稿的整体框架外，还可以对演示文稿的全文美化、配色方案、统一字体、背景、效果等进行设定和美化。

图 12-24 所示为"设计"菜单。

图 12-24 "设计"菜单

例如，选择"更多设计"命令，在弹出的"全文美化"对话框中选择一种排版格式，可以改变整个演示文稿的风格，如图 12-25 所示。

12.3.2 母版

WPS 演示中有三种母版，分别是幻灯片母版、讲义母版和备注母版。母版可以节约设置格式的时间，方便地修改演示文稿的整体风格。在母版中设定好所有格式后，就能应用到演示文稿的所有幻灯片上。

图 12-25 全文美化

1．幻灯片母版

通过修改幻灯片母版，可以为演示文稿的所有幻灯片设定统一风格的背景、配色和文字格式等。操作步骤如下。

（1）选择"视图→幻灯片母版 "命令，进入幻灯片母版视图，菜单栏显示"幻灯片母版"菜单，如图 12-26 所示。

图 12-26 "幻灯片母版"菜单

（2）在左侧的母版窗格中选择一个主题母版，如图 12-27 所示，设定母版的背景、主题、颜色、字体和效果等。

图 12-27　编辑幻灯片母版

（3）单击"关闭 ⊠ "按钮，返回"普通"视图，此时修改后的母版将应用到演示文稿中。
关闭

> ▶注意
>
> 　　左侧的母版窗格中有多种幻灯片版式，每种类型幻灯片版式可以设置不同母版，新建幻灯片时，选择其中一种版式，使用对应的母版格式。

2．讲义母版

通过设定讲义母版，可以设定打印讲义时的外观。讲义母版提供在一张打印纸上同时打印多张幻灯片的讲义版面布局和"页眉页脚"的设置样式。操作步骤如下。

选择"视图→讲义母版 📇讲义母版 "命令，显示讲义母版，如图 12-28 所示，菜单栏显示"讲义母版"菜单。在其中可以设定讲义方向、幻灯片大小、每页幻灯片数量、页眉页脚等。

3．备注母版

备注母版设定演示文稿与备注一起打印时的外观。操作步骤如下。

选择"视图→备注母版 📄备注母版 "命令，打开备注母版视图，如图 12-29 所示，可以设置备注页的方向、幻灯片大小、页眉页脚、颜色等。

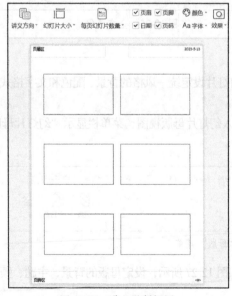

图 12-28　讲义母版视图

图 12-29　备注母版视图

12.3.3 幻灯片切换

通过设计幻灯片的切换效果，使得演示文稿在放映过程中，幻灯片之间的切换效果更加生动、平滑，有效避免切换时的突然感和生硬感。操作时，单击"切换"按钮，如图 12-30 所示。

图 12-30 "切换"菜单

在菜单上，可以设定幻灯片的切换方式、速度、声音、自动换片时间。默认的幻灯片切换的设定将应用于当前幻灯片。单击"应用到全部"按钮，则幻灯片切换的设定将应用到整个演示文稿。

例如，将页面设定为"新闻快报"切换方式，幻灯片将旋转、放大显示，效果如图 12-31 所示。

图 12-31 "新闻快报"切换方式

12.3.4 幻灯片动画

运用幻灯片动画，可以准确表达、突出强调和装饰美化演示文稿的部分重要信息，使得演示文稿更加生动、流畅、自然。幻灯片动画包括进入动画、强调动画、退出动画、路径动画。

选择幻灯片中的一个对象，单击"动画"按钮，打开"动画"菜单，如图 12-32 所示。

图 12-32 "动画"菜单

1．进入动画

进入动画指的是文本、图片等对象在幻灯片中从无到有显示的动态过程，包括基本型、细微型、温和型、华丽型四类。

选中目录页中的"概述"文本框，单击"动画效果"列表右侧的"▾"按钮，在窗格中选择"进入→基本型→劈裂"动画效果，如图 12-33 所示。在放映演示文稿时，"概述"文本框呈劈裂状态动态显示。

2．强调动画

幻灯片在放映的时候，设定了强调动画效果的对象会发生诸如放大/缩小、更改填充、更改字号、透明、陀螺旋等外观或色彩上的变化，从而引起观众的注意。强调动画效果的类型如图 12-34 所示。

图 12-33　进入动画

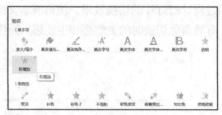

图 12-34　"强调动画"类型

例如，为目录页的"嫦娥一号"文本框设定"陀螺旋"动画效果，在放映时，该文本框显示陀螺状旋转的动画。

3．退出动画

退出动画指的是幻灯片中的对象从有到无逐渐消失的过程，是多种对象之间自然过渡时需要的效果，因此又被称为"无接缝动画"。退出动画的种类与进入动画的种类基本相同。

4．路径动画

路径动画指对象依据指定路径进入或退出的过程。对象会根据所绘制的路径运动，常见的路径动画如图 12-35 所示。

例如，为目录页的"嫦娥二号"文本框设定"八边形"动作路径动画，在放映时该文本框会沿着八边形路径运动，如图 12-36 所示。

图 12-35　常见的路径动画

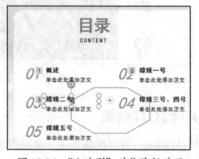

图 12-36　"八边形"动作路径动画

5．动画窗格

在一页幻灯片中可能有多个对象分别被设定了动画效果，可以通过"动画窗格"设定动画对象的进入次序、触发方式和持续时间等。操作步骤如下。

选中幻灯片，选择"动画→动画窗格 ☆"命令，打开动画窗格，如图 12-37（a）所示。选中某个对象的动画效果，可以设定何时开始动画、速度，以及其他属性如方向、数量、路径等；单击"删除"按钮可删除设定的动画效果；添加动画效果；按"⬆ ⬇"箭头调整动画的播放次序。

6．动画刷

动画刷用于将一个对象的动画效果复制到另一个对象上。操作步骤如下。

（1）选择包括动画效果的对象，如"概述"文本框。

（2）选择"动画→动画刷"命令，此时鼠标指针上出现刷子"😊"。

（3）鼠标指针单击另一个对象，如"嫦娥三号、四号"文本框。此时，该文本框拥有了与"概述"文本框相同的动画效果，动画窗格如图 12-37（b）所示。

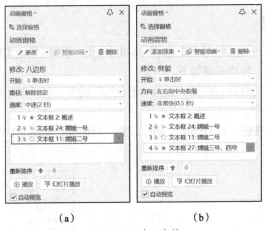

（a）   （b）

图 12-37　动画窗格

12.4 演示文稿交互

12.4.1 超链接

在 WPS 演示文稿中，超链接指从一张幻灯片快速跳转到另一张幻灯片、网页、文件等自定义放映的链接。在演示文稿中，可以为文本、图片等元素创建超链接。

1．使用"插入"菜单创建超链接

在 WPS 演示文稿中，可以通过选择"插入→超链接 "命令创建超链接。操作步骤如下。

（1）在目录页中，选中"概述"文本框，选择"插入→超链接 超链接 "命令，打开"插入超链接"对话框，如图 12-38 所示，选择连接到"请选择文档中的位置→幻灯片 3"。

（2）在对话框中，还可以设置超链接的颜色。

2．使用动作设置创建超链接

动作设置可以为文本、图片等对象创建超链接，以及其他交互动作。操作步骤如下。

（1）选中目录页幻灯片的"嫦娥一号"文本框，选择"插入→动作 动作 "命令，打开"动作设置"对话框，如图 12-39 所示。

（2）选中"超链接到"单选按钮，在下拉列表中选择"幻灯片…"命令，弹出"超链接到幻灯片"对话框，在"幻灯片标题"下拉列表中，选择"幻灯片 4"命令。单击"确定"按钮返回。

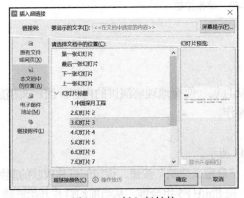

图 12-38　插入超链接

图 12-39　动作设置

12.4.2 动作按钮

WPS 演示文稿提供了一组动作按钮，如图 12-40 所示，可以轻松地实现幻灯片的跳转或者打开其他程序、文档和网页等。操作步骤如下。

（1）打开"概述"页幻灯片，选择"插入→形状 ▢"命令，打开"形状"窗格，选择"动作按钮→后退或前一项 ◁"命令。

（2）在幻灯片中绘制按钮，此时弹出"动作设置"对话框，如图 12-41 所示，默认链接到"上一张幻灯片"。

图 12-40　动作按钮　　　　　　图 12-41　"动作设置"对话框

（3）如上所述，在幻灯片中添加"前进或后一项 ▷"动作按钮，幻灯片效果如图 12-42 所示。

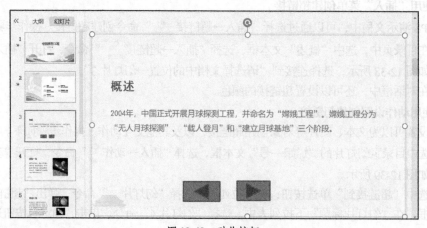

图 12-42　动作按钮

12.5 幻灯片放映

设计演示文稿的目的是通过放映使得观众直观、便捷地理解演讲的内容。演示文稿放映也有一定的方法和技巧，可以针对不同观众进行操作。

1. 幻灯片放映

单击"放映"按钮，打开菜单，如图 12-43 所示。

（1）通过单击"从头开始""当页开始""自定义放映"按钮，设定幻灯片放映的起始位置。

（2）按功能键 F5，可以从头放映幻灯片；按 Shift+F5 组合键，从当前幻灯片开始放映。

图 12-43 "放映"菜单

2. 自定义放映

在放映幻灯片时，WPS 演示文稿默认设置为放映演示文稿的所有幻灯片。用户也可以自定义放映其中的指定的幻灯片。操作步骤如下。

选择"放映→自定义放映"命令，打开"自定义放映"对话框，如图 12-44 所示。单击"新建"按钮，打开"定义自定义放映"对话框，设定自定义放映名称，选中自定义放映的幻灯片，将其添加到右侧，如图 12-45 所示。

图 12-44 "自定义放映"对话框

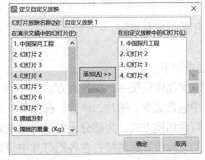

图 12-45 "定义自定义放映"对话框

3. 放映时隐藏幻灯片

如果在放映或打印幻灯片时不想演示或打印某张幻灯片，可以隐藏幻灯片。操作步骤如下。

（1）选中"概述"幻灯片，选择"放映→隐藏幻灯片"命令。在左侧幻灯片列表中，该幻灯片左侧编号上变成"▨"形状，此时该幻灯片已被隐藏，将不会被放映和打印，如图 12-46 所示。

（2）如果要显示被隐藏的幻灯片，则选中被隐藏的幻灯片，选择"放映→隐藏幻灯片"命令就可以了。

图 12-46 隐藏幻灯片

实验

一、实验目的

（1）掌握创建演示文稿、幻灯片的方法。

（2）掌握插入文本框、图片等元素的方法。

（3）掌握演示文稿的全文美化、配色方案、统一字体、背景、效果等设置的方法。

（4）掌握幻灯片母版设定的方法。

（5）掌握幻灯片切换、动画及超链接的设置方法。

（6）掌握幻灯片放映的方法。

二、实验内容

（1）以"一名大一新生的自我介绍"为主题（也可以自定题材，要求内容积极、健康），制作一份 10 页左右的演示文稿，要求包含如下内容。

① 标题页。

② 目录页。

③ 任选内容。

④ 未来四年的目标及规划。

⑤ 结束页。

（2）技术要求如下。

① 整个演示文稿风格统一，美观大方。

② 幻灯片中包含文本、图片、声音、视频等，布局合理。

③ 设置幻灯片切换方式，为部分元素设置动画效果。

④ 目录页幻灯片设置超链接；在各幻灯片中设置动作按钮，在幻灯片之间进行切换。

⑤ 放映演示文稿。

习题

一、单项选择题

1. 新建一个演示文稿时，第一张幻灯片的默认版式是（　　）。

    A. 标题和内容　　　　B. 节标题　　　　　　C. 标题幻灯片　　　　D. 两栏内容

2. 幻灯片内容在幻灯片上的排列方式被称为（　　）。

    A. 模板　　　　　　　B. 版式　　　　　　　C. 大纲　　　　　　　D. 超链接

3. 按（　　）键，可以删除选中的幻灯片。

    A. Delete　　　　　　B. Shift　　　　　　　C. Ctrl　　　　　　　D. Esc

4. 选择多张不连续的幻灯片，可以按住（　　）键，再逐个单击幻灯片。

    A. Ctrl　　　　　　　B. Ctrl+Shift 组合　　　C. Alt　　　　　　　D. Shift

5. 选择多张连续的幻灯片，单击起始幻灯片后按住（　　）键，再单击最后一张幻灯片。

    A. Ctrl　　　　　　　B. Ctrl+Shift 组合　　　C. Alt　　　　　　　D. Shift

6. 如果要为对象设置动画，可以使用（　　）功能区。

    A. 开始　　　　　　　B. 插入　　　　　　　C. 动画　　　　　　　D. 设计

7. 幻灯片中的超链接的目标不允许是（　　）。

    A. 下一张幻灯片　　　B. 一个应用程序　　　C. 其他演示文稿　　　D. 幻灯片中一个对象

8. 在 WPS 演示中，添加动作按钮，应选择（　　）。

    A. "开始→动作"命令　　　　　　　　　　　B. "插入→形状→动作按钮"命令

    C. "插入→动画→动作"命令　　　　　　　　D. "切换→插入→动作"命令

9. 如果要从第 3 张幻灯片跳转到第 8 张幻灯片，可以通过幻灯片的（　　）来实现。

    A. 幻灯片浏览   B. 预设动画   C. 幻灯片切换   D. 动作按钮

10. 从幻灯片的放映状态切换回编辑状态，应按（　　）键。

    A. F5   B. Esc   C. Ctrl+Alt 组合   D. Tab

11. 按（　　）键，可以从当前位置开始播放幻灯片。

    A. Enter   B. Shift+F5 组合   C. F5   D. Ctrl+F5 组合

12. 按（　　）键，可以从头开始播放幻灯片。

    A. Enter   B. Shift+F5 组合   C. F5   D. Ctrl+F5 组合

二、简答题

1. 简述演示文稿设计的一般原则。
2. 简述幻灯片的各种版式及其作用。
3. 简述在幻灯片中插入图表的操作步骤。
4. 简述在幻灯片中插入声音和视频的操作步骤。
5. 简述演示文稿中母版的作用。
6. 简述演示文稿中幻灯片切换的作用。
7. 简述幻灯片动画效果的种类及其作用。
8. 简述演示文稿中超链接的作用。
9. 简述演示文稿中动作按钮的作用。

参考文献

[1] 中国高等院校计算机基础教育改革课题研究组. 中国高等院校计算机基础教育课程体系2014[M]. 北京：清华大学出版社，2014.

[2] 教育部高等学校计算机基础课程教学指导委员会. 大学计算机基础课程教学基本要求[M]. 北京：高等教育出版社，2016.

[3] 周以真. 计算思维[J]. 中国计算机学会通讯，2007，3（11）：83-85.

[4] 战德臣，聂兰顺，等. 大学计算机：计算思维导论[M]. 北京：电子工业出版社，2013.

[5] Thomas H.Cormen, Charles E.Leiserson, Ronald L.Rivest, Clifford Stein. 算法导论[M]. 3 版. 北京：机械工业出版社，2013.

[6] 唐培和，徐奕奕. 计算思维：计算学科导论[M]. 北京：电子工业出版社，2015.

[7] 张基温. 大学计算机——计算思维导论[M]. 北京：清华大学出版社，2017.

[8] 胡阳，李长铎. 莱布尼茨二进制与伏羲八卦图[M]. 上海：上海人民出版社，2006.

[9] 王志强，毛睿，张艳，等. 计算思维导论[M]. 北京：高等教育出版社，2012.

[10] 冯博琴，陈文革. 计算机网络[M]. 2 版. 北京：高等教育出版社，2004.

[11] 吴功宜. 计算机网络[M]. 3 版. 北京：清华大学出版社，2011.

[12] 戴宗坤，罗万伯，等. 信息系统安全[M]. 北京：电子工业出版社，2002.

[13] 蔡皖东. 网络信息安全技术[M]. 北京：清华大学出版社，2015.

[14] 徐茂智，邹维. 信息安全概论[M]. 北京：人民邮电出版社，2007.

[15] 陈明. 物联网概论[M]. 北京：中国铁道出版社，2015.

[16] 李伯虎. 云计算导论[M]. 北京：机械工业出版社，2018.

[17] 张尧学. 大数据导论[M]. 北京：机械工业出版社，2018.

[18] 周鸣争，陶皖. 大数据导论[M]. 北京：中国铁道出版社，2018.

[19] 李德毅. 人工智能导论[M]. 北京：中国科学技术出版社，2018.